主な基礎物理定数の値*

物理定数	記号	値	相対不確かさ
真空中の光の速度	c	299 792 458 m s^{-1}	定義値
真空の誘電率	ε_0	8.854 187 81 28(13) × 10^{-12} F m^{-1}	1.5 × 10^{-10}
原子質量単位	m_u	1.660 539 066 60(50) × 10^{-27} kg	3.0 × 10^{-10}
電気素量	e	1.602 176 634 × 10^{-19} C	定義値
電子の質量	m_e	9.109 383 7015(28) × 10^{-31} kg	3.0 × 10^{-10}
陽子の質量	m_p	1.672 621 923 69(51) × 10^{-27} kg	3.1 × 10^{-10}
Avogadro 定数	N_A	6.022 140 76 × 10^{23} mol^{-1}	定義値
Boltzmann 定数	k	1.380 649 × 10^{-23} J K^{-1}	定義値
Faraday 定数	F	96 485.332 12 ... C mol^{-1}	定義値
Planck 定数	h	6.626 070 15 × 10^{-34} J s	定義値
気体定数	R	8.314 462 618 ... J mol^{-1} K^{-1}	定義値

*国際学術会議（International Science Council）CODATA（Committee on Data for Science and Technology）の 2018 年推奨値（https://physics.nist.gov/cuu/Constants/index.html）.（ ）内の値は，標準不確かさを示す．たとえば，8.854 187 8128(13) × 10^{-12} という表記は，8.854 187 8128 × 10^{-12} が ± 0.000 000 0013 × 10^{-12} の標準不確かさを持つことを意味する．

分析化学の基礎

― 定量的アプローチ ―

岡田 哲男・垣内 隆・前田 耕治 著

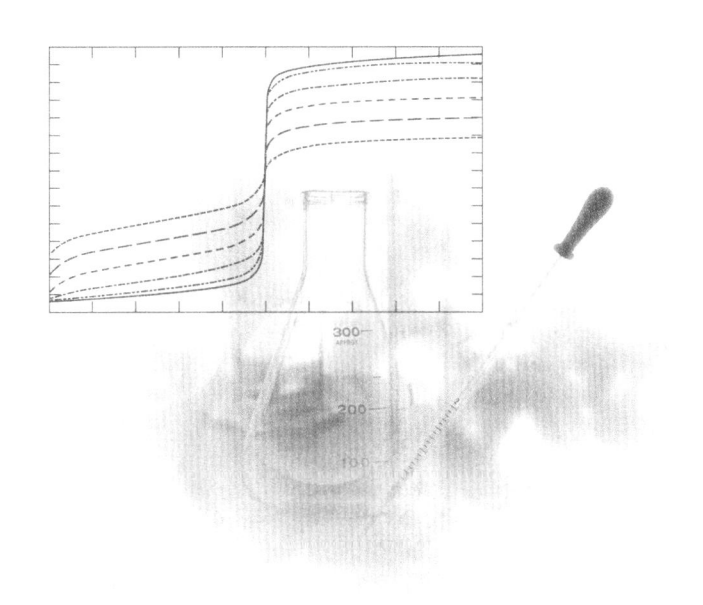

化学同人

はじめに

　われわれが住む世界はさまざまな物質からできている．それが何であり，どれだけあるのかを知ることが人間の営みには不可欠である．さまざまな科学の分野においても，物質についての情報は欠かすことができない．分析化学は，物質を分子レベルあるいは原子レベルで同定し定量する学問分野であり，科学の基礎を構成している．

　現代の多くの大学では，学部の化学関連教育としての分析化学は，物質の同定，すなわち定性分析と定量分析の理解だけではなく，溶液における化学平衡の理解にかなりの時間を割り当てている．多くの分析技法が溶液状態の試料を扱うことがこの理由の一つであるが，それだけでなく，溶液中に存在する化学反応の熱力学的な性質を理解することをも目的としている．後者は，20世紀初めには物理化学の範疇であった．現代では，物理化学は熱力学だけではなく，量子力学をもう一つの軸とする大きな学問分野になった．これを一つの理由として，化学熱力学の中の一つの分野である溶液の化学平衡の具体的な内容は，分析化学で教えられることが今では多くなっている．

　学部における分析化学の教育では，したがって，定性分析と定量分析の技法を学ぶのが主目的というよりは，それを可能とする化学的基礎，科学的根拠を確実にすることに重点がある．溶存化学種を個別に実験的に分析できなくても，熱力学に裏付けられた関係式を使うことによって各化学種の濃度や溶液条件による変化を知ることができるのは，分析化学的にももちろん重要である．

　多くの分析化学の教科書がある．たとえば酸塩基滴定で，滴定の進行に伴って化学種の存在割合がどのように変わっていくのかを大まかに知ることはそう難しくはないし，たいていはうまく解説されている．しかし，酸塩基平衡についての最近のすぐれた解説である "Aqueous acid-base equilibria and titrations"[1]でロバート・ドゥレヴィ(Robert de Levie)が引用して強調しているように「近似的で実用的な数式を厳密な数式から導くのはまっとうで安全なやり方だが，大まかな考えから実用的な数式を導くのは安全ではなく不健全で不必要なことである」[2]とかつてリッチィ(John E. Ricci)が述べた状況は，手元にあるいくつかの分析化学の教科書を見る限り，今でも大して変わっていないように思われる．本書ではリッチィのこの指摘を念頭に，概念の定義を明確にすること，化学平衡を記述する数式の基礎を明確にすることを心がけた．

　本書で扱っている項目，内容は分析化学の教育課題として確立されてから長い年月を経たものであるが，活量係数についての新しい進歩の紹介，現在もっとも信頼できる平衡定数の値の記載，大気中の炭酸ガス濃度の現在値など，できるかぎり現代的な内容を含めるように心がけた．数式が多いように見えるが，それを追うのは(一部を除いては)高校程度の数学の知識でほぼ間に合うし，数式の前提となるモデル，数式の導出過程や近似の意味合いをきちんと説明したので，むしろ納得しやすいと思う．多くの分析化学の教科書では，イオンの活量係数はごく簡単にしか説明されていないので，本書ではそれを第2章でやや詳しく解説した．この部分を飛ばしても後の章の内容の理解には差し支えない．しかし，溶液内化学平衡についての理解を実際の系に役立てるためには活量を考えなければならないので，各章の問題には，活量係数に関係する内

容も取り入れている．

　各章末には，基本問題と発展問題をつけた．前者は各章の内容の理解を確認するのが主な目的である．発展問題の多くは，話の流れを複雑にしないこととスペースの節約のために本文には書ききれなかったことを問題の形式で記述したものである．各章の内容をより深く，また広がりをもって学ぶのに役立ててほしい．巻末には，基礎問題と発展問題のごく簡単な解答のみを記し，解に至る道筋などを含めた詳しい解答は，化学同人のホームページ http://www.kagakudojin.co.jp/appendices/kaito/index.html に置いた．

　本書は，三人の共著である．互いに連絡を取りながら下記のように分担した．用語については統一したが，叙述のスタイルは各担当者のものである．

　本書ができあがるまでに，多くの方に目を通していただき，有益な助言を得た．尾崎幸洋先生（関西学院大学），山本雅博先生（甲南大学），加納健司先生（京都大学）から多くの有益なコメントをいただいた．研究室のスタッフ，同僚，友人，学生などにも目を通していただき，誤りを指摘していただいた．化学同人編集部の大林史彦さんから本書の執筆をご提案をいただいてから，長い時間を費やしてしまった．本書の刊行は，皆様の持続的な励ましと，大林さんをはじめとする化学同人編集部の忍耐強くていねいな編集作業がなかったら実現することはなかった．ここに記して，御礼申し上げる．

2012 年 10 月　著者記す

【執筆担当】

垣内　隆（1〜7 章，付録）
岡田哲男（8〜10，14，15 章）
前田耕治（11〜13 章）

1. R. de Levie, "Aqueous acid-base equilibria and titrations," Oxford Univ. Press (1999).
2. J. E. Ricci, "Hydrogen ion concentration　New concepts in a systematic treatment," Princeton Univ. Press (1952).

目 次

第1章　物理量と単位　　1

1.1　単位，物理量，物質量　1
- 1.1.1　SI 単位系　1
- 1.1.2　基礎物理定数　3
- 1.1.3　物質量　4

1.2　溶液と濃度　4
- 1.2.1　濃度尺度　4
- 1.2.2　モル分率　5
- 1.2.3　パーセント表示の濃度　5
- 1.2.4　モル濃度　6
- 1.2.5　質量モル濃度　6
- 1.2.6　濃度の換算　6
- 1.2.7　式量濃度・仕込濃度・分析濃度　6

1.3　数値の扱い　7
- 1.3.1　誤差・不確かさの伝播　8
- 1.3.2　加算と減算　8
- 1.3.3　積と商　8
- 1.3.4　計算上の注意　8
- 1.3.5　対数，指数の表記　9

章末問題　9

第2章　溶液内の化学平衡　　11

2.1　溶液内の化学反応　11
- 2.1.1　化学ポテンシャルと活量　12
- 2.1.2　標準化学ポテンシャルと活量係数　12
- 2.1.3　化学平衡と化学反応の平衡定数　14
- 2.1.4　平衡定数の温度と圧力による変化　15
- 2.1.5　平衡定数と濃度平衡定数　15

2.2　イオンの活量，活量係数，平均活量係数　16

2.3　イオン間相互作用とイオンの活量係数　18
- 2.3.1　デバイ–ヒュッケル理論と高濃度での補正　19

2.4　溶液の平衡状態計算の手順　22

章末問題　23

プラスアルファ　電気化学ポテンシャル　16
プラスアルファ　$z_+ : z_-$ 型の電解質の平均活量と平均モル濃度　18

第3章　酸塩基平衡　　27

3.1　ブレンステズ・ロウリーの酸・塩基　27
- 3.1.1　H^+，OH^- の存在状態　29
- 3.1.2　水のイオン積　30
- 3.1.3　酸の強さと水平化　31

3.2　pH —— $[H^+]$ の尺度　32

3.3　弱酸と弱塩基　33
- 3.3.1　弱酸の解離度　35
- 3.3.2　弱酸水溶液における解離平衡と pH　36

章末問題　40

プラスアルファ　ブレンステズ・ロウリーの酸・塩基とルイスの酸・塩基の同時代性　29

第4章　ポリプロトン酸，ポリプロトン塩基の解離平衡　　41

4.1　ポリプロトン酸の解離平衡　41
- 4.1.1　ジプロトン酸，ジプロトン塩基の酸塩基平衡　41

4.2　炭酸ガスの溶解と酸塩基平衡　46

4.3　双極イオンの酸塩基平衡　50

章末問題　52

第5章 酸塩基滴定の考え方　55

- 5.1 滴定とは **56**
- 5.2 強酸—強塩基滴定 **56**
  - 5.2.1 滴定中の平衡関係 56
  - 5.2.2 滴定曲線の形 58
  - 5.2.3 有用な別の表現 61
  - 5.2.4 当量点と変曲点 61
- 5.3 弱酸—強塩基滴定 **62**
  - 5.3.1 弱酸—強塩基滴定の平衡関係 62
  - 5.3.2 弱酸—強塩基滴定の場合の滴定曲線の形 64
- 5.4 グランプロット **65**
- 5.5 酸塩基滴定の指示薬 **67**
- 5.6 分光滴定による pK_a の決定 **68**
- 章末問題 **69**

第6章 ポリプロトン酸の滴定　71

- 6.1 ジプロトン酸の滴定曲線 **71**
- 6.2 ジプロトン酸の滴定曲線の形 **73**
- 6.3 リン酸水溶液の滴定曲線 **74**
- 6.4 滴定曲線の表現の一般化 **75**
- 6.5 Na_2CO_3 水溶液の滴定 **76**
  - 6.5.1 大気中の CO_2 との平衡がない場合 76
  - 6.5.2 大気中の CO_2 との平衡がある場合 76
- 章末問題 **77**

第7章 緩衝作用と緩衝液　79

- 7.1 緩衝作用 **79**
- 7.2 ヘンダーソン・ハッセルバルヒ式 **80**
  - 7.2.1 ヘンダーソン・ハッセルバルヒ式の適用範囲 81
  - 7.2.2 ヘンダーソン・ハッセルバルヒ式と緩衝液のpH 81
- 7.3 緩衝能 **83**
  - 7.3.1 緩衝能の尺度 83
  - 7.3.2 ポリプロトン酸・塩基の緩衝能 86
  - 7.3.3 緩衝作用の加成性と広域緩衝液 87
  - 7.3.4 緩衝液の実際 88
- 章末問題 **89**
- プラスアルファ　ヘンダーソン・ハッセルバルヒ式に関する注意 **84**
- プラスアルファ　HEPESとグッド緩衝液 **86**

第8章 錯生成平衡　91

- 8.1 逐次生成定数と全生成定数 **92**
  - 8.1.1 金属イオンと配位子 92
  - 8.1.2 単座配位子の例：アンモニア 92
  - 8.1.3 逐次生成定数と全生成定数 93
- 8.2 条件つき生成定数 **95**
- 8.3 錯滴定 **97**
  - 8.3.1 銅イオンのアンモニアによる滴定 97
  - 8.3.2 錯滴定曲線 98
  - 8.3.3 EDTA：生成定数の大きな配位子 99
  - 8.3.4 EDTAによる滴定の滴定曲線 100
- 8.4 金属指示薬を用いる当量点の決定 **102**
  - 8.4.1 金属指示薬 102
  - 8.4.2 金属指示薬を用いた滴定の例 103
- 8.5 金属緩衝溶液 **104**
- 章末問題 **104**

第9章 沈殿平衡　107

- 9.1 塩の溶解の熱力学的考察 **107**
- 9.2 溶解度と溶解度積 **108**
- 9.3 溶液条件の溶解度に対する影響 **110**
  - 9.3.1 活量の効果 110
  - 9.3.2 共通イオン効果 111
  - 9.3.3 水素イオンの影響 112
- 9.4 複数のイオンを含む水溶液からの沈殿生成 **113**

9.5　沈殿滴定　**114**
　9.5.1　沈殿滴定の例　114
　9.5.2　指示薬の利用　115
章末問題　**116**

第10章　複雑な平衡系　117

10.1　pHと配位子の平衡濃度が未知の錯形成平衡　**117**
　10.1.1　銀アンミン錯体生成の系　118
　10.1.2　結果の検証　120
　10.1.3　図を用いる解法　121
10.2　複数の配位子が混在する系　**122**
10.3　沈殿平衡と錯生成平衡が同時に起きる系　**126**
　10.3.1　アンモニア存在下でのAgClの溶解　126
　10.3.2　Cl⁻過剰でのAgClの沈殿平衡　127
10.4　沈殿平衡へのブレンステズ酸―塩基平衡の影響　**129**
章末問題　**131**
プラスアルファ　Excel®を用いた複雑な平衡系の解の求め方　**122**

第11章　酸化還元平衡　133

11.1　酸化還元反応と電池　**133**
　11.1.1　酸化還元反応とは　133
　11.1.2　基本的な電池の仕組み　134
　11.1.3　電池図式と起電力　134
　11.1.4　半電池反応の電子数が等しくない場合　135
11.2　平衡電位と参照電極　**136**
　11.2.1　平衡電位，参照電極とは　136
　11.2.2　標準水素電極を用いた電極電位の測定　137
　11.2.3　銀―塩化銀電極　138
11.3　平衡電位の活量依存性とネルンスト式　**138**
　11.3.1　ネルンスト式　138
　11.3.2　ネルンスト式を用いて起電力を表現　138
章末問題　**142**

第12章　複雑な酸化還元平衡　145

12.1　活量係数に依存する条件標準電位　**145**
　12.1.1　みかけの標準電位　145
12.2　pHに依存する条件標準電位　**146**
　12.2.1　プロトンが関与する無機反応　146
　12.2.2　生化学反応での条件標準電位　147
　12.2.3　酸解離平衡が影響する条件標準電位　148
12.3　沈殿反応，錯形成反応をともなう場合の条件標準電位　**152**
　12.3.1　沈殿反応をともなう場合　152
　12.3.2　錯形成反応をともなう場合　154
12.4　多段階酸化還元系のみかけの標準電極電位　**156**
章末問題　**157**

第13章　酸化還元滴定　161

13.1　酸化還元滴定曲線　**161**
　13.1.1　電極電位と滴定率の解析的取扱い　161
　13.1.2　当量点電位とネルンスト式の関係　163
　13.1.3　標準電極電位と滴定可能性　166
13.2　酸化還元滴定の終点の決定法　**168**
13.3　酸化還元滴定の実例　**170**
　13.3.1　酸化還元滴定に用いる代表的酸化剤　170
　13.3.2　酸化還元滴定に用いる代表的還元剤　171
章末問題　**172**

第 14 章　分配平衡　　175

- 14.1　分配律と分配係数　**175**
- 14.2　中性物質の分配　**176**
- 14.3　酸や塩基の分配　**180**
  - 14.3.1　酸の分配　**180**
  - 14.3.2　塩基の分配　**182**
- 章末問題　**183**

第 15 章　溶媒抽出　　185

- 15.1　金属イオンの抽出　**185**
  - 15.1.1　オキシンを利用した抽出　**185**
  - 15.1.2　キレート抽出における水相 pH の影響　**188**
- 15.2　イオンの分配とイオン対抽出　**190**
  - 15.2.1　イオンの有機相への分配係数　**190**
  - 15.2.2　イオン対の生成　**192**
- 15.3　イオンの分配不均衡による電位差　**193**
- 章末問題　**195**

付録 A　滴定曲線の一般的な形　　197

- A.1　二次方程式の根の公式：特別な場合　**197**
- A.2　強酸を強塩基で滴定する場合　**198**
- A.3　金属をリガンドで滴定する場合　**199**
- A.4　沈殿滴定の場合　**201**
- A.5　酸化還元滴定の場合　**202**
  - A.5.1　見通し　**202**
  - A.5.2　解き方　**202**
- A.6　酸化還元滴定の一般的な式　**203**
  - A.6.1　$r=0$ の場合　**204**
  - A.6.2　$V_B \to \infty$ の場合　**204**
- A.7　当量点　**205**
- A.8　当量点における濃度？　**205**
- A.9　実際の形　**206**
- A.10　当量点と変曲点　**207**
- A.11　滴定開始から当量点までの領域　**208**

付録 B　分析化学計算のための Excel の使い方　　209

- B.1　NaCl 水溶液の密度を求める　**209**
- B.2　NaCl 水溶液の濃度の換算　**211**
  - B.2.1　内挿による生理食塩水の質量モル濃度，質量%　**211**
- B.3　ソルバーによる方程式の解　その 1　**213**
  - B.3.1　生理食塩水の質量モル濃度の別の求め方　**213**
- B.4　ソルバーによる方程式の解　その 2：酢酸水溶液の pH　**214**

- 付表 1　pH 緩衝液に用いられる弱酸の解離平衡の熱力学パラメータ　**217**
- 付表 2　錯生成定数　**220**
- 付表 3　溶解度積　**225**
- 付表 4　水溶液中での標準電極電位　**226**
- 付表 5　強電解質水溶液の平均活量の計算式の B パラメータ　**229**

参考文献　**230**

章末問題略解　**232**

索　引　**236**

第 1 章 物理量と単位

分析化学で扱う物質は，原子や分子の集まりである．その物質にどういう種類の原子種や分子種が含まれているかを調べるのが**定性分析**(qualitative analysis)であり，含まれる原子や分子がどれだけあるのかを調べるのが**定量分析**(quantitative analysis)である．

分析を行うには，物質の性質を特徴づける**物理量**(physical quantity)を扱う必要がある．物質を同定するための質量分析における質量，分光分析における光の透過率や吸光度，電気化学分析における電流や電圧，などがそれらの例である．定量分析はもちろん，定性分析もまたこれらの量を使って行われる．

また，主に化学で使われる量である物質の濃度や化学ポテンシャルは，これら物理量を用いて定義される．したがって，分析化学や化学一般を学ぶベースとして，物理量の定義，意味，約束事，扱い方を理解しておく必要がある．

物理量は測定値なので，不確かさをもつ．それらを組み合わせた新しい物理量も，したがってある不確かさをもつ．その扱い方のエッセンスも，この章で学ぶ．

1.1 単位，物理量，物質量

物理量を表す記号にはイタリック体，その単位にはローマン体を用いる．たとえば，距離は a m，時間は t s と書く．物理量の記号あるいは数値と単位の間には空白を入れる．

化学に出てくる物理量とその単位をはじめに整理しておく．

1.1.1 SI 単位系

SI[*1] 単位系は 1875 年のメートル条約以来，長年にわたって国際的に検討，研究された結果をもとに定められている（参考文献 1 を参照）．IUPAC（国際純粋応用化学連合）は SI 単位系に準拠して，化学で用いられる物理量，単位，記

[*1] SI は Le Système international d'unité の略である．

> **one point**
> **物理量**
>
> 物質そのもの,あるいはそれがもつ性質のうち,客観的に,つまりその性質の記述(定義,測定)がわれわれの主観に頼らず(個人差なく)定量的になしえるもの,およびそれらの組み合わせから導かれるものをいう.この「記述」は科学のあらゆる分野で行われるものなので,「物理量」という用語は「物理学で扱う」という狭い意味ではない.「国際計量用語集」(http://www.rminfo.nite.go.jp/common/pdfdata/4-00)では単に「量(quantity)」とされている.

号を公表し,まとめたいわゆる The Green Book(参考文献 2,3 を参照)を公表している.

■ SI 基本単位

表 1.1 に示す七つの基本物理量の単位を定めることによって,SI 単位系が構築されている[*2].

表 1.1 SI 基本単位

基本物理量	SI 単位の名称	SI 単位の記号
長さ(length)	メートル(metre, meter)	m
質量(mass)	キログラム(kilogram)	kg
時間(time)	秒(second)	s
電流(electric current)	アンペア(ampere)	A
熱力学温度(thermodynamic temperature)	ケルビン(kelvin)	K
物質量(amount of substance)	モル(mole)	mol
光度(luminous intensity)	カンデラ(candela)	cd

[*2] これら七つの物理量は互いに独立ではない.たとえば,アンペアの定義はメートル,キログラム,秒を含んでいる.

■ SI 組立単位

基本 SI 単位を元にして,測定対象の物理量に対応する新しい単位を定める.これを SI 組立単位という.これに対応する物理量を組立量という.表 1.2,1.3 にその例を示す.

SI 組立単位が複数の SI 基本単位からなるときは,$kg\,m^{-3}$ のように二つの単位の間にスペースを入れる[*3].

[*3] kg/m^3 と書くことも SI 単位系では認められているが,単位が三つ以上からなるときはこの書き方だと複雑になる.

表 1.2 SI 基本単位を用いて表される SI 組立単位の例

組立量	単位
面積(area)	m^2
体積(volume)	m^3
速さ(speed),速度(velocity)	$m\,s^{-1}$
加速度(acceleration)	$m\,s^{-2}$
波数(wavenumber)	m^{-1}
密度(density),質量密度(mass density)	$kg\,m^{-3}$
電流密度(current density)	$A\,m^{-2}$
磁界の強さ(magnetic field strength)	$A\,m^{-1}$

■ SI 接頭語

分析化学で測定される,あるいは表現する必要がある物理量が,SI 基本単

表 1.3 固有の名称と記号で表される SI 組立単位の例

組立量	名称	記号	他の SI 単位による表記	SI 基本単位による表記
周波数(frequency)	ヘルツ	Hz		s^{-1}
力(force)	ニュートン	N		$m\,kg\,s^{-2}$
圧力(pressure), 応力(stress)	パスカル	Pa	$N\,m^{-2}$	$m^{-1}\,kg\,s^{-2}$
エネルギー(energy), 仕事(work), 熱量(amount of heat)	ジュール	J	$N\,m$	$m^2\,kg\,s^{-2}$
仕事率(power), 放射束(radiant flux)	ワット	W	$J\,s^{-1}$	$m^2\,kg\,s^{-3}$
電荷(electric charge), 電気量(amount of electricity)	クーロン	C		$s\,A$
電位差(electric potential difference)	ボルト	V	$J\,C^{-1}$	$m^2\,kg\,s^{-3}\,A^{-1}$
静電容量(capacitance)	ファラド	F	$C\,V^{-1}$	$m^{-2}\,kg^{-1}\,s^4\,A^2$
電気抵抗(electric resistance)	オーム	Ω	$V\,A^{-1}$	$m^2\,kg\,s^{-3}\,A^{-2}$
電気伝導度(electrical conductance)	ジーメンス	S	$A\,V^{-1}$	$m^{-2}\,kg^{-1}\,s^3\,A^2$
磁束(magnetic flux)	ウェーバ	Wb	$V\,s$	$m^2\,kg\,s^{-2}\,A^{-1}$
磁束密度(magnetic flus density)	テスラ	T	$Wb\,m^{-2}$	$kg\,s^{-2}\,A^{-1}$
インダクタンス(inductance)	ヘンリー	H	$Wb\,A^{-1}$	$m^2\,kg\,s^{-2}\,A^{-2}$
セルシウス温度(Celsius temperature)	セルシウス度	℃		K

表 1.4 SI 接頭語

倍数	接頭語		記号	倍数	接頭語		記号
10^{24}	yotta	ヨタ	Y	10^{-1}	deci	デシ	d
10^{21}	zetta	ゼタ	Z	10^{-2}	centi	センチ	c
10^{18}	exa	エクサ	E	10^{-3}	milli	ミリ	m
10^{15}	peta	ペタ	P	10^{-6}	micro	マイクロ	μ
10^{12}	tera	テラ	T	10^{-9}	nano	ナノ	n
10^{9}	giga	ギガ	G	10^{-12}	pico	ピコ	p
10^{6}	maga	メガ	M	10^{-15}	femto	フェムト	f
10^{3}	kilo	キロ	k	10^{-18}	atto	アト	a
10^{2}	hecto	ヘクト	h	10^{-21}	zepto	ゼプト	z
10^{1}	deca	デカ	de	10^{-24}	yocto	ヨクト	y

位で表すには小さすぎる場合がある.また,大きすぎることもありえる.そのため,基本単位に接頭語をつけて単位を小さくしたり大きくしたりするのが実用上は便利である.SI 単位系で認められている SI 接頭語を表 1.4 に示す.

1 m の百分の一を cm,1 m の 1000 倍を km というように SI 単位の前に SI 接頭語をスペースを入れないで書く.質量の基本単位 kg に SI 接頭語を付けるときは例外的に,たとえば 1 kg の百万分の一を 1 μkg とはせずに g 単位で 1 mg と書く.

1.1.2 基礎物理定数

分析化学で使うことがある物理定数は,表紙の見開きにある.より詳しい物

理定数表は，各種の事典や便覧などに掲載されている．これらの値はときどき更新される．分析化学の範囲で問題になることはほとんどないが，注意しておこう[*4]．

*4 最新のデータは，(独)産業技術総合研究所・計量標準総合センターで得ることができる．
http://www.nmij.jp/library/codata/

1.1.3 物質量

　元素という用語は，ある原子番号をもつ何種類かの同位体の混合物をまとめて考えるときの名称である．自然に存在する元素の同位体の割合は，分析化学が対象とする時間のスケールでは一定であるとみなしてよい．同位体の化学的性質はほぼ同じなので，化学的に分離精製した元素は，(その時点で)自然界の同位体の存在比をほぼ反映している．化学でも同位体ごとに分離して別々に扱うこともあるが，通常はその同位体比をもつ元素として扱う．

　相対原子質量(以下，原子量という)は，^{12}C の質量に対するその原子の質量の 12 倍と定義される．原子量は同位体ごとに異なる．表の見開きの周期律表に記載されている原子量は，その元素が現在地球上において(あるいは太陽系において)もつ同位体比を反映している．

　原子量は比なので無次元量である．ある元素がアボガドロ定数(Avogadro constant, 6.022141×10^{23})個だけ集まった集合の質量は，その原子量に質量の単位として g(グラム)をつけた大きさになる．分子あるいは原子の**物質量**(amount of substance)として，アボガドロ定数を単位として数えるのが便利である[*5]．この単位を**モル**(mole)と呼び，mol と表記する．

　物質量を質量で表すこともあるが，化学平衡や化学反応を考えるときは，それを原子量あるいは相対分子質量(分子量)で除して原子数あるいは分子数に変換するのがよい．

*5 数の多少が化学過程に関与する物質のエネルギーを決める(第2章の化学ポテンシャルの項参照)．たとえば沸点上昇，凝固点降下，浸透圧などの溶液の束一的性質(colligative properties)では，物質の質量や化学的性質ではなくその数によって決まる．

1.2　溶液と濃度

　溶液(solution)は，**溶媒**(solvent)と**溶質**(solute)からなる．砂糖(ショ糖)の水溶液(つまり砂糖水)は，溶媒である水に溶質であるショ糖が溶けた二成分混合溶液である．ワインや日本酒は，水とエタノールを主成分とし，それ以外に香気成分など多くの溶質が溶けている多成分混合溶液である．酒類の場合，水が溶媒，エタノールが溶質と見るのが普通であるが，蒸留して得られるブランデーや焼酎はエタノールの割合が高く，ものによってはエタノールが水より多いこともある．このような場合には，どちらを溶媒と見るかは任意である．混合物中の各成分の割合を濃度という．

1.2.1　濃度尺度

　溶液の濃度を表す尺度は，簡便さ，分析手法，習慣，歴史などに応じてさまざまに使い分けられてきた．そのうち主なものを以下に述べる．きちんと定義

された**濃度尺度**(concentration scale)は相互に変換できるから，それらの尺度の厳密さに違いがあるわけではない．

1.2.2 モル分率

混合物を構成している全粒子数(分子数，イオン数)に対するその構成成分化学種の粒子数の比は濃度の尺度である．通常，粒子数はモルを単位として数えるので，この比は**モル分率**(mole fraction)と呼ばれる．

溶質 A が溶媒 B に溶けた溶液を考える．化学種 A が n_A 個，化学種 B が n_B 個からなる二成分混合物の場合，A と B のモル分率 x_A, x_B は，次の式で求められる．

$$x_A = \frac{n_A}{n_A + n_B}, \quad x_B = \frac{n_B}{n_A + n_B} \tag{1.1}$$

> **one point**
> **モル比，モルパーセント**
> A と B の物質量の比をモル比ということがある．また，それをパーセントで表して，モルパーセントということがある．たとえば，A が 1 mol, B が 1.5 mol のとき，B のモルパーセントは 150 % である．モル分率と区別すること．

1.2.3 パーセント表示の濃度

溶液の質量に対して，それに溶けている溶質の質量の割合(百分率)をパーセントで表した濃度表現を**質量パーセント**(mass percent)と呼び，wt %, w/w %, あるいは %(w/w) と表記する．

溶質の量がごくわずかである場合は，パーセントの代わりにパーミル(permil, 千分率，‰ と書く)ppm(parts per million, 百万分の一，$1/10^6$) や ppb(parts per billion, 十億分の一，$1/10^9$)，ppt(parts per trillion, 一兆分の一，$1/10^{12}$) でその割合を表す．

溶媒，溶質ともに液体あるいは気体である場合，混合する前の溶媒と溶質の容量の和に対する溶質の容量の割合(体積分率，volume fraction)をパーセントで表した**容量パーセント**(volume percent)も用いられる[*6]．容量パーセントは vol %, v/v %, あるいは %(v/v) と表記する．酒類のアルコール濃度は，この容量パーセントである．

溶液の体積に対する溶質の質量をパーセント表示して，w/v % あるいは %(w/v) と表記することもある．この場合，容量の単位は $0.1 \, dm^3 (= 100 \, mL)$，質量の単位は g である．次元の異なる物理量の比をパーセントで表すのは推奨できないが，定義を明確にしておけば，厳密さにおいては他の濃度尺度と違いはない．

%, ‰, ppm, ppb, ppt は SI 単位系には含まれず，また推奨されていない．%(w/w), vol % など % に説明を付加する表記は避けるべきであるとされている(参考文献 3 を参照)．

> **one point**
> **重量パーセント**
> 質量パーセントは，かつては重量パーセントと呼ばれた．同じ場所(重力の加速度が同じ)で測定する限り，質量パーセントと重量パーセントは同じ値になる．

[*6] パーセント表示の場合，有効数字が 2 桁以下の場合がほとんどである．またアルコールと水を混ぜる場合などは，混合による体積変化は大きくないので，混ぜる前の両者の体積の和と考えても実用的には問題ない．

> **one point**
> **単位 L(リットル)**
> リットル(liter)は SI 単位ではないので，$L \equiv dm^3$ と定義して使用する．

1.2.4 モル濃度

単位体積あたりに溶けている溶質の量を mol dm^{-3} で表した濃度尺度を**モル濃度**(molar concentration, molarity)という．慣用的には，mol dm^{-3} を M と表すことが多い．これを使う場合は M ≡ mol dm^{-3} と定義してから用いるべきである．次項の質量モル濃度と区別するため，容量モル濃度と呼ぶこともある．本書では，化学種 A のモル濃度を c_A と表記する．また，本書では［A］という表記も併用する．

体積 1 dm^3 の溶液に溶けている溶質 A の物質量が n_A mol であるとき，その濃度 c は次式で与えられる．

$$c = n_A \text{ mol dm}^{-3} \tag{1.2}$$

温度が変わると溶液の体積は変化するので，c の値は温度に依存して変化する．この点では温度に依存しない他の濃度尺度に比べて不利であるが，溶液の定量分析化学では，モル濃度がほとんどもっぱら用いられる．溶液の調製が容易である，滴定，抽出などの操作を定量的に記述するのに便利であるなど，実用的なためである．また，物質量バランスの条件を簡単に記述できるのも利点である(2.4節参照)．

1.2.5 質量モル濃度

単位質量の溶媒あたりに溶けている溶質の量を mol kg^{-1} で表した濃度尺度を**質量モル濃度**(molal concentration, molality)という．この量を表す記号として，本書では m を用いる．質量モル濃度は温度に依存しない．

溶液の物理化学的データでは，多くの場合，この濃度尺度が用いられている．

1.2.6 濃度の換算

上に定義した濃度尺度は便利さに応じて使い分けられるが，もちろん相互に変換できる．A と B の混合物からなる溶液について，A を溶質，B を溶媒としたときの相互換算を表 1.5 に示す．

1.2.7 式量濃度・仕込濃度・分析濃度

十分に乾燥させたショ糖を量り取って砂糖水を作ると，その量り取った物質量のショ糖が溶液内に存在する．一方，酢酸ナトリウムを量り取って水溶液を作っても，溶液内には酢酸ナトリウムという分子種はほとんど存在せず，ナトリウムイオンと酢酸イオンに解離し，酢酸イオンの一部は H$^+$ と結合して酢酸になる．

---

one point

規定度

溶液内で進行する化学反応に対する溶質の化学量論上の寄与を強調するために，かつては濃度の代わりに規定度(normality)が広く用いられた．たとえば，水酸化ナトリウム水溶液を硫酸で滴定する場合，硫酸の濃度の2分の1である規定度を用いるほうが便利だと考えられたことがある．その値は溶質が反応する相手によって異なるので，今では規定度は用いられないし，本書でも推奨しない．

表 1.5 濃度の換算

ρ は溶液の密度 $(\text{kg dm}^{-3} = \text{g cm}^{-3})$, M_A と M_B はそれぞれ A と B の分子質量 (g mol^{-1}).

	質量%	モル分率	モル濃度	質量モル濃度
	W_A	x_A	c_A	m_A
W_A	–	$x_A = \dfrac{W_A/M_A}{W_A/M_A + (100-W_A)/M_B}$	$c_A = 10\rho(W_A/M_A)$	$m_A = \dfrac{W_A}{M_A}\dfrac{1000}{100-W_A}$
x_A	$W_A = \dfrac{100}{1+(1/x_A-1)(M_B/M_A)}$	–	$c_A = \dfrac{x_A \cdot 1000\rho}{(M_A-M_B)x_A + M_B}$	$m_A = \dfrac{x_A(1000/M_B)}{1-x_A}$
c_A	$W_A = \dfrac{c_A M_A}{10\rho}$	$x_A = \dfrac{c_A M_B}{1000\rho + (M_B-M_A)c_A}$	–	$m_A = \dfrac{1000 c_A}{1000\rho - M_A c_A}$
m_A	$W_A = \dfrac{100 m_A}{m_A + 1000/M_A}$	$x_A = \dfrac{m_A}{m_A + 1000/M_B}$	$c_A = \dfrac{m_A \cdot 1000\rho}{1000 + M_A m_A}$	–

$$\text{CH}_3\text{COO}^- + \text{H}^+ \rightleftharpoons \text{CH}_3\text{COOH} \tag{1.3}$$

それでも，はじめに量り取った酢酸ナトリウムの質量をもとに酢酸ナトリウムの濃度を定義することはできる．この濃度を明示的に述べる必要があるときは，**式量濃度**(formal concentration)という用語を用いる．量り取ったものが溶液中で別の化学種に変化することを明示的に表現する場合には，**仕込濃度** (supplied concentration，または feed concentration)という用語も使われる．本書の各章でこれらを用いる．

酢酸イオンと酢酸の濃度の和は，酢酸の**分析濃度**(analytical concentration)あるいは**全分析濃度**(total analytical concentration)と呼ばれる．今の例では式量濃度に等しい．

1.3　数値の扱い

測定値はすべてある**不確かさ**(uncertainty)をもっているので，分析化学はもちろん，自然科学で扱う数値は，ある不確かさを考慮に入れて扱う必要がある．この節では，不確かさをもった数値を用いて計算する際の注意点を述べる．実験誤差の解説はここでは行わない．巻末の参考文献 4, 5 を参考にしてほしい．

不確かさをもった数値は，厳密にはその数値を挟むある幅で表示するべきだが[*7]，普通はその一番小さい桁が不確かであるように書き表す．たとえばショ糖 12.3456 g と表記した場合，その量には 0.1 mg の単位に不確かさがあることを意味する．最後の桁が不確かさをもつので，それを強調する意味で 12.345$_6$ g とする表記法もあるが，本書では用いない．

この例では，有効数字は 6 桁である．kg 単位で表すと，0.0123456 kg となって有効数字の桁数が不明確になる．それを明示するには，1.23456×10^{-2} kg,

---

one point

誤差と不確かさの違い

誤差とは，測定値と真値との差をいう．不確かさとは，ある値がどの程度の不確実さをもつかを，その値を挟んだある幅（±Δ）で表現したものである．S. Bell, "A Beginner's Guide to Uncertainty of Measurement," Measurement Good Practice Guide, No. 11 (Issue 2), NPL, UK (2001) の日本語訳が（独）製品評価技術基盤機構の認定センターで出されているので参考にしてほしい．
http://www.iajapan.nite.go.jp.iajapan/

*7　たとえば「室温 25.0 ± 0.1℃」とは，この温度の値は小数点以下一桁目が ±0.1℃ の幅で不確かだという意味である．厳密には，どの確率でそういえるのかを示す必要がある．95％の信頼水準なら，室温が実際には 25.1℃ 以上，あるいは 24.9℃ 以下である確率が 5％ であることを意味する．

あるいは 1.23456×10^1 g と書けばよい．しかし，これらの表記は煩雑である．本書では，有効数字の桁数が紛らわしくない限り，12.3456 g という表記も併用する．

1.3.1 誤差・不確かさの伝播

一般に，ある物理量 f が測定値 x の関数であり，その x が誤差あるいは不確かさ Δx をもつとき，f にはそれによる誤差あるいは不確かさ Δf が存在し，式(1.4)[*8] で表される．これをそれぞれ誤差の伝播(propagation of error)，**不確かさの伝播**(propagation of uncertainty)という．

$$\Delta f \fallingdotseq \left| \frac{\mathrm{d}f}{\mathrm{d}x} \right|_x \Delta x \tag{1.4}$$

*8 式(1.4)の右辺の長い2本の縦棒は，それらに挟まれた量の絶対値をとることを意味する．また $\mathrm{d}f/\mathrm{d}x$ の右側の縦棒は，その微分の値を縦棒の右下の添え字(x)のところで評価することを意味する．

pH の不確かさが水素イオンの活量の不確かさにどう影響するかを，発展問題①，②でとりあげた．

1.3.2 加算と減算

ショ糖を水に加え砂糖水を作る場合を例にして有効数字を考えよう．

ショ糖 1.2345 g を水 100 g に加えた場合，溶液の質量は 101.2345 g ではなく，101 g と書くべきである．水の質量は 1 g の桁に不確かさがあるからである．水 100.0000 g を測りとることができれば，溶液の質量を 101.2345 g と書くことができる．

小数点以下，不確かさがある数値まで表示した数値どうしの加減算では，その結果は小数点以下の有効数字の桁数の少ないほうにそろえる．その根拠は発展問題③を参照のこと．

1.3.3 積と商

積と商では有効数字の桁数が大事である．上の例でショ糖の質量パーセントを求めると，最初の場合であれば，$(1.2345/101) \times 100 = 1.2218\cdots$ であるが，有効数字の桁数の少ないほうを採用して 1.22% とする．有効数字より一桁小さい値を四捨五入する．

後者の例だと，$(1.2345/101.2345) \times 100 = 1.2194459\cdots$ より，有効数字の桁数の少ないほう(5桁)をとって 1.2194% とする．かけ算や割り算の結果の不確かさの考え方については，発展問題④を参照のこと．

1.3.4 計算上の注意

もちろん，数式中の定数など測定値以外の数(たとえば半径 r の球の表面積 $4\pi r^2$ の 4 や π)は測定値ではないので，不確かさはなく，計算時に必要に応じ

---

one point

偶数への丸め

四捨五入は，5のときに常に繰り上がる(増える)ほうに変化するので不公平である．端数が 0.5 より小さいなら切り捨て，端数が 0.5 より大きいなら切り上げ，端数がちょうど 0.5 なら切り捨てと切り上げのうち結果が偶数となるほうへ丸めるやり方を「偶数への丸め」という．こうすれば多くのデータの扱いにおいて，四捨五入による誤差の累積が生じるのを防げる．

ていくらでも桁数を増やすことができる．

　計算を複数のステップに分けて行う場合，その各ステップで有効数字に丸めないようにする．電卓で全ステップを計算する場合は，途中で丸めるという心配はない[*9]．最後に，有効数字に合わせて数字を丸めるようにする．

[*9] ただし，電卓や表計算ソフト自体のもつ誤差を除く．分析化学の計算で出てくる数値の桁数と演算回数でこれが問題となることはほとんどない．

1.3.5 対数，指数の表記

　本書では，自然対数（ネイピア数 $e = 2.718281828\cdots$ を底とする）を $\ln$ で，常用対数（10 を底とする）を $\log$ で表す．

$$\ln e = 1, \ \log 10 = 1, \ \ln x = \ln(10) \times \log x \tag{1.5}$$

　また，e^x を $\exp(x)$ とも表記する．測定量の対数の不確かさについては発展問題 2 を参照．

章末問題

基本問題

1. 濃度の尺度としては，上に述べたもの以外にもいろいろありえる．どのようなものが考えられるか．
2. 表 1.5 の濃度換算について，以下の二つを確かめよ．
(1) A のモル分率から質量モル濃度，モル濃度，質量パーセントを求める場合．
(2) A の質量パーセントから，質量モル濃度，モル濃度を求める場合．

発展問題

1. 不確かさをもつ物理量 x の関数となっている物理量 f の不確かさはどのように考えればよいか．
2. 上の結果を利用して，pH の不確かさが水素イオン活量 a_{H^+} の不確かさをもたらすかを示せ．ただし，$\mathrm{pH} = -\log a_H$ とする（pH の定義の詳細については 3.2 節参照）．
3. 不確かさをもつ二つの数値の和の有効数字はどのように考えればよいか．
4. 不確かさをもつ二つの数値の積の不確かさはどのように考えればよいか．

第 1 章の Keywords

物理量（physical quantity），物質量（amount of substance），SI 単位（SI unit），溶媒（solvent），溶質（solute），溶液（solution），式量濃度（formal concentration），仕込濃度（feed concentration），分析濃度（analytical concentration），モル濃度（molar concentration, molarity），質量モル濃度（molal concentration, molality），モル分率（mole fraction），ppm，ppb，有効数字（significant figure, significant digit），不確かさ（uncertainty），誤差の伝播（propagation of error）

第2章 溶液内の化学平衡

分析化学では，扱う試料は溶液状態であることが多い．たとえば，試料そのものは固体でもそれを溶媒に溶かして溶液にしてから分析することは珍しくない．また，われわれ人間を含め，生命体は溶液なしには存在できない．溶液中で起きているさまざまな化学過程を知り，それを利用することの大切さは，分析化学にとどまらない．

サラダボールに水とそれに溶ける物質，たとえば酢と食塩を少々加える．しばらくすると食塩は溶解し，適当な状態に落ち着く．この状態は，常に一つだけである．水，酢，食塩を加える順番にも，作った人にも依存しない．部屋の温度と気圧が同じであれば季節にもよらないはずである．溶液が時間に依存せず，一義的に決まる状態にあるとき，この溶液は平衡にあると言う．

その溶液を味見すると酸味があるはずである．この酸味を定量的に知るためには，酢の主成分である酢酸がどの程度解離しているかを知る必要がある．その程度は加えた食塩の量にも依存するはずである．

以下の溶液内化学平衡の計算は，その混合溶液が平衡状態に到達したときの溶液内での各化学種の濃度を，われわれが設定した初期条件[*1]から知ることが目的である．

[*1] 上の例では，酢および食塩の量と，混ぜたときの温度と圧力である．

2.1 溶液内の化学反応

A，B を出発物質，C，D を生成物質とする次の反応があるとする．

$$\nu_A A + \nu_B B \rightleftarrows \nu_C C + \nu_D D \tag{2.1}$$

ここで，ν_A，ν_B，ν_C，ν_D は**化学量論係数**(stoichiometric coefficient)である．この反応が定温定圧下で平衡であるための条件は，反応に関与する化学種の**化学ポテンシャル**(chemical potential)μ を使って，次式で表すことができる．

$$\nu_A\mu_A + \nu_B\mu_B = \nu_C\mu_C + \nu_D\mu_D \tag{2.2}$$

ここで，μ_A，μ_B，μ_C，μ_D は，それぞれ A，B，C，D の化学ポテンシャルである．

2.1.1 化学ポテンシャルと活量

化学種 i の化学ポテンシャル μ_i は，この反応が生じている溶液の**ギブズエネルギー**（Gibbs energy）G が，溶液内での i の数 N_i を変えたときに変化する割合であり

$$\mu_i = \left(\frac{\partial G}{\partial N_i}\right)_{T,P,N_j} \tag{2.3}$$

と定義される．ここで右辺の右括弧の添え字は，温度，圧力，i 以外の成分の数（濃度）を一定に保って微分する（変化量を求める）ことを意味する．化学では粒子の数をモル単位で数えるので μ_i の SI 単位は J mol^{-1} である．

μ_i は，溶液の組成，とくに当該成分の濃度に依存し，次の式で表される．

$$\mu_i = \mu_i^0 + RT \ln a_i \tag{2.4}$$

ここで，μ_i^0 と a_i は i の**標準化学ポテンシャル**（standard chemical potential）および**活量**（activity）で，R と T は気体定数と絶対温度である．活量は濃度の関数であり，その具体的な形は，次項で述べるように濃度尺度に何を用いるかによって違ってくる．標準化学ポテンシャルについても次項で説明する．

2.1.2 標準化学ポテンシャルと活量係数[*2]

分析化学では，分析の対象とする物質の濃度は低い場合がほとんどである．溶質が中性物質であれば，濃度が高くない限り，式(2.4)の右辺の活量（a_i）は濃度と等しいと考えてよい．しかし分析化学で扱う溶液内化学平衡では，それに関与する化学種の多くはイオンである．イオン間の静電相互作用は長距離で働くため，イオンの濃度が 1 mmol dm^{-3}（1×10^{-3} mol dm^{-3}）程度の濃度でも，イオンの化学ポテンシャルにおける濃度と活量の違いが無視できない．

本書の第 3 章以降の溶液内化学平衡の説明では，話を簡単にするために，溶質の活量は濃度に等しいものとする．しかし実際の溶液の振る舞いを考えるには，活量と濃度の違いを知る必要がある．それをこの章で説明しておくことにしよう．

化学種 i のモル濃度を c_i，質量モル濃度を m_i，モル分率を x_i とすると，μ_i は用いる濃度尺度に応じて次のように書くことができる．

$$\mu_i = \mu_i^{0,(c)} + RT \ln \gamma_i^{(c)} c_i \tag{2.5}$$

---

one point

ギブズエネルギー

分析化学では，多くの場合，温度 T，圧力 P が一定の下での平衡条件を知る必要がある．熱力学によると，その条件は $G = U - TS + PV$ で定義される系のギブズエネルギー（Gibbs energy）G が最小であることである．ここで U は内部エネルギー，S はエントロピー，V は体積である．

ギブズエネルギーは，かつてはギブズの自由エネルギーと呼ばれていた．

[*2] この節から 2.3 節を読み飛ばして 2.4 節に進んでも，その後の内容は理解できる．だが，その理解を実用に役立たせるには，濃度ではなく活量を考えねばならないことはわきまえておこう．

$$= \mu_i^{0,(m)} + RT \ln \gamma_i^{(m)} m_i \tag{2.6}$$
$$= \mu_i^{0,(x)} + RT \ln \gamma_i^{(x)} x_i \tag{2.7}$$

ここで，$\mu_i^{0,(k)}$ と $\gamma_i^{(k)} (k = c, m,$ または $x)$ は，それぞれモル濃度，質量モル濃度，モル分率尺度での標準化学ポテンシャルと**活量係数**(activity coefficient)である．

式(2.5)〜(2.7)の右辺の第1項は標準化学ポテンシャルで，それぞれ第2項の濃度が1かつ活量係数が1のときの μ_i である[*3]．このような，右辺の第2項の濃度が1で活量係数も1である状態を標準状態という．標準化学ポテンシャルは，大量の溶媒の中に一つの溶質粒子を加えるときに要するギブズエネルギーをモル当たりで表したものであり，溶質と溶媒との相互作用を反映している．

式(2.6)，(2.7)の右辺第2項は，化学種 i の μ_i への「数の力」の寄与は，その対数で効いてくることを示している．数の割合が小さいときは μ_i はその対数に比例するが，それが多くなると i どうし，または i とその他の溶質との分子間相互作用のために，比例性が成り立たなくなる．このずれを表す係数が，それぞれの濃度尺度 c_i, m_i, x_i に掛かっている活量係数 $\gamma_i^{(c)}$, $\gamma_i^{(m)}$, $\gamma_i^{(x)}$ である．これらの活量係数は溶質どうしの分子間相互作用を反映しているので，それ自身および共存する他の溶質の濃度の関数である．

モル分率尺度では，i の化学ポテンシャルの標準状態は溶液相が100% i である状態(純物質)なので，そのときの i の活量係数も1である．しかし，モル濃度尺度や質量モル濃度尺度の場合は注意が必要である．

図2.1の実線は，μ_i の $\ln c_i$ 依存性を模式的に示したもので，上側の実線が理想性(破線)から正に(破線より上側に)それる場合，下側の実線が負にそれる場合である．$c_i = 1$ mol dm^{-3} のとき，実際の溶液では溶質どうしの分子間相互作用が無視できないため活量係数は1ではない．したがって，$a_i = c_i^0$ とはならない．質量モル濃度(標準状態の濃度は $m_i = 1$ mol kg^{-1})の場合も同様である．

標準化学ポテンシャルは，この低濃度領域での比例関係をもとに図2.1のように定義されるので，この基準のとり方を**無限希釈基準**(infinite dilution reference)という．これに対しモル分率尺度では，$x = 1$ のときの μ を標準化学ポテンシャルとする．この基準のとり方を**純物質基準**(pure substance reference)という．これら標準化学ポテンシャルの値は濃度尺度に応じて異なるが，もちろん定量的に関係づけられる(発展問題[4])．

式(2.5)〜(2.7)の右辺の活量係数と濃度またはモル分率との積を活量と呼び，それぞれ，$a_i^{(c)}$, $a_i^{(m)}$, $a_i^{(x)}$ と書く．

---

one point

活量係数

系のエネルギーに対する溶質の数の多少の寄与は，溶質の濃度が低いときはその対数に比例するが，濃度が高くなると溶質分子間の相互作用のために比例しなくなる．このズレを表すために濃度に乗じる係数が活量係数である．

[*3] モル分率尺度では，式(2.7)の右辺第1項は，この系が i のみからなる(すなわち純物質の)モルあたりのギブズエネルギーである．

one point

標準温度と標準圧力

一般に熱力学のデータは温度と圧力に依存する．標準的に用いられる温度と圧力は 298.15 K，0.1 MPa($= 1$ bar)であり，SATP(standard ambient temperature and pressure)と呼ばれる．かつて標準圧力として用いられた標準大気圧は，1 atm($= 101,325$ Pa)である．

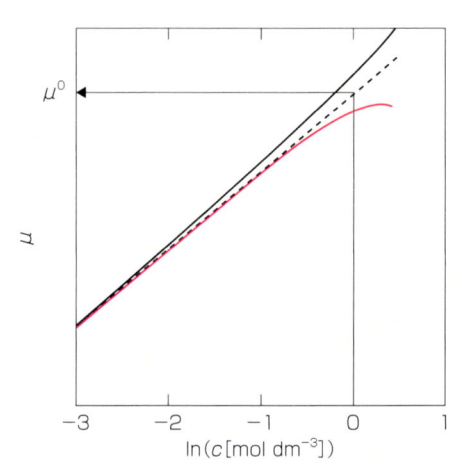

図 2.1　化学ポテンシャルの濃度依存性と標準化学ポテンシャル

$$a_i^{(c)} = \gamma_i^{(c)} c_i \tag{2.8}$$
$$a_i^{(m)} = \gamma_i^{(m)} m_i \tag{2.9}$$
$$a_i^{(x)} = \gamma_i^{(x)} x_i \tag{2.10}$$

2.1.3　化学平衡と化学反応の平衡定数

式(2.2)の平衡条件によって，平衡状態にある溶液中の化学種の組成が決まる．たとえば，モル濃度尺度で $n_A = n_B = n_C = n_D = 1$ であれば，式(2.2)の平衡条件は次のように書ける．

$$\mu_C^{0,(c)} + RT \ln \gamma_C^{(c)} c_C + \mu_D^{0,(c)} + RT \ln \gamma_D^{(c)} c_D - \mu_A^{0,(c)} - RT \ln \gamma_A^{(c)} c_A - \mu_B^{0,(c)} - RT \ln \gamma_B^{(c)} c_B = 0 \tag{2.11}$$

これを書き換えると

$$\exp\left(-\frac{\mu_C^{0,(c)} + \mu_D^{0,(c)} - \mu_A^{0,(c)} - \mu_B^{0,(c)}}{RT}\right) = \frac{\gamma_C^{(c)} c_C \gamma_D^{(c)} c_D}{\gamma_A^{(c)} c_A \gamma_B^{(c)} c_B} \tag{2.12}$$

左辺の量は温度圧力一定のもとでは定数であるから，右辺の比も定数である．この定数を K と書いて**平衡定数**(equilibrium constant)と呼ぶ．式(2.12)の左辺の $\mu_C^{0,(c)} + \mu_D^{0,(c)} - \mu_A^{0,(c)} - \mu_B^{0,(c)}$ は，反応の標準ギブズエネルギー変化 ΔG_r^0 だから

$$\Delta G_r^0 = -RT \ln K \tag{2.13}$$

$$K = \frac{\gamma_C^{(c)} \gamma_D^{(c)} c_C c_D}{\gamma_A^{(c)} \gamma_B^{(c)} c_A c_B} \tag{2.14}$$

---

one point

活量の次元

c_i や m_i には次元があるのに対して，x_i は無次元である．活量係数を無次元にすると，$a_i^{(c)}$ や $a_i^{(m)}$ は次元をもつが，$a_i^{(x)}$ はそうではない．使用している濃度尺度と標準状態を明確にさえしておけば，活量に次元をもたせるかどうかにあまり神経質になる必要はない．IUPAC では i の活量 a_i を，その化学ポテンシャルと標準化学ポテンシャルを使って $a_i = \exp[(\mu - \mu_i^0)/(RT)]$ と定義するので(第1章参考文献2)，活量は無次元量である．

---

one point

反応商

式(2.12)の右辺を反応商(reaction quotient)と呼ぶことがある．生成体の活量を分子に，反応体の活量を分母に書く．

という関係がある．K は式(2.13)の定義からわかるように濃度に依存しない定数だから，式(2.14)の右辺も濃度に依存しない．この式(2.14)は，**質量作用の法則**(the law of mass action)という大げさな名前で呼ばれることもある．

活量を無次元量だとすると K も無次元量である．しかしそのときでも，濃度尺度が何であるかは，明示的に書かなくても意識する必要がある．明示的に書くなら，今の例ではモルの濃度尺度だから $K^{(c)}$，質量モル濃度尺度なら $K^{(m)}$ という具合である[*4]．

吸着や分配などの化学過程についても同様に平衡定数を定義することができる．

2.1.4 平衡定数の温度と圧力による変化

平衡定数は温度，圧力に依存する．つまり，K は T と P の関数である．付表1に標準状態($T=298.15$ K, $P=1\times 10^5$ Pa(あるいは 1 atm $\fallingdotseq 1.0325 \times 10^5$ Pa))における弱酸の解離平衡定数の表がある．

別の温度における平衡定数は，標準状態における ΔG_r^0，**標準反応エンタルピー変化**(standard reaction enthalpy)ΔH_r^0，**反応定圧熱容量**(isobaric reaction heat capacity)Δc_p^0 から，次式で見積もることができる[*5]．

$$\ln K = -\frac{1}{R}\left[\frac{\Delta G_r^0}{T} - \Delta H_r^0\left(\frac{1}{T^0} - \frac{1}{T}\right) - \Delta c_p^0\left\{\frac{T^0}{T} - 1 + \ln\left(\frac{T}{T^0}\right)\right\}\right] \quad (2.15)$$

ここで，T^0 は標準状態における絶対温度，T は K を知りたい絶対温度である．

また，標準状態とは別の圧力における K は

$$\ln K = \ln K^0 - \frac{\Delta V_r^0}{RT}(P-P^0) + \frac{\Delta k^0}{2RT}(P-P^0)^2 \quad (2.16)$$

で見積もることができる．ここで，P^0 は標準状態の圧力，ΔV_r^0 と Δk^0 は**標準反応体積変化**(standard reaction volume)と**反応等温圧縮率**(isothermal reaction compressibility)である．

2.1.5 平衡定数と濃度平衡定数

第3章以降では，式(2.12)の活量係数の寄与を無視して(活量係数を1として)考える．その場合，K は熱力学的平衡定数ではないので，とくにそれを強調するために濃度平衡定数ということがある．それを K と区別するために K' と書くと，モル濃度尺度の場合であれば

$$K' = \frac{c_C c_D}{c_A c_B} = \frac{[C][D]}{[A][B]} = K\frac{\gamma_B^{(c)}\gamma_A^{(c)}}{\gamma_C^{(c)}\gamma_D^{(c)}} \quad (2.17)$$

---

one point

pK

K は非常に大きな，あるいは小さな値であることが多いので対数表示が便利である．とくに，$-\log K$ を pK と書く．

[*4] $K^{(c)}$ と $K^{(m)}$ の関係については発展問題 3 を参照．

[*5] E. C. W. Clarke, D. N. Glew, *Trans. Faraday Soc.*, 62, 539 (1966)；式(2.15)では，Δc_p^0 の温度依存性の K への寄与は無視している．

one point

標準反応エンタルピー変化

反応(2.1)において，反応物質も生成物質も標準状態にあるときの反応エンタルピー変化．

one point

反応定圧熱容量

ΔH_r^0 は温度に依存する．標準状態におけるその温度係数を反応(2.1)の定圧熱容量という．

one point

標準反応体積変化

反応(2.1)において，反応物質も生成物質も標準状態にあるときの体積変化．

one point

反応等温圧縮率

ΔV_r^0 は圧力に依存する．標準状態における圧力係数を反応(2.1)の等温圧縮率という．

活量係数は，2.3節で見るように溶液の組成に依存するので，K' は K とは異なり溶液組成によって変化する．

2.2　イオンの活量，活量係数，平均活量係数

溶液中でイオンに解離する物質を電解質という．たとえば KBr は水溶液中では，K^+ と Br^- に完全に解離していると考えてよい．この場合，K^+ と Br^- は別々の化学種として存在するから，それぞれに化学ポテンシャルを考えてもよさそうである．モル濃度だと

$$\mu_+ = \mu_+^{0,(c)} + RT \ln \gamma_+^{(c)} c_+ \tag{2.18}$$

$$\mu_- = \mu_-^{0,(c)} + RT \ln \gamma_-^{(c)} c_- \tag{2.19}$$

ここで，添え字の + と − はそれぞれカチオン種とアニオン種を示し，c_+ と c_- はそれぞれの濃度である．また，$\mu_+^{0,(c)}$ と $\mu_-^{0,(c)}$ は，それぞれ $\gamma_+^{(c)} c_+$，$\gamma_-^{(c)} c_-$ が 1 のときのカチオンとアニオンの標準化学ポテンシャルである．

塩 S の化学ポテンシャル μ_S とイオンの化学ポテンシャルとは次の関係にあると考えることができる．

ここで注意しなければならないのは，系に加えたり取り去ったりできるのは中

プラスアルファ　電気化学ポテンシャル

イオンは帯電しているので，溶液内でのエネルギー状態は，溶液の静電ポテンシャル ϕ に依存すると考えられる．ここで ϕ は，真空無限遠からテスト電荷(電子と絶対値が等しい電気量 e をもち，溶媒と静電的相互作用以外の相互作用をしない仮想的な粒子)を溶媒内にもち込むのに要する仕事 w を使って，$\phi = w/F$ で定義される．F はファラデー定数(96485.34 C mol^{-1})である．

式(2.2)，(2.19)の $\mu_+^{0,(c)}$，$\mu_-^{0,(c)}$ は，この寄与を含む．それを表に出すために

$$\mu_+^{0,(c)} = \mu_{+,\mathrm{chem}}^{0,(c)} + z_+ F\phi \tag{2.20}$$

$$\mu_-^{0,(c)} = \mu_{-,\mathrm{chem}}^{0,(c)} + z_- F\phi \tag{2.21}$$

と分割する．ここで，z_+，z_- はイオンの電荷で符号を含む．$\mu_{+,\mathrm{chem}}^{0,(c)}$，$\mu_{-,\mathrm{chem}}^{0,(c)}$ は静電相互作用以外の効果の化学ポテンシャルへの寄与を示す．そうすると式(2.2)，(2.19)は次のように書ける．

$$\mu_+ = \mu_{+,\mathrm{chem}}^{0,(c)} + RT \ln \gamma_+^{(c)} c_+ + z_+ F\phi \tag{2.22}$$

$$\mu_- = \mu_{-,\mathrm{chem}}^{0,(c)} + RT \ln \gamma_-^{(c)} c_- + z_- F\phi \tag{2.23}$$

このように静電的な寄与を別に書き出したかたちを電気化学ポテンシャル(electrochemical potential)という．式(2.20)，(2.21)の分割は任意性があるので，$\mu_{+,\mathrm{chem}}^{0,(c)}$，$\mu_{-,\mathrm{chem}}^{0,(c)}$ を熱力学的に意味づけることはできないことに注意しよう．

電気化学ポテンシャルの記号として，μ の上にチルダ(tilde)記号 ∼ をつけて $\tilde{\mu}_+$，$\tilde{\mu}_-$ と書かれることもある．これらは，本質的には μ_+，μ_- と同じものである．

一つの溶液相の中での化学平衡では，その溶液の静電ポテンシャルは一様であり，また溶液全体は電気的に中性なので，各成分の $z_+ F\phi$ の寄与は全体で相殺される．したがって，電気化学ポテンシャルを考える必要はない．それを考慮すると便利なのは，二つの混じりあわない液間でのイオンの分配平衡など，二つ以上の異なる相が化学平衡に関与する場合である．

性の化学種（今の場合はカチオンとアニオンからなる電解質，すなわち塩）だけなので，熱力学的に測定できる[*6]のは，その塩についての化学ポテンシャルだけだということである．

$$\mu_s = \mu_+ + \mu_- \tag{2.24}$$

最初に溶液に仕込んだSの濃度をc_Sとすると，溶液中に完全解離する1：1電解質のみが存在する場合は明らかに$c_+ = c_- = c_S$であるから，次式が成り立つ．

$$\mu_s = \mu_s^{0,(+)} + \mu_s^{0,(-)} + RT \ln \gamma_+^{(c)} \gamma_-^{(c)} c_s^2 \tag{2.25}$$

Sの活量をa_Sと書くと，Sの化学ポテンシャルは

$$\mu_s = \mu_s^{0,(c)} + RT \ln a_s \tag{2.26}$$

ここで$\mu_s^{0,(c)}$, a_Sはそれぞれ

$$\mu_s^{0,(c)} = \mu_+^{0,(c)} + \mu_-^{0,(c)} \tag{2.27}$$

$$a_s = \gamma_s^{(c)} c_s^2 \tag{2.28}$$

である．式(2.28)の$\gamma_S^{(c)}$はSの活量係数である．したがって，式(2.25)，(2.28)より，次の関係があることがわかる．

$$\gamma_s^{(c)} = \gamma_+^{(c)} \gamma_-^{(c)} \tag{2.29}$$

このように，1価のカチオン＋と1価のアニオン－からなる電解質Sの化学ポテンシャルは，濃度が無限に薄いところではc_Sの二乗に比例する．これが溶液中で解離する電解質の特徴で，中性物質との違いである．

μ_Sは測定可能なので，$\gamma_S^{(c)} = \gamma_+^{(c)} \gamma_-^{(c)}$も測定可能である．しかし，$\gamma_+^{(c)}$と$\gamma_-^{(c)}$を別々に測定することはできない．

ここで$\gamma_+^{(c)}$と$\gamma_-^{(c)}$の幾何平均として，**平均活量係数**[*7](mean activity coefficient)$\gamma_\pm^{(c)}$を導入する．

$$\gamma_\pm^{(c)} = \sqrt{\gamma_s^{(c)}} = \sqrt{\gamma_+^{(c)} \gamma_-^{(c)}} \tag{2.30}$$

こうすると，それに対応するイオンの**平均活量**(mean activity)$a_\pm$を，中性物質の場合と同じように活量係数と濃度の積として定義できる．このとき，平均活量係数と組み合わせる濃度の表現には注意が必要で，以下に定義する平均モル濃度$c_\pm$を対応させる．

$$a_\pm = \sqrt{a_S} = \gamma_\pm^{(c)} c_\pm \tag{2.31}$$

[*6] 熱力学で定義される物理量の測定のみから得ることができる物理量．

one point

電荷を帯びた化学種の化学ポテンシャルは測定可能か

溶液にカチオンだけ，あるいはアニオンだけを付け加えたり取り去ったりすることは困難で，できたとしても溶液が帯電してしまい，エネルギー状態が大きく異なってしまうので熱力学的に厳密な測定値を得ることはできない．

one point

$\gamma_S^{(c)}$の分割

$\gamma_S^{(c)}$を二つに分割するには非熱力学的な仮定を使う必要があるので，曖昧さが残る．

[*7] 平均イオン活量係数ともいう．

こうすれば，式(2.25)は次のようになる．

$$\mu_s = \mu_s^{0,(+)} + RT \ln \gamma_\pm^{(c)} c_\pm + \mu_s^{0,(-)} + RT \ln \gamma_\pm^{(c)} c_\pm \tag{2.32}$$

したがって，測定できるμ_sを平均化された単独イオンの化学ポテンシャルの和として表すことができる[*8]．

$c_\pm$は，1：1電解質では

$$c_\pm = \sqrt{c_+ c_-} = c_S \tag{2.33}$$

であり，電解質の濃度（したがってカチオンおよびアニオンの濃度）に等しい．しかし，1：2，1：3，2：1などの非対称電解質[*9]ではそうはならない．

以上，モル濃度を用いた場合について説明した．質量モル濃度，モル分率を濃度尺度とした場合にも同様の関係が成り立つ．

[*8] これによって単独イオンの活量や化学ポテンシャルの理解が深まるわけではない．

[*9] 電解質が溶液中で電離してz_+価のカチオンν_+個とz_-価のアニオンν_-個が生成するとき，その電解質を$z_+:|z_-|$型電解質と呼ぶ．$z_+-|z_-|$と書くこともある．ここで，$z_+ \nu_+ = |z_-| \nu_-$の関係がある．たとえば，硫酸ソーダは1：2電解質，硝酸アルミニウムは3：1電解質である．

2.3　イオン間相互作用とイオンの活量係数

図2.2は，HCl，LiCl，NaCl，KCl水溶液の平均活量係数（実測値）の常用対数$\log \gamma_\pm$を質量モル濃度の平方根に対してプロットしたものである．$\sqrt{m} = 0.2$（$m = 0.04 \text{ mol kg}^{-1}$）付近よりも低濃度側では，塩の種類によらず$\log \gamma_\pm$はほぼ同じ値である．これらの曲線はどれも下に凸の形をしている．

濃度が高くなるとともにその値は減少するが，さらに濃度が高くなると，その減少の程度が鈍くなり，より高濃度では活量係数は1より大きくなる．濃度が高いところでは，曲線の形はカチオンの種類によって大きく異なる．これは，イオン間相互作用に静電力だけでなく，イオンの大きさや近接相互作用の程度など，イオンの個性が出てくるからである．

図2.3の赤線は，低濃度領域におけるHClの平均活量係数の質量モル濃度

プラスアルファ

$z_+ : z_-$型の電解質の平均活量と平均モル濃度

一般に，電解質が電離してz_+価のカチオンν_+個とz_-価のアニオンν_-個が生成するときの平均活量，平均活量係数，平均モル濃度を考えよう．

カチオンとアニオンの活量を，それぞれa_+，a_-と書くと，この塩の活量a_sは

$$a_s = (a_+)^{\nu_+} (a_-)^{\nu_-}$$

と書くことができる．イオンの平均活量と平均モル濃度を

$$a_\pm = [(a_+)^{\nu_+} (a_-)^{\nu_-}]^{1/(\nu_+ + \nu_-)}$$

$$c_\pm = [(\nu_+)^{\nu_+} (\nu_-)^{\nu_-}]^{1/(\nu_+ + \nu_-)} c_s$$

と定義すると，平均活量係数は上の1：1電解質の場合と同様に

$$\gamma_\pm = [(\gamma_+)^{\nu_+} (\gamma_-)^{\nu_-}]^{1/(\nu_+ + \nu_-)} = \frac{a_\pm}{c_\pm}$$

と表すことができる．

たとえばH_2SO_4の場合，$a_\pm = [(a_+)^2 a_-]^{1/3}$，$c_\pm = 4^{1/3} c_s$である．

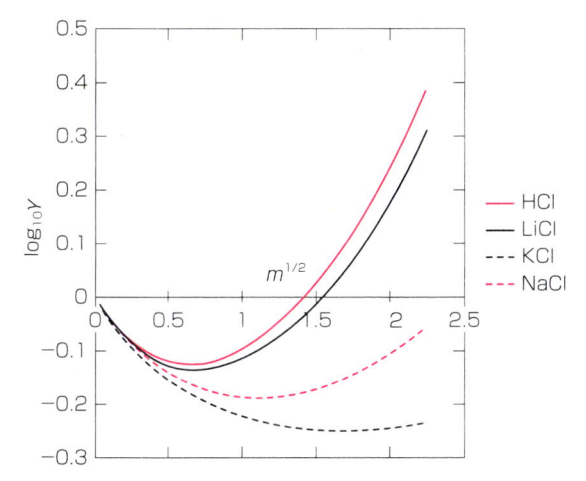

図 2.2 HCl, LiCl, NaCl, KCl 水溶液の平均活量係数の質量モル濃度依存性(25 ℃)
W. J. Hamer, Y-C. Wu, *J. Phys. Chem. Ref. Data*, 1, 1047 (1972).

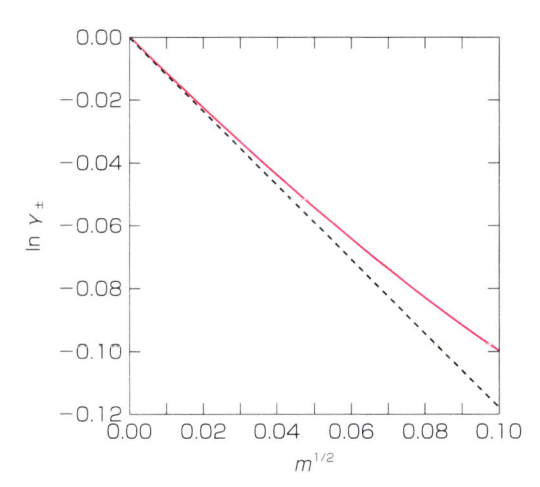

図 2.3 HCl 水溶液中の HCl の平均活量係数の質量モル濃度依存性(25 ℃)
低濃度領域. 破線は式(2.34)の理論曲線.

依存性を示したものである.

 十分に低濃度領域では, 平均活量係数は, 電解質濃度の平方根に比例して減少することがわかる. この比例関係は非常に重要であり, 次項のデバイ−ヒュッケルの極限則で説明できる.

2.3.1 デバイ−ヒュッケル理論と高濃度での補正[*10]

 1923 年にデバイ (Peter Debye) とヒュッケル (Erich Hückel) が提案した活量係数の理論によると, 電解質溶液濃度が十分に低く, イオンのもつエネルギーに寄与するイオン間相互作用が静電相互作用のみと考えればよいときには, 次

[*10] この項では, 溶媒を無構造な誘電体とし, イオンを点電荷ないしは剛体球と仮定している. さらに, あるイオンの周りのその他のイオン分布は, 中心にあるイオンが作り出す電位 ϕ よって引き寄せられあるいは反発され, その分布はボルツマン型, $n(x) = n_0 e^{-(zF/RT)\phi}$ であると仮定した. P. Debye, E. Hückel, *Physik. Z.*, 24, 185 (1923).

*11 この条件ではイオンは点電荷と見なせるので，$\gamma_+^{(c)} = \gamma_-^{(c)} = \gamma_\pm^{(c)}$ である．

の関係が成り立つ（モル濃度尺度の場合*11）．

$$\log \gamma_+^{(c)} = \log \gamma_-^{(c)} = \log \gamma_\pm^{(c)} = -A_c |z_+ z_-| \sqrt{I_c} \tag{2.34}$$

これを**デバイ－ヒュッケルの極限則**（Debye-Hückel limiting law）という．ここで A_c は，溶媒の比誘電率，温度などで決まる定数で，25 ℃の水では 0.5106 mol$^{-1/2}$ dm$^{3/2}$ である．z_+ と z_- はイオンの電荷数，I_c は次式で定義されるイオン強度である．

$$I_C = \frac{1}{2} \sum z_i^2 c_i \tag{2.35}$$

> **one point**
> **定数 A_c**
> $$A_c = \frac{\sqrt{2000N}\, e^3}{\ln(10) 8\pi (\varepsilon_0)^{3/2} k^{3/2}}$$
> $$\left(\frac{1}{T^{3/2} \varepsilon_k^{3/2}} \right)$$
> $$= \frac{\sqrt{2000}\, F^3}{\ln(10) 8\pi (\varepsilon_0 \varepsilon_k RT)^{3/2} N}$$
> mol$^{-(1/2)}$ dm$^{3/2}$
>
> N はアボガドロ定数，e は電子電荷，ε_0 は真空の誘電率，ε_k は溶媒の比誘電率，k はボルツマン定数である．

1価のカチオンとアニオンからなる電解質溶液では，イオン強度はそのモル濃度に等しい．

式(2.34)には，z_+, z_- 以外に，イオンの大きさや形などのイオンの個性を示す物理量は含まれていない．式(2.35)にイオンのもつ電荷と濃度が入っているだけである．これが極限則のポイントである．このことは，イオン間相互作用の熱力学的性質への効き具合は，濃度が低く，イオンどうしが十分に離れていれば，遠距離まで働くクーロン相互作用だけと考えてよいことを意味する．

質量モル濃度を使う場合*12 は次式になる．

$$\log \gamma_\pm^{(m)} = -A_m |z_+ z_-| \sqrt{I_m} \tag{2.36}$$

ここで，次の関係がある．

$$A_m = A_c (\rho_0)^{1/2} \tag{2.37}$$

*12 実験的に得られている電解質溶液の平均活量係数の膨大なデータのほとんどは，質量モル濃度尺度で与えられている．

の関係がある．ρ_0 は溶媒の密度，I_m は質量モル濃度で表したイオン強度である．

表 2.1 電解質水溶液中のイオンの活量係数に対するデバイ－ヒュッケル理論の定数 A_c および B_c の温度依存性 (0.1 MPa)

T	A_c	B_c
℃	mol$^{-1/2}$ dm$^{3/2}$	10^9 mol$^{-1/2}$ dm$^{3/2}$ m^{-1}
5	0.4941	3.253
15	0.5019	3.270
25	0.5108	3.290
35	0.5208	3.311
45	0.5319	3.334

A_c（式 2.34, 式 2.36）と B_c（式 2.36）の値を表 2.1 に示す．より詳しい温度と圧力依存性は，水の比誘電率のデータ（D. G. Archer, P. Wang, *J. Phys. Chem. Ref. Data*, **19**, 371 (1990)）から計算できる*13．

式(2.34)の理論曲線が図 2.3 の破線である．この極限則が低濃度領域での平

*13 25 ℃, 0.1 MPa における水の密度は 0.99705, 水の比誘電率は 78.38．

均活量係数の実験的な振る舞いをよく説明する．これがデバイ-ヒュッケルの極限則の力である．

電解質の濃度がより高いと，イオンの平均活量係数は，図2.3に示されるようデバイ-ヒュッケルの極限則から上側にそれる．これは，イオン間相互作用にイオンの大きさ，形，近距離相互作用などの個性が見えてくることによる．イオン間の最近接距離を考慮したデバイ-ヒュッケル理論によれば，カチオン＋とアニオン－からなる塩の平均活量係数 $\gamma_{\pm}^{(c)}$ は，次式で与えられる[*14]．

$$\log \gamma_{\pm}^{(c)} = -\frac{A_c |z_+ z_-| \sqrt{I_c}}{1 + B_c a \sqrt{I_c}} \tag{2.38}$$

$$= -|z_+ z_-| \frac{A_c}{B_c} \frac{\kappa_c}{1 + \kappa_c a} \tag{2.39}$$

ここで，B_c は定数[*15]，a はイオン間の最近接距離に関する定数である．a は $\gamma_\pm$ がその実測値に合うように定められるパラメータであり，イオンの種類に依存する．$\kappa_c = B_c \sqrt{I_c}$ は，注目する（その活量係数を見積もる）イオンからそれを取り囲む反対符号の「イオン雰囲気」(ionic atmosphere) までの距離(Debye length)の逆数である．この式は，パラメータをうまく選べば，0.1 mol dm^{-3} 程度までのイオン強度で，実験的に得られた平均活量係数を表現することができる．イオン強度が十分に小さいと，式(2.39)は式(2.34)に帰着する[*16]．

a はアニオンとカチオンの最近接距離に関係したパラメータなので電解質の種類に応じて変化するが，イオン強度が0.01～0.1程度以下であれば，$B_c a = 1$ とした Güntelberg 式[*17]，あるいは，$B_m a = 1.5$[*18] とした Bates-Guggenheim 式[*19] で平均活量係数を大まかに見積もることができる（発展問題 1 参照）．

図2.2は，イオン強度が高いと平均イオン活量係数は減少から増加に転じることを示している．この上側にそれ大きくなる傾向を出すには，式(2.39)にイオン強度に比例する項を付け加えるとよい[*20]．このやり方で高濃度まで活量係数を表現する理論式の改良の試みは，多くなされている．

イオン強度が0.1までであれば，次の Davies 式[*21] もよく使われてきた．イオン強度が0.1以下であれば，どの電解質組成でもおしなべて3％程度以下の誤差で活量係数を見積もることができる．

$$-\log \gamma_{\pm}^{(m)} = 0.50 |z_+ z_-| \left(\frac{\sqrt{I_m}}{1 + \sqrt{I_m}} - 0.30 I_m \right) \tag{2.40}$$

この式は，イオンサイズのパラメータが不要なのが利点である[*22]．単独イオン活量係数には $|z_+ z_-|$ をそのイオンの価数 $|z^2|$ として用いる．

さらに高濃度になると，平均活量係数は1よりも大きくなる．この上昇を表

[*14] 単独イオンの活量係数を式(2.39)で，分子の係数 $|z_+ z_-|$ をそのイオンの価数の二乗で置き換えれば，形式的に計算できる．しかし，その値の信頼度は低いと考えるべきである．発展問題 1 を参照．

[*15] $B_c = \dfrac{\sqrt{2000N}\, e}{(kT\varepsilon_0 \varepsilon_k)^{1/2}} = \dfrac{\sqrt{2000}\, F}{\sqrt{RT\varepsilon_0 \varepsilon_k}}$

mol$^{-(1/2)}$ dm$^{3/2}$ m^{-1}

[*16] しかし，$B_c a$ は，1～3程度の値なので，式(2.34)が使える濃度は，$\log \gamma \pm$ が3％の誤差に収まるには $I \leq \times 10^{-4}$ mol dm^{-3}，10％の誤差なら $I \leq \times 10^{-3}$ mol dm^{-3} 程度に希薄な必要があることに注意．

[*17] E. Güntelberg, *Z. phys. Chem.*, **123** 199 (1926).

[*18] 濃度尺度が質量モル濃度の場合には，A_c と B_c の代わりに A_m と $B_m = B_c \sqrt{\rho_0}$ を使う．

[*19] R. G. Bates and E. A. Guggenheim, *Pure Appl. Chem.*, **1**, 163 (1960).

[*20] これをはじめて指摘したのは，Hückel である (E. Hückel, *Phys. Z.*, **26**, 93 (1925)).

[*21] C. W. Davies, "Ion Association," Butterworth, (1962), p.41. 最初提案したときは，右辺の I_m の係数が0.2であった (C. W. Davies, *J. Chem. Soc.*, 2093 (1938)) が，後に得られた平均活量係数のデータを加味して修正された．

[*22] 逆にいうと，図2.2のイオンの個性が現れてくる濃度域では使えない．

すにはピッツア(Pitzer)のアプローチなどがよく知られている[*23].

2.4 溶液の平衡状態計算の手順

溶液における平衡の定量的な扱いのほとんどは，この章の最初に述べたサラダボールの例のように，初期条件を知って最終平衡状態がどう落ち着くかを求めるものであり，酸塩基，沈殿，錯生成，酸化還元あるいはそれらが共存するどの平衡でも考え方のパターンは同じである．

そのパターンを説明していく．まずは三つの条件を考える．

① **化学平衡条件**：平衡状態にあるときは，溶液内で進行する反応それぞれについて，平衡条件(式2.14)の関係が成り立つ．

　本書の第3章以降では，思考の流れと計算を簡単にするために，濃度平衡定数を平衡定数であるとみなして平衡を議論する．とくに断らない限り，温度は25℃，圧力は$1×10^5 \mathrm{Pa}=1/1.01325 \mathrm{atm}$，濃度尺度はモル濃度である．

　実際には濃度平衡定数は定数ではなく，イオン強度や共存する塩の種類に依存することを忘れないようにしよう．巻末の平衡定数の表には，とくに断らない限り，熱力学的平衡定数が与えられている．実際の計算では，これらの値を濃度平衡定数であるとして用いる．

② **物質量バランス条件**：はじめに加えた出発物質は，反応によって他の化学種に変化しうるが，その変化は追跡可能である．出発物質から生成した新しい化学種と未反応の化学種の和は，はじめに加えた出発物質の物質量と等しい．これを**物質量バランス**(mass balance)の条件[*24]という．

　原子レベルで物質が消滅あるいは生成する場合はここでは考えない．複数の物質の反応がその平衡に関与する場合は，それぞれの物質について物質量バランスが成立する．たとえば酢酸ソーダ(CH_3COONa)0.1 molを量り取って水に溶かすと，水中に存在する酢酸と酢酸イオンの物質量の和は0.1 molである．

　滴定など二つの溶液を混合する場合は，モル濃度尺度だと物質量バランスを書き表しやすい[*25]．他の濃度尺度だと複雑になる(基本問題③参照)．

③ **電荷バランス条件**：溶液は反応前も反応後も全体として電気的に中性である．溶液中にあるカチオンによる総電気量はアニオンの総電気量と等しい．これを**電荷バランス**(charge balance)条件[*26]という(式2.41)．

$$\sum_i z_i c_i = 0 \tag{2.41}$$

質量モル濃度尺度でも同じで，次式が成り立つ．

[*23] それらについては参考文献の3，4に述べられている．高濃度まで多くの電解質について有用なブロムリイ(Bromley)式や，フラエンケルによるデバイ–ヒュッケルモデルの新しい解釈については，発展問題①，④を参照のこと．

[*24] 質量均衡条件，物質保存条件などともいわれる．

[*25] 二つの溶液を混合しても体積が元の溶液の体積の和になるとは限らないが，本書ではそう仮定する．

[*26] 電荷均衡条件，電荷収支条件，電気的中性の条件(electroneutrality condition)，電気的中性の原理などと呼ばれることもあるが，式(2.41)はそれほど高級な「原理」ではない．界面，たとえば水の入ったガラスビーカー内側のガラス表面のすぐ近く(数ナノメートル以内)ではこの条件は成立せず，正負の電荷の過不足がある．

$$\sum_i z_i m_i = 0 \qquad (2.42)$$

ここで，z_i はイオン i の価数で符号を含む．また，電荷の単位は電子電荷(の絶対値)1.6022×10^{-19} C である．

平衡状態に落ち着いたときの各化学種の濃度が未知であるが，上の条件がちょうどその数だけあるはずである．数が合わないときは，条件のどれかが足りないか，条件が重複しているかどちらかである．得られた連立方程式を適当な方法で解いて，各化学種の濃度を得る[*27]．たいていの場合は，以下の各章で解説するように，系に応じた適切な近似を行うことができる．

以下の章では，計算の見通しを良くするために，活量係数はすべて 1 であると仮定する．上の平衡を決める条件のうち，活量と濃度の差が問題になるのは平衡定数のところだけであり，物質量バランス条件と電荷バランス条件は化学種の数で決まることに注意しよう(式 2.17 を見よ．また，第 3 章の発展問題 5 参照)．

[*27] たとえば，Excel の Solver を使う．その場合でも，各項の寄与の大小を判断してから計算させるのがよい．

章末問題

基本問題

1. 以下の問題に答えよ．ただし，濃度尺度はモル濃度，温度は 25 ℃ とする．
(1) 次の溶液のイオン強度を計算せよ．ただし，電解質はすべてイオンに解離しているものとし，M = mol dm^{-3} である．
   (a) 0.001 M HCl　　(b) 0.001 M MgCl$_2$　　(c) 0.001 M MgSO$_4$
(2) デバイ–ヒュッケル極限則が使えるものとして，(a)〜(c) の溶液中のイオンの平均活量係数を求めよ(実際には，デバイ–ヒュッケル極限則が数 % の誤差で使えるのは (a) の場合だけで，(b)，(c) の場合は実測値より大きくなる．発展問題 1 を参照)．
(3) 水溶液中における Ag$^+$ と Cl$^-$ との溶解度積 K_{sp} は次式で定義される．

$$K_{sp} = a_{Ag^+} a_{Cl^-}$$

ここで，a_{Ag^+} と a_{Cl^-} はそれぞれ Ag$^+$ と Cl$^-$ の活量である．また，25 ℃ では $K_{sp} = 1.78 \times 10^{-10}$ mol^2 dm^{-6} である．

AgCl が沈でんしている水溶液を十分にかく拌し，静置する．この上澄み中の Ag$^+$ と Cl$^-$ の濃度を求めよ．ただし，他の電解質は溶液中には存在せず，また Ag$^+$ と Cl$^-$ の活量係数はともに 1 であるとする．
(4) (3) の溶液に NaCl を加えて Na$^+$ 濃度が 0.0100 mol dm^{-3} になるようにする．この溶液中における電荷バランスの条件を記せ．ただし，NaCl は水溶

液中で完全に解離するものとする.

(5) (4)の条件と溶解度積の定義から，(a)イオン種の活量係数をすべて1とした場合の Ag^+ 濃度を求めよ．また，(b)NaCl の仕込濃度が $0.1\ \text{mmol dm}^{-3} = 1.0 \times 10^{-4}$ の場合，および(c) $0.01\ \text{mmol dm}^{-3} = 1.0 \times 10^{-5}$ の場合はどうか．

(6) (5)の問題(a)〜(c)で，活量係数を考慮した場合の Ag^+ と Cl^- の濃度を求めよ．ただし，Ag^+ と Cl^- の活量係数はともに式(2.34)で与えられるとする．

2 以下の溶液のイオン強度を求めよ．濃度尺度はモル濃度とする．

(1) 生理食塩水($0.900\ w/v\%$ NaCl)

(2) リンゲル液($1.000\ \text{dm}^3$ 中に NaCl 8.6 g, KCl 0.3 g, $CaCl_2$ 0.33 g)

(3) 模擬海水．溶液の密度は $1.02\ \text{g cm}^{-3}$ で，組成は Na^+ (1.06), Mg^{2+} (0.127), Ca^{2+} (0.040), Cl^- (1.90), SO_4^{2-} (0.265), HCO_3^- (0.014)). 括弧内の数字は $w/w\%$. ただし，これらのイオン種はすべてここに示したかたちに解離して存在しているとする．

3 物質Aの質量モル濃度が m_A である水溶液 a g と，物質Bの質量モル濃度が m_B である水溶液 b g を混ぜあわせて溶液を作る．この溶液のAとBの質量モル濃度を求めよ．

発展問題

1 電解質の平均活量係数を不確かさ±2％以内で見積もるためには，理論式が成り立つイオン強度(I)のおおよその範囲は，デバイ－ヒュッケルの極限則($I < 1 \times 10^{-3}\ \text{mol dm}^{-2}$)，Güntelberg 式($I < 3 \times 10^{-2}\ \text{mol dm}^{-3}$)，Guggenheim 式($I < 7 \times 10^{-3}\ \text{mol dm}^{-2}$)である．実際に扱う溶液(たとえば海水や血液など)のイオン強度がこれよりずっと高いことはしばしばある．

単独の塩の水溶液については，平均活量係数が高濃度まで測定されている．それにあうように理論式を改良する試みは数多くなされてきた．その中で，扱いやすく，かつ $6\ \text{mol kg}^{-1}$ 程度まで多くの塩の溶液について使える式を Bromley が提案した(L. A. Bromley, *AIChE J.*, **19**, 313 (1973))．25℃では，次のかたちである．

$$\frac{1}{|z_+ z_-|} \log \gamma_\pm^{(m)} = -\frac{0.511 \sqrt{I_m}}{1+\sqrt{I_m}} + \frac{(0.06+0.6B)I_m}{\left(1+\dfrac{1.5}{|z_+ z_-|}I_m\right)^2} + \frac{B I_m}{|z_+ z_-|} \quad (2.43)$$

これは複雑に見えるが，塩の種類に依存するパラメータは B だけである．B の値は巻末の付表5に与えられている．

以下の三つの1:1電解質について，上記の Hamer と Wu の文献の実験値とこの式の計算値が高濃度までよく一致することを確かめよ．Excel®などの表計算ソフトを使うと便利である．

(1) HCl 濃度が 0.01 mol dm^{-3}
(2) HCl 濃度が 0.10 mol dm^{-3}
(3) HCl 濃度が 1.0 mol dm^{-3}

2 それぞれの濃度尺度での活量係数は，互いに関係している．たとえば，$\gamma_\pm^{(m)}$ と $\gamma_\pm^{(c)}$ との関係は次式で表 1 される．

$$\gamma_\pm^{(m)} = \frac{\rho - 0.001 c M_1}{\rho_0} \gamma_\pm^{(c)} = \frac{c}{m \rho_0} \gamma_\pm^{(c)} \tag{2.44}$$

ここで，$\gamma_\pm^{(m)}$ は質量モル濃度尺度での平均活量係数，ρ と ρ_0 は溶液と溶媒の密度，M_1 は電解質と溶媒の分子量（相対分子質量）である．式(2.44)が成り立つことを証明せよ．

3 酸のモル濃度尺度の解離定数 $K_a^{(c)}$ と，質量モル濃度尺度での解離定数 $K_a^{(m)}$ について，次式の関係が成り立つことを示せ．

$$K_a^{(c)} = \rho_0 K_a^{(m)} \tag{2.45}$$

また，溶媒が 25 ℃の水である場合，p$K_a^{(c)}$ と p$K_a^{(m)}$ の差はどれほどか．

4 2010 年に，デバイ－ヒュッケル理論の興味深い拡張が Fraenkel により発表された(D. Fraenkel, *Mol. Phys.*, **108**, 1435(2010); *J. Phys. Chem. B*, **115**, 557(2011))．活量を考えるイオンとそれを取り巻く反対符号イオンの大きさを考慮することにより，より高いイオン強度のところまで単独イオンの活量係数を予測できる．また調節パラメータが少なく，汎用性が高いなど，際だった特徴がある．この D. Fraenkel の SiS(Smaller-ion Shell)理論では，1:1 電解質の単独イオン活量係数は，たとえば HX では，質量モル濃度の場合

$$\log \gamma_{H^+} = -\frac{A_m}{B_m} \frac{\kappa}{1+\kappa a} \left[1 - \frac{2\{e^{\kappa(a-b_{H^+})}-1\} - \kappa(a-b_{H^+})}{1+\kappa b_{H^+}} \right] \tag{2.46}$$

$$\log \gamma_{X^-} = -\frac{A_m}{B_m} \frac{\kappa}{1+\kappa a} \left[1 + \frac{2\{e^{\kappa(b_{X^-}-a)}-1\} - 2\kappa(b_{X^-}-a)}{1+\kappa b_{X^-}} \right] \tag{2.47}$$

で表される．a, b_{H^+}, b_{X^-} はイオンサイズに関するパラメータで，それぞれ異種イオン間，H$^+$ イオン間，X$^-$ イオン間の距離，$\kappa = B_m \sqrt{I_m}$ である．Fraenkel は，b_{H^+} と b_{X^-} には結晶学的半径をとり(H$^+$ には H$_3$O$^+$ をとる)，a を調節パラメータとして，上の二式から計算される HX の平均活量の濃度依存性が実験値とよくあうように設定した(D. Fraenkel, *J. Phys. Chem. B*, **115**, 557(2011))．

表 2.2 のパラメータを使って，それぞれの水溶液中の H$^+$ および X$^-$ イオ

ンの単独イオン活量係数のイオン強度依存性を計算せよ．また，得られた結果をHX水溶液の平均活量の実験値と比較せよ．

表2.2 SiSモデルのHX水溶液(25℃)のイオンサイズパラメータ(単位Å)

酸	a	b_{H^+}	b_X
HCl	3.610	1.160	3.620
HBr	3.905	1.160	3.920
HI	4.310	1.160	4.400
HClO$_4$	3.750	1.160	4.800

第2章の Keywords

化学平衡(chemical equilibrium)，化学ポテンシャル(chemical potential)，標準化学ポテンシャル(standard chemical potential)，活量(activity)，活量係数(activity coefficient)，平均活量(mean activity)，平均活量係数(mean activity coefficient)，平均モル濃度(mean molarity)，イオン強度(ionic strength)，デバイ–ヒュッケル理論(Debye-Hückel theory)，電荷バランス条件(charge balance condition)，物質量バランス条件(mass balance condition)

第3章 酸塩基平衡

酸やアルカリというのは，日常でもよく目や耳にする，なじみのある言葉である．また，中学校の理科や高校の化学，高等専門学校や大学での有機化学，無機化学，物理化学など化学の他の教科でも繰り返し登場するから，酸と塩基について学ぶ機会は多い．

分析化学の基礎では，まず酸と塩基の概念とその定量的な取り扱いを学ぶ．これに続いて，沈殿反応，錯生成反応，酸化還元反応など他の溶液内化学反応，さらには異なる2相間の分配特性などに進む．酸塩基平衡はそのほとんど全ての平衡過程に関係するので，それらの理解のためにも欠かすことができない．

序文に述べたように，もともとこの分野は物理化学の領域であったが，最近では分析化学の中で学ぶことが普通である．また，酸塩基の概念は生化学の領域で大きく発展した．このように，化学はもとより，科学・技術の広い分野にかかわるということを意識して学ぶようにすべきである．

pHの意味やpH緩衝液の仕組みを正確に知るには，また酸性雨が石灰岩の建物や彫刻に被害を与えたり湖の魚を死滅させる仕組みを理解するには，酸塩基平衡の理解が基礎になる．

3.1 ブレンステズ・ロウリーの酸・塩基

酸と塩基の定義は化学の進歩とともに変化してきた．19世紀中頃には，酸素を含まない塩化水素が酸性を示すことから，水素が酸の性質の素であるという考えは確立されていた[*1]．それが水素イオンであることを初めて主張したのはアレニウス(S. Arrhenius)で，19世紀末のことだった[*2]．

アレニウスは，溶液に溶かすと水素イオン H^+ を放出する物質が酸であり，OH^- を溶液に放出するのが塩基である，と考えた．これにより，塩基による酸性溶液の中和をうまく説明できる．しかしこの定義では，OH^- を出さない

[*1] たとえば，F. Szabadváry, "History of Analytical Chemistry," Pergamon Press (1966)（邦訳：阪上正信 他訳，『分析化学の歴史』，内田老鶴圃 (1988)）；大木道則，田中元治 編，『酸塩基と酸化還元(岩波講座 現代化学9)』，岩波書店 (1979).

[*2] G. B. Kauffman, J. Chem. Educ., **65**, 28 (1988).

NH_3 は塩基ではないことになる.

ブレンステズ(J. N. Brønsted)は1923年に，次のように考えるべきだと提案した(J. N. Brønsted, *Rec. Trav. Chim.*, **42**, 718(1923)). 溶液内での

$$A \rightleftharpoons B + H^+ \tag{3.1}$$

という反応では，物質Aが溶液中で解離してH^+を放出してBとなる. このとき，Aを酸と呼ぶ. これはアレニウスの定義と同じだが，Bを塩基と呼ぶべきであると彼は主張した. たしかに式(3.1)の反応が左に進むときは，BはH^+を受け取って酸Aになるので，塩基はH^+を受け取るものと定義するのが自然である. たとえば，酢酸の解離

$$CH_3COOH \rightleftharpoons CH_3COO^- + H^+ \tag{3.2}$$

の場合，CH_3COOH が酸，CH_3COO^- が塩基である.

また，NH_3 を水に溶かすと

$$NH_3 + H^+ \rightleftharpoons NH_4^+ \tag{3.3}$$

という平衡が生じる. この場合は NH_4^+ が酸，NH_3 が塩基である. これらの反応(式3.2, 3.3)では，それぞれ酸と塩基がひと組になっているので，その組を**共役酸塩基対**(conjugated acid-base pair)と呼ぶ. この場合，CH_3COOH と CH_3COO^-，NH_4^+ と NH_3 がそれぞれ共役酸塩基対である.

同じ年にイギリスのロウリー(T. M. Lowry.「ローリー」と表記する本が多い)も塩基の定義について同じ考えを発表した.

$$HCl + H_2O \rightleftharpoons H_3O^+ + Cl^- \tag{3.4}$$

ここでは，H_2O は H^+ を受け取っているので塩基として働いている.

また水は，塩基，たとえばNH_3に出会うと

$$NH_3 + H_2O \rightleftharpoons NH_4^+ + OH^- \tag{3.5}$$

のように H^+ を塩基に供給する酸として働く. 式(3.3)の反応の H^+ はもちろん水からきている. 反応(3.5)が右に進み NH_4^+ ができることを NH_3 の**プロトン化**(protonation)，左に進み NH_4^+ から NH_3 ができることを NH_4^+ の**脱プロトン化**(deprotonation)という.

溶媒としての水は，溶液中に存在する物質によって酸としても塩基としても働くので**両プロトン性溶媒**(amphiprotic solvent)と呼ばれる[*3].

H^+ を渡すほう(donor)を酸，受け取るほう(acceptor)を塩基とするこの考え方をブレンステズ・ロウリーの酸塩基の定義，あるいはブレンステズ・ロウリーの酸塩基概念という. また，この定義による酸，塩基を，ブレンステズ

Johannes N. Brønsted
1879～1947. デンマークの化学者. 理化学辞典第3版ではブレーンステズ，øにアクセントがあり，最後の「ズ」は弱い. 多くの分析化学の教科書などではブレンステッドと表記されている.

one point
ロウリーの考え方
ロウリーは，G. N. Lewis(のオクテット説)を引用して，「塩基とは水素原子核を受け取るものとして定義するのがもっともよい. 強い酸でもそれを受け取る受容体としての水がなければ，その酸としての性質を発揮できない」と明確に述べている(T. M. Lowry, *Chem. Ind. Rev.*, **42**, 43(1923)). 彼は H^+ を受け取る受容体としての水の役割を強調した. たとえば HCl は溶媒がないときの酸性はそれほど強くないが，水と出会うと H^+ を受け取ってもらうことができるので酸として働き，HCl 水溶液は酸性を示す.

[*3] 両性を示す溶媒には，酢酸，メタノール，エタノールなどがある. 詳しくは伊豆津公佑，『非水溶液の電気化学』，培風館(1995)を参照.

酸，ブレンステズ塩基と呼ぶ．

　ブレンステズ・ロウリーの酸塩基の定義では，プロトン(H^+)の特別な役割に注目し，それの供与と受容によって酸と塩基を定義する．この塩基はNH_3やH_2Oなど，非共有電子対（不対電子対）をもつ分子やイオンである．1923年にルイス(G. N. Lewis)はこれら塩基の非共有電子対を受け取る側はH^+だけではないことに注目し，酸の概念を非共有電子対を受容する物質一般に拡張することを提案した．この定義による酸をルイス酸，塩基をルイス塩基という．

　たとえば金属イオンがアンモニアと錯体を作るとき，金属イオンはルイス酸，アンモニアはルイス塩基と考える（第8章参照）．ルイスの酸塩基の概念は無機化学，有機化学などで非常に重要である．

　本章では，ブレンステズ・ロウリーの酸塩基の定義の枠内での酸塩基平衡を扱う．

3.1.1　H^+，OH^-の存在状態

　プロトン(H^+)は，水の中では単独では存在せず，**水和**(hydration)して（水分子に囲まれて）存在している．この状態のプロトンを**ヒドロニウムイオン**(hydronium ion)と呼ぶ．このことを明示するために，H^+のかわりにH_3O^+と書き**ヒドロキソニウムイオン**(hydroxionium ion)ということもある．

　しかし最近の研究では，水中にH_3O^+という化学種が存在しているというよりは，H^+の存在状態は動的で，H_3O^+の周りに数個の水分子が配位したいくつかの状態($H_9O_4^+$，$H_5O_2^+$など．図3.1a, b)がフェムト秒のタイムスケールで（この桁の時間で）時々刻々推移していることが明らかになっている．したがってプロトンの水和とは，この状態の時間的空間的全体を指していると考えたほうがよい．OH^-イオンについても同様である（図3.1c）．そこで本書では，水溶液中の水和したプロトンを，単にH^+と表記することにする．

Gilbert N. Lewis
1875～1946．アメリカの物理化学者．Lewisは，共有電子対による共有結合の提唱，photonという用語の提案，逃散能(fugacity)という言葉による活量の概念の導入，化学熱力学の実証的体系化など，物理化学のみならず現代化学の確立に大きく貢献した．

プラスアルファ

ブレンステズ・ロウリーの酸・塩基とルイスの酸・塩基の同時代性

　アレニウスの定義に代わる，新しい酸塩基概念の重要な提案が1923年に集中したのは偶然だろうか．

　ロウリーは1923年の論文の中で，まずルイスの価電子論（原子核は8個の電子に囲まれている状態が安定であり，二つの原子は電子対を共有することによって結合するという考え方）の有効性を指摘する．そしてそれに基づけば，HClが水に溶けてはじめて強い酸性を発揮することやNH_3の塩基性を合理的に説明できることを示している．

　酸塩基概念の近代化をもたらした基礎にはルイスの価電子論，あるいはより一般にその当時の化学結合や溶媒和に関する理解の進歩があった．

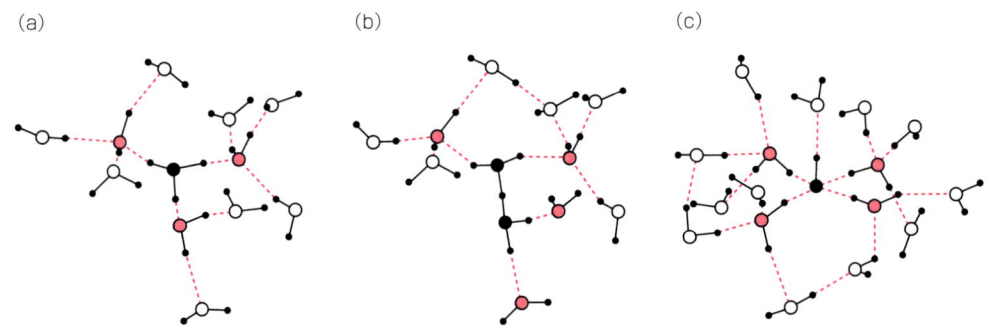

図 3.1　H^+, OH^- の水和状態のスナップショット
(a) H_3O^+ イオンが形成する $(H_9O_4)^+$ 錯イオンの構造．プロトンを小さい ●で，H_3O^+ の酸素原子を大きい●で，H_3O^+ に配位して第一水和殻を作っている水の酸素を赤い●で，第一水和殻の水分子に水素結合して第二水和殻を作っている水分子の酸素原子を白い○で示す．また，OH 結合と水素結合を，それぞれ実線と破線で示す．第一および第二水和殻以外の水分子は表示されていない．(b) $(H_5O_2)^+$ 錯イオンの構造．プロトンを共有する二つの酸素原子を大きい●で，第一および第二水和殻を構成する水の酸素原子を，それぞれ赤い●と白い○で示す．また，結合距離が 0.13 nm 以下の化学結合を実線で，水素結合を破線で示す．(c) OH^- イオンが作る $(H_9O_5)^-$ 錯イオンの構造．M. Tuckerman, K. Laasonen, M. Sprik, M. Parrinello, *J. Chem. Phys.*, **103**, 150 (1995).

3.1.2　水のイオン積

この節の冒頭で述べたように，水は酸としても塩基としても働く両性溶媒である．また，他の溶質が存在しないときでも，そのごく一部は解離して存在している．

$$H_2O \rightleftharpoons H^+ + OH^- \tag{3.6}$$

この解離を自己プロトリシス[*4](autoprotolysis)という．この反応の平衡定数は

$$K = \frac{a_{H^+} a_{OH^-}}{a_{H_2O}} \tag{3.7}$$

と書けるが，H_2O は H^+ と OH^- に比べて十分に多いから（水のモル濃度は 25℃ で 55.5 mol dm^{-3}），a_{H_2O} は定数とみなすことができ，H_2O の濃度をモル分率尺度で表せば $a_{H_2O} = 1$ である．そこで，式(3.7)の平衡定数をあらためて H^+ と OH^- の活量の積と定義し，水のイオン積[*5](ion product)と呼び，K_W で表す．$-\log K_W = pK_W$ は，25℃ で 13.99 ± 0.01 である．本書の以下の計算では，25℃ で $pK_W = -\log K_W = 14.000$ とする[*6]．K_W は表 3.1 に示すように温度と圧力に依存することに注意しよう．

$$K_W = a_{H^+} \cdot a_{OH^-} \tag{3.8}$$

本書では，これ以降，平衡定数を濃度平衡定数とみなして平衡を議論するので，K_W を次のように定義する．

---

*4　自己加水分解ということもある．

*5　イオン化定数(ionization constant)，自己プロトリシス定数(autoprotolysis constant)，自己解離定数(autodissociation constant)ともいう．

*6　K_W の値は，電気伝導度，電池の起電力，あるいは熱測定から得られる．この値は質量モル濃度を濃度尺度としたときの値である．水の密度は 25℃ で 0.99705 g cm^{-3} なので，モル濃度尺度では 14.00 となる．

表3.1　(a)K_Wの温度依存性(0.1 MPa)　(b)K_Wの圧力依存性(25℃)
A. V. Bandura, S. N. Lvov, *J. Phys. Chem. Ref. Data*, 35, 15(2006).

(a)

T[℃]	pK_W
0	14.95
25	13.99
50	13.26
75	12.70
100	12.25

(b)

P[MPa]	pK_W
0.1	13.99
25	13.91
50	13.82
100	13.67
200	13.39

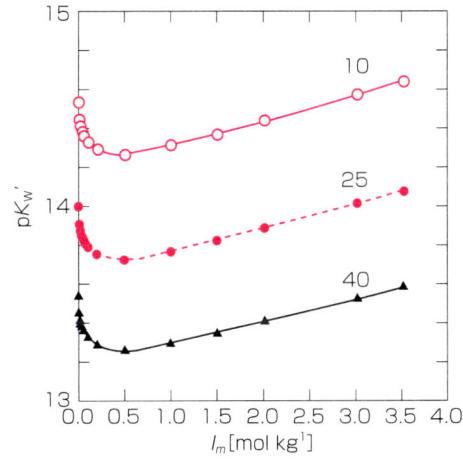

図3.2　水の自己プロトリシスに対する濃度平衡定数のKCl添加による変化
横軸のI_mは質量モル濃度尺度でのイオン強度を，図中の数字は温度(℃)を示す．
H. S. Harned, W. J. Hamer, *J. Am. Chem. Soc.*, 55, 2194(1933).

$$K_W = [H^+][OH^-] \tag{3.9}$$

純水の場合は式(3.7)と(3.8)の差は無視できるが，第2章で述べたように濃度平衡定数は定数ではなく，イオン強度や共存する塩の種類に依存することは忘れないようにしよう[*7]．水のイオン積の濃度平衡定数K_W'のKCl添加による変化を温度10，25，40℃の場合について図3.2に示す．

3.1.3　酸の強さと水平化

塩酸(HCl)，硝酸(HNO_3)，過塩素酸($HClO_4$)は，どれも強酸である(表3.2)．では，これらの酸としての強さはみな同じなのだろうか．

水溶液中では，HCl，HNO_3，$HClO_4$ はいずれも H^+ を溶媒に与えて完全に解離していると考えてよい．HX(XはCl^-，HNO_3^-，ClO_4^-)を水に加えると

*7　水に電解質など溶質を高濃度に溶かすと，水の活量は1から変化する．この場合にイオン積を濃度平衡定数で表すときは

$$K_W = \frac{a_{H^+} \cdot a_{OH^-}}{a_{H_2O}}$$

$$= \frac{\gamma_{H^+}^{(c)} \cdot \gamma_{OH^-}^{(c)}}{\gamma_{H_2O}^{(x)}} \frac{c_{H^+} \cdot c_{OH^-}}{x_{H_2O}}$$

として溶媒である水の存在と反応への関与を明示する．

表3.2 強酸・強塩基の例

HF は $pK_a = 3.17$ の弱酸である.
*H_2SO_4 の第一解離については強酸であるが,HSO_4^- の解離定数は 1.99(25℃)である.H_2SO_4 は,水溶液中では H_4SO_5 の三塩基酸として振る舞い,完全解離して HSO_5^{3-} となるという新しい見方が提案されている(D. Fraenkel, *J. Phys. Chem. B*, **116**, 11662(2012)).
**R_4 はテトラアルキルアンモニウムを示す.たとえば $(CH_3)_4NOH$ の水溶液が入手できる.

強酸	強塩基
HCl	LiOH
HBr	NaOH
HI	KOH
H_2SO_4*	RbOH
HNO_3	CsOH
$HClO_4$	R_4OH**

*8 A. Hantzsch, *Z. Anorg, Allgem. Chem.*, **204**, 193 (1932).

*9 D. Fraenkel, *J. Phys. Chem. B*, **115**, 557 (2011).

one point
強酸の序列

水平化は,これら強酸の酸としての「固有の」強さが同じであることを意味しない.ブレンステズ・ロウリーの共役酸塩基対の考え方からわかるように,溶媒が異なると,その溶液中での酸の強さ,つまり HX(ここで X は Cl^-, NO_3^-, または ClO_4^- など)の H^+ 放出力の違いが見えてくる.

水は,強酸であれば相手をあまり区別せず H^+ を受け入れ,またその共役塩基を安定化させる.一方,H^+ の受容能が乏しく,また共役塩基を安定化させる力が弱い溶媒では,H^+ を押しつける(放出する)ほうの強さの違いが見えてくる.

たとえば H^+ に対する親和性が低い溶媒(これを疎プロトン性溶媒という)である 4-methyl-2-pentanone 中では,酸の強さは「過塩素酸 > 硫酸(第一解離) > 塩化水素 > 硝酸」の順になる(D. B. Bruss, G. E. A. Wyld, *Anal. Chem.*, **29**, 232 (1957)).

$$HX \rightleftharpoons H^+ + X^- \tag{3.10}$$

の反応の平衡は大きく右に傾き,HX の存在は無視できる.つまり,相手に H^+ を与える力が強いので HX は強酸である.逆に見ると,X^- は H^+ を受容しないわけだから非常に弱い塩基である.

式(3.10)で水の存在を明示すると,次のようになる.

$$HX + H_2O \rightleftharpoons H_3O^+ + X^- \tag{3.11}$$

これら強酸の水溶液中に存在する酸は水和した H^+,つまりヒドロニウムイオンであるが,それが HCl,HNO_3,あるいは $HClO_4$ のどれに由来するかは H^+ を見てもわからない.いいかえれば濃度(活量)が同じ塩酸水溶液,硝酸水溶液,過塩素酸水溶液はどれも同じ強さの酸性を示す.このことを**水平化**(levelling),水がこれら酸に対して発揮するこの効果を**水平化効果**(levelling effect)という*8.強塩基についても,水平化の考え方は同じように成立する.

ただし,水平化の概念は,酸の濃度が 1×10^{-3} mol dm^{-3} 程度と薄いときは正しいが,濃度が高いときは厳密には正しくない.Cl^-,SO_4^{2-} などの共役塩基と H^+ との相互作用が無視できない濃度になると,共役塩基イオンのイオン半径の違いが H^+ の活量(熱力学的な活性の尺度)に影響するからである*9.

3.2 pH ── $[H^+]$ の尺度

化学では強酸性から強アルカリ性(塩基性)まで,広い水素濃度の水溶液を扱う.また,溶液を酸性からアルカリ性に,あるいはその逆に変えることもごく普通に行われる.そのときの H^+ の濃度変化は大きく,1 mol dm^{-3} の HCl と NaOH 水溶液中では,H^+ の濃度は 14 桁も違う.また,きわめて低い濃度の H^+ やその変化が重要な場合もある.

1909 年にセレンセンは,たとえばペプシンという酵素による加水分解反応

では，$1 \times 10^{-6} \sim 1 \times 10^{-5}$ mol dm^{-3} 程度の低濃度の H$^+$ が反応に大きく影響することから，濃度そのものより，その濃度を 10 のべき乗で表したときの指数を使って濃度を表記することを提案した[*10]．すなわち，$[\mathrm{H}^+] = 10^{-\mathrm{pH}}$ である．ここから

$$\mathrm{pH} = -\log [\mathrm{H}^+] \tag{3.12}$$

セレンセンらは 15 年後に，H$^+$ の濃度ではなくその活量 a_{H^+} を用いて

$$\mathrm{pH} = -\log a_{\mathrm{H}^+} \tag{3.13}$$

と定義し直した[*11]．これは pH の概念的な定義として現在では国際的に合意されている[*12]．

この a_{H^+} は単独イオン活量であるから厳密に測定可能な量ではないが，pH 標準液とガラス電極を使うなどして，その値をある程度まで正確に見積もることができる．以下本書では，pH を式(3.12)で定義される量として扱う．

3.3 弱酸と弱塩基

水に溶かした酸のうち，ごく一部だけが解離し，水に H$^+$ を与えるものを弱酸という．つまり，弱酸を HA と書くと

$$\mathrm{HA} \rightleftharpoons \mathrm{H}^+ + \mathrm{A}^- \tag{3.14}$$

の解離は完全には進行せず，大半は HA として溶液中に存在する．解離の程度は

$$K_\mathrm{a} = \frac{[\mathrm{H}^+][\mathrm{A}^-]}{[\mathrm{HA}]} \tag{3.15}$$

で定義される平衡定数 K_a で表すことができる．K_a を，この溶液における HA の解離定数[*13]という．H$_2$O の存在を忘れないように，式(3.14)を次のように書くこともある

$$\mathrm{HA} + \mathrm{H}_2\mathrm{O} = \mathrm{H}_3\mathrm{O}^+ + \mathrm{A}^- \tag{3.16}$$

この場合は，平衡定数として K_a の代わりに

$$\hat{K}_\mathrm{a} = \frac{[\mathrm{H}_3\mathrm{O}^+][\mathrm{A}^-]}{[\mathrm{HA}][\mathrm{H}_2\mathrm{O}]} \tag{3.17}$$

を定義できる．水は酸に比べて過剰にあり(25 ℃ で ~ 55.5 mol dm^{-3})，プロトン化反応の前後での水の濃度変化は無視できる．[H$_2$O] の濃度尺度をモル濃度にするなら

Søren P. L. Sørensen
1868〜1939．デンマークの化学者．理化学辞典第 3 版ではセーレンセン．ø にアクセントがあり，最後の「セン」は弱い．

[*10] セレンセンはこれを「水素イオン指数」と呼び，pH と書いた(S. P. L. Sørensen, *Biochem. Z.*, **21**, 131, 202 (1909); *Compt. Rend.*, **8**, 1 (1909)．

[*11] S. P. L. Sørensen, K. Linderstrøm-Lang, *Compt. Rend. Trav. Lab. Carlsberg*, **15**, 1 (1924)．

[*12] R. P. Buck, et al., *Pure Appl. Chem.*, **74**, 2169 (2002)．「概念的」というのは，a_{H^+} を熱力学的に測定できないからである．

[*13] 酸解離定数ということもある．

$$K_a = \hat{K}_a \times 55.5 \tag{3.18}$$

の関係になる．モル分率をとるなら，H_2O の活量はほぼ 1 だから，$K_a = \hat{K}_a$ となる．

同様に，弱塩基 B では

$$B + H_2O \rightleftharpoons BH^+ + OH^- \tag{3.19}$$

のプロトン化が完全には進行せず，平衡定数

$$\frac{[BH^+][OH^-]}{[B][H_2O]} \tag{3.20}$$

は有限の値をもつ[*14]．H_2O は一定であるとみなせるので，反応(3.19)の平衡定数を

$$K_b = \frac{[BH^+][OH^-]}{[B]} \tag{3.21}$$

とおいて，この K_b を塩基 B の加水分解定数ということがある．この式を書き直すと次式になる．

$$K_b = \frac{[BH^+]K_W}{[B][H^+]} = K_W/K_a \tag{3.22}$$

ここで K_a は，次式で定義される BH^+ の酸解離定数である．つまり BH^+ は弱塩基 B の共役酸で，弱酸である．

$$K_a = \frac{[B][H^+]}{[BH^+]} \tag{3.23}$$

K_b と K_a の間には，K_W と式(3.22)の関係，つまり

$$K_a K_b = K_W \tag{3.24}$$

の関係があるから，一つの弱酸あるいは弱塩基について，K_a または K_b のどちらかが定義されていれば，それと K_W から他方を求めることができる．

表3.3 に，25 ℃における弱酸の pK_a 値を示す．弱塩基についてはその共役酸の pK_a 値を載せている．その他の多くの酸の解離定数は付表1に付した．これらの解離定数は他の平衡定数と同じく，温度と圧力の関数であることに注意しよう[*15]．

[*14] $BOH \rightleftharpoons B^+ + OH^-$ と書いて，平衡定数を $K_b = [B^+][OH^-]/[BOH]$ としても同じである．

one point
pH
pH は「ピーエイチ」と発音する．pH は物理量であるが，立体(ローマン体)で表記することが国際的に認められている．対数表記により，幅広い水素イオン濃度の溶液を扱いやすくなる．また，多くの物理化学的性質が濃度よりもその対数に比例して変化するから，pH を使うとそれらの性質の水素イオン濃度依存性をより簡明に表現できる．

[*15] 2.1.4 項を参照．

表3.3 モノプロトン型弱酸のpK_a(25℃, I=0)

主として J. N. Butler, D. R. Cogley, "Ionic Equilibrium Solubility and pH Calculations," Chap.4, Table 4.1 の値を載せた．その他の弱酸のpK_aについては，巻末の付表1を参照のこと．

酸	化学式	pK_a
ヨウ素酸(Iodic acid)	HIO_3	0.8
硫酸水素イオン(Hydrogen sulfate ion)	HSO_4^-	1.99±0.01
クロロ酢酸(Chloroacetic acid)	$ClCH_2COOH$	2.265±0.004
フッ化水素酸(Hydrofluoric acid)	HF	3.17±0.004
亜硝酸(Nitrous acid)	HNO_2	3.15
ギ酸(Formic acid)	$HCOOH$	3.745±0.007
乳酸(Lactic acid)	$CH_3CHOHCOOH$	3.860±0.002
アニリニウムイオン(Anilinium ion)	$C_6H_5NH_3^+$	4.601±0.005
1H-トリアジリン(Hydrazoic acid)	HN_3	4.65±0.02
酢酸(Acetic acid)	CH_3COOH	4.757±0.002
プロピオン酸(Propionic acid)	CH_3CH_2COOH	4.487±0.001
ピリジニウムイオン(Pyridinium ion)	$C_5H_5NH^+$	5.229
イミダゾリウムイオン(Imidazolium ion)	$C_3H_4N_2H^+$	6.993
次亜塩素酸(Hypochlorous acid)	$HOCl$	7.53±0.02
次亜臭素酸(Hypobromous acid)	$HOBr$	8.63±0.03
ホウ酸(Boric acid)	$B(OH)_3$	9.236±0.001
アンモニウムイオン(Ammonium ion)	NH_4^+	9.244±0.005
シアン化水素酸(Hydrocyanic acid)	HCN	9.21±0.01
トリメチルアンモニウムイオン(Trimethylammonium ion)	$(CH_3)_3NH^+$	9.80±0.05
エチルアンモニウムイオン(Ethylammonium ion)	$C_2H_5NH_3^+$	10.636
メチルアンモニウムイオン(Methylammonium ion)	$(CH_3)NH_3^+$	10.64±0.02
トリエチルアンモニウムイオン(Triethylammonium ion)	$(C_2H_5)_3NH^+$	10.715

3.3.1 弱酸の解離度

弱酸の場合，解離度 α，すなわち水溶液中で解離しているものの割合を次のように定義する．

$$\alpha = \frac{[A^-]}{[HA]+[A^-]} \tag{3.25}$$

右辺の分母ははじめに溶液に加えた HA の全量，つまり仕込み濃度(式量濃度)である．

式(3.15)の両辺の常用対数をとって整理すると

$$pH = pK_a + \log\frac{[A^-]}{[HA]} \tag{3.26}^{*16}$$

ここで

*16 この式(3.26)を緩衝液に関するヘンダーソン－ハッセルバルヒ式(Henderson-Hasselbalch 式)と混同しないこと．式(3.26)は熱力学的に厳密な式であるのに対して，ヘンダーソン－ハッセルバルヒ式は有用な近似式である．詳しくは第5，7章参照．

$$pK_a = -\log K_a \tag{3.27}$$

である．これに式(3.25)を代入すると

$$pH = pK_a + \log\frac{\alpha}{1-\alpha} \tag{3.28}$$

α について書き直すと

$$\alpha = \frac{10^{pH-pK_a}}{1+10^{pH-pK_a}} \tag{3.29}$$

*17 第7章で説明するpH緩衝液を参照.

何らかの方法，たとえば強酸や強塩基を加える*17 などの方法で，溶液のpHを一定の値に保てば，α をpHに応じて変えることができる．式(3.29)から求めた α のpH依存性を図3.3に示す．α は，pH = pK_a なら1/2，pH ≫ pK_a なら~1(100%)，pH ≪ pK_a なら0である．

それでは，弱酸のみを水に溶かしたとき，そのpHはいくらになるだろうか．それを次項で考える．

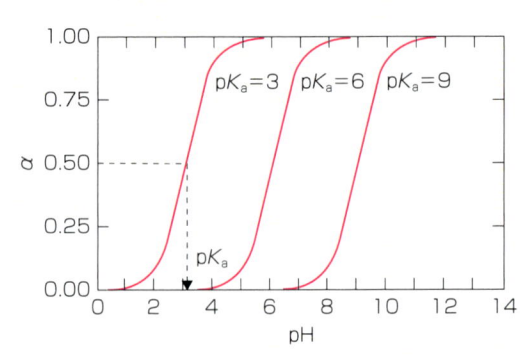

図 3.3 異なる pK_a 値をもつ弱酸の解離度のpH依存性

3.3.2 弱酸水溶液における解離平衡とpH

水に弱酸HAを溶かす．すると，その一部が解離してH$^+$ が生成し，その溶液のpHが決まる．その値を求めるにはどうすればよいだろうか．例題を通して学んでいこう．

例題 3.1

酢酸(CH$_3$COOH)を水に加えて仕込み濃度 0.1000 mol dm^{-3} の酢酸水溶液 (25℃)を作った(酢酸 0.1000 mol を水に溶かして 1.000 dm^3 とした)．

(1) この溶液の水素イオン濃度 [H$^+$] と pH を求めよ．
(2) この溶液の酢酸の解離度を求めよ．

解き方

以下，酢酸を HA，酢酸イオンを A^- と書くことにする．

未知の量は，[HA]，$[H^+]$，$[A^-]$，$[OH^-]$ の四つ．HA が溶液中で解離平衡にあるとき，その平衡を規定する条件も四つある．その四つを式で表し，$[H^+]$ について解く．

①**平衡 1**：$HA \rightleftharpoons H^+ + A^-$ の解離の平衡定数(解離定数)K_a は

$$K_a = \frac{[H^+][A^-]}{[HA]} \tag{3.30}$$

で，その値は[*18] 表 3.3 より，$K_a = 10^{-4.756} = 1.754 \times 10^{-5}$．

②**平衡 2**：$H_2O \rightleftharpoons H^+ + OH^-$ の平衡定数 K_W は，25 ℃ では

$$K_W = [H^+][OH^-] \tag{3.31}$$

K_W の値は $= 1.000 \times 10^{-14}$ である．

③**物質量バランス条件**

$$[HA] + [A^-] = 0.1000 \tag{3.32}$$

④**電荷バランス条件**

$$[H^+] = [OH^-] + [A^-] \tag{3.33}$$

式(3.30)〜(3.33)の連立方程式を $[H^+]$ について解けばよい．式(3.30)に式(3.32)と(3.33)を代入すると

$$\frac{[H^+]([H^+]-[OH^-])}{0.1000-([H^+]-[OH^-])} = 1.754 \times 10^{-5} \tag{3.34}$$

さらに，式(3.31)を使って $[OH^-]$ を消去すると，$[H^+]$ の三次方程式になる．以下，この方程式の解き方を三つ紹介する．

(1) **そのまま解く方法**

式(3.34)を何とかして解けば，[*19] $[H^+] = 1.316 \times 10^{-3}$ mol dm^{-3}，pH = 2.881 となる[*20]．

(2) **第一次近似**

この溶液は明らかに酸性だから，$[H^+] \gg [OH^-]$ のはずである．すると，式(3.34)は

$$\frac{[H^+]^2}{0.1000-[H^+]} \fallingdotseq 1.754 \times 10^{-5} \tag{3.35}$$

[*18] 表 3.3 の値は熱力学的な値であるが，ここではこの平衡に関与する化学種の活量係数をすべて 1 とおいた濃度平衡定数と考えることにする．

one point

pH 計算のコツ

pH の計算の多くの場合は，$[H^+] \gg [OH^-]$ または $[H^+] \ll [OH^-]$ であることははじめから予想できる．よって，$[H^+]$ と $[OH^-]$ は最後まで残して式を変形するのがよい．

[*19] Excel® などの表計算ソフトウェアを使うか，数値計算のプログラムを作成する．付録 B 参照．

[*20] 実際の pH 測定では，0.0001 の桁をよい信頼度で測ることはできないことに注意．0.001 の桁の精度は，ある程度信頼可能である．また，実験的に測定されるのは，$[H^+]$ ではなく，H^+ のイオン活量に近い値である．

と簡単になる．これは，$[H^+]$ の二次方程式である．これを二次方程式の解の公式を使って解くと[*21]，$[H^+] = 1.316 \times 10^{-3}$ mol dm^{-3}，pH = 2.881 となる．これは，近似をおかないで求めた(1)の解と4桁まで一致するので，この場合は，$[H^+] - [OH^-] \fallingdotseq [H^+]$ はよい近似であることがわかる．

(3) 第二次近似

式(3.35)の分母を見ると，K_a の値からおそらく $0.1 \gg [H^+]$ であろうから，$0.1000 - [H^+] \fallingdotseq 0.1000$ と近似でき

$$\frac{[H^+]^2}{0.1000} \fallingdotseq 1.754 \times 10^{-5} \tag{3.36}$$

と書ける．ここから，$[H^+] = 1.325 \times 10^{-3}$ mol dm^{-3}，pH = 2.878 となる．有効数字3桁まで一致するので，この近似もかなりよい．しかしこの近似は，酢酸濃度が非常に小さいときは成り立たないことに注意しよう．

(1)〜(3) 上記のように，まず溶液内で成立している関係を考えて $[H^+]$ についての方程式を導く手順を踏むことは，面倒だと思うかもしれないが，大切である．どこまで近似が成り立つか，どこから怪しくなるかをつかむことができる．

もっとも，直接，式(3.36)の関係を思いつく感覚を身につけることも大切である．平衡定数の大きさからすると，溶液に加えた酢酸のほとんどが酸のかたちであり，解離しているものの割合はわずかだから，$[HA] \fallingdotseq 0.100$ mol dm^{-3} だとしてよいだろうと考える．それなら，式(3.30)から直接，式(3.36)を得ることができる．しかし，溶液の濃度が低い場合や組成が異なる場合あるいは K_a が大きい場合だと，こうした直感はうまく働かない．

(1)の結果から 1.000×10^{-1} mol dm^{-3} 酢酸溶液の解離度を求めてみると

$$\alpha = \frac{10^{(2.881-4.756)}}{1+10^{(2.881-4.756)}} = 1.316 \times 10^{-2}$$

となり，溶液中で解離している酢酸(酢酸イオン)の割合は 1.3% と，わずかであることが確認できる．

例題 3.2

酢酸ナトリウム(CH_3COONa)を水に加えて 1.000×10^{-1} mol dm^{-3} 水溶液(25℃)を作った．(CH_3COONa 1.000×10^{-1} mol を水に溶かして 1.000 dm^3 とした)．CH_3COONa は強電解質であり，水溶液中では完全に解離する．

(1) この溶液の物質量バランスの条件を示せ．
(2) この溶液の電荷バランスの条件を示せ．

[*21] 負の解は物理的にあり得ないので捨てる．

---

one point

酸塩基反応の速度

反応(3.16)，(3.19)の反応速度は一般にたいへん速く，溶液内反応の上限である拡散律速であると考えてよい(たとえば，舟橋重信，『無機溶液反応の化学』，裳華房(1998))．したがって本書では，反応(3.16)，(3.19)などでは，常に平衡が成り立っていると考える(CO_2 の水への溶解など，遅い反応については後述)．

また，同じ溶液内化学反応でも，酸化還元反応は遅い場合がある．錯形成は，本書で扱う例では十分に速いとしてよいが，平衡に到達するまで長時間がかかるケースもある．

(3) この溶液の pH を求めよ．
(4) 酢酸と NaOH から，上と同組成の溶液を作るにはどうすればよいか．

解き方

酢酸ナトリウムの仕込み濃度を c_{NaA} と書く．まず，この溶液の酢酸に関する物質量バランスの条件は，式(3.32)で与えられている．また，酢酸ナトリウムは完全解離しているので，溶液中の Na^+ 濃度は $1.000 \times 10^{-1}\,\text{mol dm}^{-3}$ である．

(1) この溶液の電荷バランスの条件は，例題 3.1 の場合に Na^+ が加わっているので

$$[\text{H}^+] + [\text{Na}^+] = [\text{OH}^-] + [\text{A}^-] \tag{3.37}$$

(2) $[\text{H}^+]$ を求める．式(3.30)を書き直して

$$[\text{H}^+] = K_a \frac{[\text{HA}]}{[\text{A}^-]} \tag{3.38}$$

右辺の $[\text{HA}]$ と $[\text{A}^-]$ を電荷バランスと物質量バランスの条件を使って $[\text{H}^+]$ と $[\text{OH}^-]$ で表すと

$$[\text{H}^+] = K_a \frac{-[\text{H}^+] + [\text{OH}^-]}{c_{\text{NaA}} + [\text{H}^+] - [\text{OH}^-]} \tag{3.39}$$

これは，$[\text{H}^+]$ についての三次方程式である．これを解けば，$[\text{H}^+] = 1.324 \times 10^{-9}$, pH $= 8.878$ を得る．

酢酸ナトリウムは，弱酸と強塩基からなる塩であるから，その水溶液はアルカリ性であると考えられる．したがって，$[\text{H}^+] \ll [\text{OH}^-]$ と近似できそうである．すると

$$\frac{K_\text{W}}{[\text{OH}^-]} = K_a \frac{[\text{OH}^-]}{c_{\text{NaA}} - [\text{OH}^-]} \tag{3.40}$$

これは，$[\text{OH}^-]$ についての二次方程式である．$c_{\text{NaA}} = 1.000 \times 10^{-1}\,\text{mol dm}^{-3}$ としてこれを解くと，$[\text{OH}^-] = 7.546 \times 10^{-6}\,\text{mol dm}^{-3}$, pOH $= -\log[\text{OH}^-] = 5.122$, pH $= 8.878$ となる．

さらにいまの場合，$c_{\text{NaA}} \gg [\text{OH}^-]$ だから

$$[\text{OH}^-]^2 = \frac{K_\text{W} c_{\text{NaA}}}{K_a} \tag{3.41}$$

これより，$[\text{OH}^-] = 7.546 \times 10^{-6}\,\text{mol dm}^{-3}$, pOH $= 5.122$, pH $= 8.878$ を得る．

章末問題

基本問題

1. NaOH を水に溶かした溶液中では，ブレンステズ酸とブレンステズ塩基はどの化学種か．

2. CH_3COOH を水に溶かした溶液中では，ブレンステズ酸とブレンステズ塩基はどの化学種か．

3. 溶液中でカチオン(陽イオン)として存在する酸，アニオン(陰イオン)として存在する酸の例を，それぞれ一つずつ示せ．

4. 弱酸を強塩基で中和して作った塩を水に溶かすとその溶液はアルカリ性となることを，ブレンステズ・ロウリーの酸・塩基の考え方にもとづいて説明せよ．

5. 次の仕込み濃度の水溶液の pH を求めよ．ただし H^+ の活量係数は濃度によらず 1 であるとする．
   (1) $1.00\ mol\ dm^{-3}$ HCl (2) $1.00 \times 10^{-3}\ mol\ dm^{-3}$ HCl
   (3) $1.00 \times 10^{-7}\ mol\ dm^{-3}$ HCl (4) $10.0\ mmol\ dm^{-3}$ NH_3

発展問題

1. 例題 3.1 で
   (1) 酢酸の仕込み濃度が $1.000 \times 10^{-3}\ mol\ dm^{-3}$ の場合はどうなるか．
   (2) 酢酸濃度が $1.000 \times 10^{-5}\ mol\ dm^{-3}$ の場合はどうなるか．

2. 式量濃度が $0.1\ mol\ dm^{-3}$ である NH_4Cl 水溶液の pH を求めよ．

3. 仕込濃度が $0.05\ mol\ dm^{-3}$ の NaOH 水溶液と，仕込濃度が $0.1\ mol\ dm^{-3}$ の酢酸水溶液のそれぞれ $0.1\ dm^3$ ずつを混ぜて作った水溶液の pH はいくらになるか．温度は 25 ℃ とする．

4. 濃度平衡定数に対するイオン強度の影響を，以下の(1)〜(3)のそれぞれの平衡に関して検討せよ．すなわち，イオン強度が 0.001, 0.01, $0.1\ mol\ dm^{-3}$ となるにつれて，濃度平衡定数は大きくなるか小さくなるか検討せよ．ただし，モル濃度尺度でのイオンの活量係数には，第 2 章の式(2.34)がそのまま使えるものとする．温度は 25 ℃，圧力は 0.1 MPa とする．
   (1) 水のイオン積 (2) 酢酸の解離平衡定数
   (3) アンモニウムイオンの解離平衡定数

5. 上の発展問題3で，活量係数を考慮すると pH はいくらになるか．

第3章の Keywords ▶ ブレンステズ酸(Brønsted acid), ブレンステズ塩基(Brønsted base), ルイス酸(Lewis acid), ルイス塩基(Lewis base), 共役酸塩基対(conjugate acid-base pair), イオン積(ion product), 自己プロトリシス(autoprotolysis), 水平化(levelling), 水平化効果(levelling effect), pH, 弱酸(weak acid), 弱塩基(weak base)

第4章 ポリプロトン酸,ポリプロトン塩基の解離平衡

H^+ を塩基に与えることのできる残基(たとえばカルボキシ基やスルホ基)を二つもつ化学種をジプロトン酸(二塩基酸),三つもつ化学種をトリプロトン酸(三塩基酸)という.より一般には,複数もつ化学種をポリプロトン酸(多塩基酸)という.また,H^+ を酸から受け取ることのできる残基(たとえばアミノ基)を複数もつ化学種をポリプロトン塩基(多酸塩基)という.自然界にも化学製品にもこのようなポリプロトン酸やポリプロトン塩基が数多くあり,重要な働きをしている.たとえばタンパク質はアミノ基やカルボキシ基を多数もつ化合物の代表的なものであり,その機能や構造にはそれらの解離平衡が大きな役割を果たしている.

4.1 ポリプロトン酸の解離平衡

一つの分子に複数の解離基がある場合,表 4.1 を見るとわかるように,その K_a 値は互いに異なる.たとえばフタル酸では,$pK_{a1} = 2.950$,$pK_{a2} = 5.408$(SATP)である[*1].ポリプロトン酸・塩基の酸塩基平衡の取り扱いは,モノプロトン酸・塩基の場合と基本的に同じであるが,解離基が複数あるので少し面倒になる.この章ではジプロトン酸をとりあげ,代表的なトリプロトン酸であるリン酸は,第 6 章で扱うことにする.

[*1] R. N. Goldberg, N. Kishore, R. M. Lennen, *J. Phys. Chem. Ref. Data*, 31, 231 (2002)

4.1.1 ジプロトン酸,ジプロトン塩基の酸塩基平衡

ジプロトン酸 H_2A には解離基が二つあるので,第一解離(式 4.1)に対する平衡定数を式(4.2)で定義する.

$$H_2A \rightleftharpoons H^+ + HA^- \tag{4.1}$$

表 4.1 ポリプロトン酸,ポリプロトン塩基,アミノ酸の pK_a 値
25℃, $I = 0$.

酸	化学式	pK_{a1}	pK_{a2}	pK_{a3}
二酸化炭素(Carbon dioxide)	$CO_2 + H_2O$	6.351*	10.321	
硫化水素(Hydrogen sulfide)	H_2S	7.02	13.9	
セレン化水素(Hydrogen sulfide)	H_2Se	3.89	15	
チオ硫酸(Thiosulfuric acid)	$H_2S_2O_3$	0.60	1.6	
シュウ酸(Oxalic acid)	$(COOH)_2$	1.27	4.27	
D-酒石酸(D-Tartaric acid)	$HOOC(CHOH)_2COOH$	3.04	4.37	
コハク酸(Succinic acid)	$HOOC(CH_2)_2COOH$	4.21	5.64	
グルタル酸(Glutaric acid)	$HOOC(CH_2)_3COOH$	4.34	5.43	
アジピン酸(Adipic acid)	$HOOC(CH_2)_4COOH$	4.42	5.42	
o-フタル酸(o-Phthalic acid)	$C_6H_4(COOH)_2$	2.95	5.41	
o-リン酸(o-Phosphoric acid)	H_3PO_4	2.15	7.20	12.35
o-ヒ酸(o-Arsenic acid)	H_3AsO_4	2.24	6.96	11.50
クエン酸(Citric acid)	$(HOOC)_2C(OH)CH_2COOH$	3.13	4.76	6.40
エチレンジアミン(Ethylenediamine)	$H_2N(CH_2)_2NH_2$	6.85	9.93	
1,3-ジアミノプロパン(1,3-Diaminopropane)	$H_2N(CH_2)_3NH_2$	8.9	10.6	
ピペラジン(Piperazine)	$C_4H_{10}N_2$	5.33	9.73	
グリシン(Glycine)	H_2NCH_2COOH	2.35	9.78	
L-セリン(L-Serine)	$H_2NCH_2(CH_2OH)COOH$	2.19	9.21	
L-システイン(L-Cysteine)	$H_2NCH_2(CH_2SH)COOH$	1.71	8.36**	10.75
L-アスパラギン酸(L-Aspartic acid)	$H_2NCH_2(CH_2COOH)COOH$	1.99	3.90	10.00
L-グルタミン酸(L-Glutamic acid)	$H_2NCH_2(CH_2CH_2COOH)COOH$	2.23	4.42	9.95
L-アルギニン(L-Arginine)	$H_2NCH_2(CH_2CH_2CH_2NHC(NH)NH_2)COOH$	1.82	8.99	12.5

* 式(4.23)で定義される K'_{a1}
** -SH の解離

$$K_{a1} = \frac{[H^+][HA^-]}{[H_2A]} \tag{4.2}$$

また,第二解離(式4.3)に対する平衡定数を式(4.4)で定義する.

$$HA^- \rightleftharpoons H^+ + A^{2-} \tag{4.3}$$

$$K_{a2} = \frac{[H^+][A^{2-}]}{[HA^-]} \tag{4.4}$$

H_2 は,溶液の pH に応じて H_2A, HA^-, A^{2-} のかたちで存在する.全量に対するそれら各化学種 H_2A, HA^-, A^{2-} の**分率**(fraction,割合)をそれぞれ $α_2$, $α_1$, $α_0$ とすると[*2]

*2 本書でのポリプロトン酸の扱いでは,それぞれの解離基の解離平衡は互いに独立であると仮定している.表面に解離基が密に並んだ系などでは,解離基間の相互作用が無視できなくなる.そのときは,分率はこうは書けない.

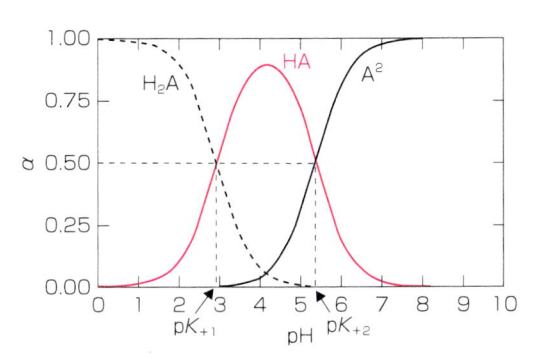

図 4.1 ジプロトン酸の各成分の pH 依存性
フタル酸の $pK_{a1} = 2.95$, $pK_{a2} = 5.41$ について計算.

$$\alpha_2 = \frac{[H_2A]}{[H_2A]+[HA^-]+[A^{2-}]} = \frac{[H^+]^2}{[H^+]^2+[H^+]K_{a1}+K_{a1}K_{a2}} \tag{4.5}$$

$$\alpha_1 = \frac{[HA^-]}{[H_2A]+[HA^-]+[A^{2-}]} = \frac{[H^+]K_{a1}}{[H^+]^2+[H^+]K_{a1}+K_{a1}K_{a2}} \tag{4.6}$$

$$\alpha_0 = \frac{[A^{2-}]}{[H_2A]+[HA^-]+[A^{2-}]} = \frac{K_{a1}K_{a2}}{[H^+]^2+[H^+]K_{a1}+K_{a1}K_{a2}} \tag{4.7}$$

で表される.これらの pH 依存性を図 4.1 に示す.各成分が存在する分率は pH だけで決まることに注意しよう.

図 4.1 において,隣りあう二つの曲線が交わる点の pH は,pK_{a1} および pK_{a2} である.また,α_1 が最大となる pH は

$$pH = \frac{pK_{a1}+pK_{a2}}{2} \tag{4.8}$$

で与えられ,またこのとき,$\alpha_2 = \alpha_0$ である(基本問題[1]参照).

ジプロトン塩基の場合も,pK_{a1}, pK_{a2} がアルカリ側にあること,酸型の化学種がイオンであることが違うだけで,α の pH による変化は図 4.1 と全く同様である.ジプロトン酸の酸塩基平衡を,例題 4.1 で具体的に考えてみよう.

例題 4.1

$1.00 \times 10^{-3}\,\text{mol dm}^{-3}$ フタル酸(o-phthalic acid)水溶液の pH を求めよ.

解き方

フタル酸の仕込み濃度を c_{PA} と書くと,物質量バランス条件は

$$[\text{H}_2\text{A}] + [\text{HA}^-] + [\text{A}^{2-}] = c_{\text{PA}} \tag{4.9}$$

電荷バランス条件は，A^{2-} は 2 価のアニオンであることに注意して

$$[\text{H}^+] = [\text{OH}^-] + [\text{HA}^-] + 2[\text{A}^{2-}] \tag{4.10}$$

表 4.1 より，解離定数は，$K_{a1} = 10^{-2.950} = 1.122 \times 10^{-3}$ mol dm^{-3}，$K_{a2} = 10^{-5.408} = 3.908 \times 10^{-6}$ mol dm^{-3} である．

電荷バランス条件に，物質量バランス条件と平衡関係式を代入して，$[\text{H}^+]$ についての方程式を作ると，次式になる．

$$[\text{H}^+] - [\text{OH}^-] = c_{\text{PA}} \frac{[\text{H}^+]K_{a1} + 2K_{a1}K_{a2}}{[\text{H}^+]^2 + [\text{H}^+]K_{a1} + K_{a1}K_{a2}} \tag{4.11}$$

ここでは，明らかに $[\text{H}^+] \gg [\text{OH}^-]$ だから左辺第 2 項は無視できる．したがって，$[\text{H}^+]$ についての三次方程式となる．

$$[\text{H}^+]^3 + K_{a1}[\text{H}^+]^2 + (K_{a1}K_{a2} - c_{\text{PA}}K_{a1})[\text{H}^+] - 2c_{\text{PA}}K_{a1}K_{a2} = 0 \tag{4.12}$$

これを適当な方法で解くと，$[\text{H}^+] = 6.383 \times 10^{-4}$ mol dm^{-3}，pH = 3.195 であることがわかる．

式 (4.12) は，モノプロトン酸溶液のようにもう少し簡単にならないだろうか．今の例では，$K_{a1}K_{a2}$ は $\sim 4 \times 10^{-9}$ であるのに対し，$[\text{H}^+]$ はおそらく 10^{-3} 程度だろうから，式 (4.11) の右辺の分母では，$[\text{H}^+]^2 + K_{a1}[\text{H}^+] \gg K_{a1}K_{a2}$，また分子では，$[\text{H}^+]K_{a1} \gg 2K_{a1}K_{a2}$ と考えてよいだろう．そうすると，式 (4.12) は簡単になり，次のようになる．

$$[\text{H}^+]^2 + K_{a1}[\text{H}^+] - c_{\text{PA}}K_{a1} = 0 \tag{4.13}$$

この式は，モノプロトン酸水溶液の pH を計算した 3.3.2 項の式 (3.35) と同じかたちの $[\text{H}^+]$ についての二次方程式である．これを解くと，$[\text{H}^+] = 6.376 \times 10^{-4}$ mol dm^{-3}，pH = 3.195 となる．これはたしかによい近似である．

ところで，この式 (4.13) では K_{a2} の項は消えてしまっている．いいかえれば，K_{a2} が K_{a1} に比べて十分に小さいときは，ジプロトン酸のみを含む水溶液の pH は，仕込み濃度が低すぎない限り，K_{a1} で決まるということを示している．

フタル酸水素カリウムなどジカルボン酸のアルカリ金属塩の解離平衡は実用的に重要である．

例題 4.2

仕込み濃度が 5.000×10^{-2} mol dm^{-3} であるフタル酸水素カリウムの水溶液

のpHを求めよ.

解き方

物質量バランス条件は式(4.9)と同じ.

$$[H_2A] + [HA^-] + [A^{2-}] = c_{KHP} \tag{4.14}$$

ここで，c_{KHP} はフタル酸水素カリウムの仕込み濃度である．電荷バランス条件は，K^+ が加わるので式(4.10)の代わりに次式を用いる.

$$[H^+] + [K^+] = [OH^-] + [HA^-] + 2[A^{2-}] \tag{4.15}$$

$[K^+] = c_{KHP}$ であることを考慮し，式(4.15)に式(4.14)と平衡条件を代入すると次式を得る.

$$[H^+] - [OH^-] = c_{KHP} \frac{K_{a1}K_{a2} - [H^+]^2}{[H^+]^2 + [H^+]K_{a1} + K_{a1}K_{a2}} = c_{KHP}(\alpha_0 - \alpha_2) \tag{4.16}$$

これは $[H^+]$ の四次方程式である．これを何とかして解くと，$[H^+] = 6.541 \times 10^{-5}$ mol dm^{-5}, pH = 4.184 になる[*3].

もう少し近似できないだろうか．式(4.16)の左辺の大小関係は，フタル酸の場合ほど明白ではないようだが，ここでもやはり，$[H^+] \gg [OH^-]$ としてよい．そうすると式(4.16)は

$$[H^+]^3 + (K_{a1} + c_{KHP})[H^+]^2 + K_{a1}K_{a2}[H^+] - c_{KHP}K_{a1}K_{a2} = 0 \tag{4.17}$$

と少し簡単になる．さらに，$c_{KHP} \gg K_{a1}$ は確かである．c_{KHP} が大きければ $[H^+] \ll c_{KHP}$ であり，したがってまた $[H^+]^3 \ll c_{KHP}[H^+]^2$ も成り立つから

$$[H^+]^2 \fallingdotseq K_{a1}K_{a2} \tag{4.18}$$

$$pH \fallingdotseq \frac{pK_{a1} + pK_{a2}}{2} \tag{4.19}$$

が得られる[*4]．このように，フタル酸水素カリウム水溶液のpHは，c_{KHP} が十分高ければ c_{KHP} に依存せず[*5]，$pK_{a1} = 2.950$, $pK_{a2} = 5.408$ だから，pH ≒ 4.179 となるはずである（濃度が低くなるとどの程度これから外れるかについては，発展問題①を参照）.

式(4.16)から求めた4.184との差は，$c_{KHP} = 0.05$ mol dm^{-3} では，式(4.18), (4.19)の近似が十分ではないからである.

[*3] 0.0500 mol kg^{-1} フタル酸水素カリウム水溶液〔この溶液の密度は 1.0017 g cm^{-3} なので，体積は $(0.05 \times 204.44 + 1000)/1.0017 = 1.0085$ dm^3 であり，モル濃度は 0.0496 mol dm^{-3}〕は pH の第一次標準液として国際的に認定されており，そのpHは 25 ℃で 4.005 + 0.003 である(R. P. Buck, et al., *Pure Appl. Chem.*, **74**, 2169 (2002)). 計算値との違いの主な理由は，この計算では活量係数を無視していることによる．これについては発展問題③を参照.

[*4] これは，式(4.16)で右辺の分子を0とおいても得られるが，その正当性は式(4.16)からだけではわからない.

[*5] 本書の範囲では依存しないとするが，活量係数は濃度に依存するので，実際にはpHはフタル酸水素カリウム濃度によって変化する.

4.2 炭酸ガスの溶解と酸塩基平衡

炭酸は重要なジプロトン酸の一つである．その溶液の酸塩基特性は，地球環境問題の観点からはもちろんのこと，基礎化学でも応用化学でも重要である[*6]．

炭酸 H_2CO_3 はジプロトン酸であるから，溶液内における平衡関係は，前節で扱ったものと同じである．一つ違うのは，炭酸の場合，溶液内に存在する H_2CO_3 は溶液に溶けている $CO_2(aq)$ と次の平衡にあり，その $CO_2(aq)$ はまた，大気中の $CO_2(gas)$ と平衡にあることである．たとえば酢酸を一定量，量り取って水に溶かすと，その後，溶液内でどういう平衡関係があろうと仕込み濃度は変わらない．

しかし，大気と平衡状態にある水溶液では，$CO_2(aq)$ 濃度，したがって H_2CO_3 濃度は，溶液内でいかなる平衡があろうと，次の溶解平衡[*7]によって一定に保たれる．

$$CO_2(aq) + H_2O \rightleftharpoons H_2CO_3 \qquad K_{hyd} = \frac{[H_2CO_3]}{[CO_2(aq)]} = 10^{-2.983} = 1.040 \times 10^{-3} \tag{4.20}$$

ここで $[CO_2(aq)]$ は，水に溶けた CO_2 濃度である．平衡定数の値から，この平衡は圧倒的に左に偏っていることがわかる．つまり，溶液内ではほとんどが $CO_2(aq)$ のかたちである．さらに，この $CO_2(aq)$ は大気中の炭酸ガスと平衡にある．

$$CO_2(gas) \rightleftharpoons CO_2(aq) \qquad K_H = \frac{[CO_2(aq)]}{P_{CO_2}} = 10^{-1.464} = 3.436 \times 10^{-2} \tag{4.21}$$

ここで，P_{CO_2} は大気中の CO_2 の分圧である．この平衡定数の値は，濃度尺度が質量モル濃度，圧力の単位が atm の場合である[*8]．

上に述べたように，測定中に大気中の炭酸ガス濃度が一定であれば，式 (4.20) と (4.21) の二つの平衡関係によって，溶液内の酸塩基平衡における $[H_2CO_3]$ および $[CO_2(aq)]$ は一定に保たれる．

たとえば CO_2 の分圧が 380 ppm だと，$[CO_2(aq)]$ は 1.31×10^{-5} mol dm^{-3} である．この溶液の pH を考えよう．炭酸の水素イオンと炭酸水素イオン (hydrogen carbonate)[*9] への解離平衡について

$$H_2CO_3 \rightleftharpoons H^+ + HCO_3^- \qquad K_{a1} = \frac{[H^+][HCO_3^-]}{[H_2CO_3]} = 10^{-3.380} = 4.169 \times 10^{-4} \tag{4.22}$$

[*6] 本節の平衡定数の値は，J. N. Butler, D. R. Cogley, "Ionic Equilibrium Solubility and pH Calculations," Wiley (1998) の Chap.10 に依拠する．これら平衡定数の温度，圧力，イオン強度依存性は，実際の問題を扱うときは重要である．それについても，この文献の Chap.10 が詳しい．

[*7] この反応は遅く，$CO_2 \rightleftharpoons HCO_3^-$ の overall（全て込み）の正方向と逆方向の反応速度定数は，pH = 7.0, 25 ℃ で，それぞれ 4.7×10^{-2} s^{-1}, 7.0×10^{-3} s^{-1} である (E. Magid, B. O. Turbeck, *Biochim. Biophys. Acta*, **165**, 515 (1968))．われわれも含め好気性生物は，呼吸によって酸素を吸い炭酸ガスをはき出しているから，この反応が遅くては困る．そこで生体内では，carbonic anhydrase という Zn^{2+} を含む酵素がこの反応を触媒して反応の速度を上げている．

[*8] 1 atm = 101325 Pa である．大気圧下では，CO_2 の分圧はその存在比（容量 %）に等しいと考えてよい．また，25 ℃ の希薄水溶液では，モル濃度 ≒ 質量モル濃度である．

[*9] 重炭酸イオン (bicarbonate) ともいう．

水溶液中の H_2CO_3 は上述のようにきわめて小さいので，式(4.20)と(4.22)をまとめて

$$K_{a1} \cdot K_{hydr} = K'_{a1} = \frac{[H^+][HCO_3^-]}{[CO_2(aq)]} = 10^{-6.363} = 4.335 \times 10^{-7} \quad (4.23)$$

と書くと便利である．

炭酸水素イオンの水素イオンと炭酸イオン(carbonate)への解離平衡は次式で表される．

$$HCO_3^- \rightleftharpoons H^+ + CO_3^{2-} \quad K_{a2} = \frac{[H^+][CO_3^{2-}]}{[HCO_3^-]} = 10^{-10.34} = 4.571 \times 10^{-11} \quad (4.24)$$

電荷バランス条件は

$$[H^+] = [HCO_3^-] + 2[CO_3^{2-}] + [OH^-] \quad (4.25)$$

この系では，CO_2 は足りなければいくらでも大気中から供給され，また余ったら大気に放出できるから，CO_2 についての物質量バランスの条件は必要ない．

式(4.25)に上の平衡関係を代入すると，次式が導かれる．

$$[H^+] - [OH^-] = K_H p_{CO_2} K'_{a1} \left(\frac{1}{[H^+]} + 2\frac{K_{a2}}{[H^+]^2} \right) \quad (4.26)$$

この式(4.26)を解けば，$[H^+]$ が得られる．

しかし，この式をまともに解かなくても $[H^+]$ を見積もることができる．この溶液は酸性だと考えられるので，$[H^+] \gg [OH^-]$ であり，さらに $K_{a2} = 10^{-10.33}$ であるから，式(4.26)の右辺では，$1 \gg 2K_{a2}/[H^+]$ と考えてよい．そうすると，式(4.26)は次のように書ける．

$$[H^+]^2 = K_H p_{CO_2} K'_{a1} \quad (4.27)$$

したがって，この溶液の $[H^+]$ は炭酸ガスの分圧の平方根で決まると考えてよい．

例題 4.3

図 4.2 の黒の実線は，ハワイ島のマウナロア観測所で測定された炭酸ガスの平均濃度(average concentration)である．小さな変動はあるものの，この 50 年の間に炭酸ガス濃度が有意に，ほぼ直線的に上昇していることがわかる．1960 年には 320 ppm だった炭酸ガス濃度は，2005 年ではほぼ 380 ppm，2010 年には 390 ppm になっている．では，大気と平衡にある水の pH は，1960 年

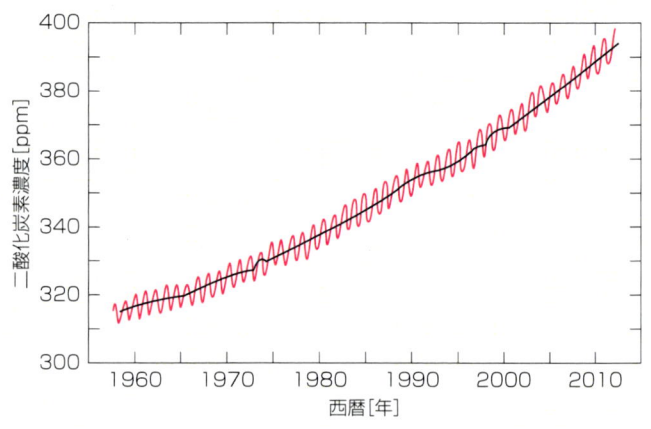

4章 ポリプロトン酸，ポリプロトン塩基の解離平衡

図4.2 ハワイ島，マウナロア山頂で観測した炭酸ガス濃度の経年変化
黒線は年平均，赤線は季節変動も含めた変化である．データの出所：Scripps Institution of Oceanography・NOAA Earth System Research Laboratory.

と2005年とでは，どれくらい差があるだろうか．

解き方

式(4.27)に CO_2 の分圧を代入して計算すればよい．1960年は 320 ppm = 320×10^{-6}，2005年は 380 ppm = 380×10^{-6} を入れる．

あるいは式(4.27)を変形すると

$$pH = \frac{1}{2}(pK_H + pK'_{a1} - \log p_{CO_2})$$

$$\therefore \quad pH = (6.363 + 1.464 - \log(320 \text{ または } 380 \text{ ppm}))/2$$

となり，1960年では pH = 5.661，2005年では 5.624 となる．また $[H^+]$ 濃度は，$\sqrt{380/320} = 1.090$，つまり 9 % 増えたことになる．pH の値の差 (0.037) だと小さいように見えるが，濃度の変動は 1 割近いことに注意しよう．

例題 4.4

Na_2CO_3 を水に溶かして c_T mol dm^{-3} の溶液を作ったとき，その pH を求めよ．

解き方

電荷バランス条件は

$$[H^+] - [OH^-] + [Na^+] = [HCO_3^-] + 2[CO_3^{2-}] \tag{4.28}$$

で与えられるから，式(4.23), (4.24)より

$$\varDelta + 2c_\mathrm{T} = [\mathrm{CO_2(aq)}]\left(\frac{K'_\mathrm{a1}}{[\mathrm{H^+}]} + \frac{2K'_\mathrm{a1}K_{a2}}{[\mathrm{H^+}]^2}\right) \tag{4.29}$$

一方,二酸化炭素の物質量バランス条件は,まず溶液中にあるものを加え合わせて

$$[\mathrm{CO_2(aq)}] + [\mathrm{H_2CO_3}] + [\mathrm{HCO_3^-}] + [\mathrm{CO_3^{2-}}]$$

このうち,$[\mathrm{H_2CO_3}]$ はわずかなので無視してよい.

これ以降は,この溶液が空気中の $\mathrm{CO_2}$ と平衡にあるかどうかで $[\mathrm{CO_2(aq)}]$ が変わってくる.

① 大気中の $\mathrm{CO_2}$ との平衡がない場合

$$c_\mathrm{T} = [\mathrm{CO_2(aq)}] + [\mathrm{H_2CO_3}] + [\mathrm{HCO_3^-}] + [\mathrm{CO_3^{2-}}] \tag{4.30}$$

であり,この場合は普通の二塩基酸と同じ.$[\mathrm{CO_2}]$ に式(4.30)を使うと

$$\frac{\varDelta}{c_\mathrm{T}} + 2 = \frac{[\mathrm{H^+}]K_\mathrm{a1} + 2K_\mathrm{a1}K_{a2}}{[\mathrm{H^+}]^2 + K_\mathrm{a1}[\mathrm{H^+}] + K_\mathrm{a1}K_{a2}} \tag{4.31}$$

式(4.31)の右辺分母で

$$[\mathrm{H^+}]^2 \ll K_\mathrm{a1}[\mathrm{H^+}] + K_\mathrm{a1}K_{a2} \tag{4.32}$$

はかなり確かである.また,$\varDelta \fallingdotseq -[\mathrm{OH^-}]$ も確かである.すると

$$[\mathrm{H^+}]^2 - \frac{K_\mathrm{W}}{c_\mathrm{T}}[\mathrm{H^+}] - \frac{K_{a2}K_\mathrm{W}}{c_\mathrm{T}} = 0 \tag{4.33}$$

これを解いて

$$[\mathrm{H^+}] = \frac{K_\mathrm{W}}{2c_\mathrm{T}}(1 + \sqrt{1 + 4K_{a2}c_\mathrm{T}/K_\mathrm{W}}) \tag{4.34}$$

となる.

式(4.34)を使って,いくつかの c_T について pH を計算してみると,次の表のようになる.この結果は,上の近似をせずに解いた場合と一致する.

気相中との $\mathrm{CO_2}$ のやりとりを考えないという条件は,実験的には $\mathrm{Na_2CO_3}$ を素早く溶かした直後の状態に対応する.

② 大気中の $\mathrm{CO_2}$ と平衡にある場合

大気中の $\mathrm{CO_2}$ と平衡が成立していれば,溶液中の $\mathrm{CO_2}$ 濃度は一定であり,$[\mathrm{CO_2(aq)}]$ は式(4.21),つまり次式になる.

c_T	$[H^+]$	pH
1.0	6.81×10^{-13}	12.169
0.1	2.19×10^{-12}	11.660
0.05	3.13×10^{-12}	11.504
0.02	5.04×10^{-12}	11.298
0.01	7.28×10^{-12}	11.138
0.005	1.06×10^{-11}	10.975
0.0001	1.34×10^{-10}	9.873

$$[CO_2(aq)] = K_H P_{CO_2} \tag{4.35}$$

式(4.35)を式(4.29)に代入すると

$$\Delta + 2c_T = K_H P_{CO_2}\left(\frac{K_1}{[H^+]} + \frac{2K_1 K_2}{[H^+]^2}\right) \tag{4.36}$$

この場合も，$\Delta \fallingdotseq -[OH^-]$ は確かである[*10]．すると

$$[H^+]^2 - \frac{K_W + K_H K_1 P_{CO_2}}{2c_T}[H^+] - K_1 K_2 K_H P_{CO_2}/c_T = 0 \tag{4.37}$$

これを解くと，次の表になる．①の大気との平衡がない場合と比較すると，溶液の塩基性が低くなっていることがわかる．これは大気中の CO_2 が溶液に吸収されて溶液の pH がより酸性になることによる．

c_T	$[H^+]$	pH
1.0	1.805×10^{-11}	10.74
0.5	2.647×10^{-11}	10.58
0.2	4.496×10^{-11}	10.35
0.1	6.885×10^{-11}	10.16
0.05	1.087×10^{-10}	9.964
0.02	2.108×10^{-10}	9.676
0.01	3.665×10^{-10}	9.436
0.0001	2.930×10^{-8}	7.533

4.3 双極イオンの酸塩基平衡

これまでに出てきた例では，カルボキシ基をもつ化合物は弱酸，アミノ基をもつ化合物は弱塩基であった．

一つの分子にアミノ基とカルボキシ基が含まれている化合物もたくさんある．それぞれを一つずつ（あるいはそれ以上）もっている化合物の代表的なもの

[*10] ついでながら，もし $1 \gg 4K_{a2}c_T/K_W$ なら，$pH = 14 + \log c_T$ であり，普通の強塩基を溶かしたときの式に帰着する．今の場合，K_{a2} は K_W に比べてそれほど小さくないので，そうはいかない．

はアミノ酸である．アミノ酸からできたタンパク質もそうした化合物の代表例である．これらの酸塩基平衡は，生体系の挙動を理解するために大切である．

もっとも簡単な例として，アミノ基とカルボキシ基を一つずつもつ中性アミノ酸の酸塩基平衡を考えてみよう．グリシン(Glycine)$HOOCCH_2NH_2$ はもっとも単純なアミノ酸である．十分に酸性の水溶液では，$HOOCCH_2NH_3^+$，十分に塩基性の水溶液では，$^-OOCCH_2NH_2$ のかたちをとっている．中間の pH では，$HOOCCH_2NH_2$ ではなく，$^-OOCCH_2NH_3^+$ とアミノ基とカルボキシ基がそれぞれ正と負に帯電した状態で存在することがわかっている．この状態では，分子全体では電気的に中性であるが，それぞれの基は正と負に帯電しているので大きな双極子モーメントをもっている．この点で $HOOCCH_2NH_2$ とは区別され，**双極イオン**[*11](zwitterion)と呼ばれる．

*11 両性イオン，あるいは双性イオンともいう．

グリシン $HOOCCH_2NH_2$ のカルボキシ基の pK_a は 25 ℃ で 2.351(4.457×10^{-3} mol dm^{-3})，アミノ基(アンモニウム形)の pK_a は，9.780($K_b = 1.660 \times 10^{-10}$ mol dm^{-3})である．したがって，この酸塩基平衡の扱いはジプロトン酸の場合と同じと考えればよい．

グリシンには 3 種類の帯電状態があるので，それを Gly$^+$，Gly$^\pm$，Gly$^-$ と書くことにする．カルボキシ基の解離について次式が成り立つ．

$$K_{a1} = \frac{[H^+][Gly^\pm]}{[Gly^+]} \tag{4.38}$$

アミノ基の解離については

$$K_{a2} = \frac{[H^+][Gly^-]}{[Gly^\pm]} \tag{4.39}$$

電荷バランス条件は

$$[H^+] + [Gly^+] = [Gly^-] + [OH^-] \tag{4.40}$$

物質量バランス条件は，グリシンの仕込み濃度を c_{GT} とすると

$$[Gly^\pm] + [Gly^+] + [Gly^-] = c_{GT} \tag{4.41}$$

電荷バランスの条件に上のその他の関係を代入して整理すると

$$[H^+] - [OH^-] = \frac{c_{GT}(K_{a1}K_{a2} - [H^+]^2)}{[H^+]^2 + K_{a1}[H^+] + K_{a1}K_{a2}} \tag{4.42}$$

これはジプロトン酸についての式(4.15)と全く同じ式で，$[H^+]$ についての四次方程式である．式(4.15)の場合と同様，c_{GT} が非常に大きいとき，この等式が成り立つためには，右辺の括弧の中がゼロにならねばならないから，

$[\text{H}^+]^2 = K_{a1}K_{a2}$，つまり

$$\text{pH} = \frac{\text{p}K_{a1} + \text{p}K_{a2}}{2} = 6.065 \qquad (4.43)$$

となる．この近似の妥当性は c_{GT} の大きさによる．式(4.42)を解いた結果（表4.4）と比較すると，濃度が $0.1\ \text{mol dm}^{-3}$ 以下では，式(4.43)の近似はよくない．したがって，$\text{pH} = (\text{p}K_{a1} + \text{p}K_{a2})/2$ という簡明な式は，フタル酸水素カリウムの場合（発展問題1）と同様，濃度が高いときだけ成り立つ．

このように，一つの分子の中にアミノ基とカルボキシ基をもつ分子の溶液中での解離平衡は，ジプロトン酸，ポリプロトン酸の場合と全く同様に考えることができる．

章末問題

基本問題

1. 例題4.2の場合，溶液中に存在するフタル酸(H_2A)，フタル酸水素イオン(HA^-)，フタル酸イオン(A^{2-})の割合，$\alpha_{\text{H}_2\text{A}}$，$\alpha_{\text{HA}^-}$，$\alpha_{\text{A}^{2-}}$ を求めよ．
2. 図4.1で，隣り合う二つの曲線の交点が $\text{p}K_{a1}$，$\text{p}K_{a2}$ であることを示せ．
3. 式(4.8)を証明せよ．
4. α_{HA^-} の最大値を K_{a1} と K_{a2} を用いて表せ．
5. 例題4.2の溶液のイオン強度はいくらになるか．

発展問題

1. 式(4.16)を近似せずに解くことにより，式(4.19)が成り立つフタル酸水素カリウムの濃度範囲を調べよ．
2. フタル酸水素カリウムなどジプロトン酸のアルカリ金属一水素塩のpHを計算する式として，分析化学の教科書などでは次の謎めいた式を見ることがある．

$$[\text{H}^+] = \sqrt{\frac{K_{a1}K_{a2}[\text{HA}^-] + K_{a1}K_{\text{W}}}{K_{a1} + [\text{HA}^-]}}$$

   (1) この式は，溶液内の平衡と電荷バランス，物質量バランス条件から導けることを示せ．
   (2) フタル酸水素カリウムを量り取って，ある濃度の水溶液を作ったとき，そのpHを求めるために上の謎めいた式を使えるか考察せよ．また，フタル酸水素カリウム濃度が高ければ，この式は式(4.19)に帰着することを示せ．

3. pHの一次標準である $0.050\ \text{mol kg}^{-1}$ フタル酸水素カリウム水溶液のpH

は，25℃で 4.005 である．0.050 mol dm^{-3} 水溶液について，例題 4.2 の計算値は 4.184 であった．この差は濃度尺度の違い（濃度の違い）によるものではなく，計算では活量係数の効果を考慮していないからである．このことを以下の手順で示せ．

(1) 例題 4.2 の計算を 0.050 mol kg^{-1}，すなわち 0.0496 mol dm^{-3} フタル酸水素カリウム水溶液の場合について行い，HPh$^-$ と Ph^{2-} の濃度を求めよ．

(2) HPh$^-$ と Ph^{2-} の濃度を使って溶液のイオン強度を計算せよ．

(3) H$^+$，HPh$^-$，Ph^{2-} の活量係数を求めよ．ただし，これら単独イオンのモル濃度尺度での活量係数は，Davies 式(2.40)で与えられるものとする．

(4) H$^+$，HPh$^-$，Ph^{2-} の活量係数を用いて，フタル酸の第一解離，第二解離に対する混合平衡定数(第 3 章の発展問題 5 の解答参照)を計算せよ．

(5) これら混合平衡定数を用いて，a_{H^+} を求めよ．

(6) 得られた水素イオン濃度と上の水素イオン活量係数を用いて pH を求めると 4.011 になることを確かめよ．

　この値と，標準液に値付けされた 4.005 との差は，活量係数計算の近似性が主な理由であると思われる．得られた新しい濃度平衡定数を使って，再び (1) から収束するまで繰り返し計算できるが上の計算結果との差はわずかであり，上記の 1 回目の計算だけで活量係数を考慮することの重要性はわかる．

4 式量濃度が 0.02 mol dm^{-3} の KH$_2$PO$_4$ 水溶液の pH を求めよ．

5 式量濃度が 0.02 mol dm^{-3} の K$_2$HPO$_4$ 水溶液の pH を求めよ．

6 グリシン水溶液の pH を変えたとき，溶存するグリシンのカチオン形，アニオン形，双極イオン形の分率がどう変化するか，図を描いて示せ．

7 NaHCO$_3$ の水溶液の pH がいくらになるかを求めよ．

8 c mol dm^{-3} の NaHCO$_3$ 水溶液を作り，大気中の CO$_2$(380 ppm)と平衡状態にした場合，pH はどうなるか．

9 Na$_2$CO$_3$ 水溶液の場合は，大気中の CO$_2$ と平衡になることによって，pH は低下した．ところが，NaHCO$_3$ 水溶液の場合は，大気中の CO$_2$ と平衡になることによって，pH は上昇する．これはなぜか説明せよ．

> **第4章の Keywords**
>
> ポリプロトン酸(polyprotic acid)，ポリプロトン塩基(polyprotic base)，ジプロトン酸(diprotic acid)，ジプロトン塩基(diprotic base)，炭酸(carbonic acid)，炭酸水素イオン(hydrogen carbonate)，重炭酸イオン(bicarbonate)

第5章 酸塩基滴定の考え方

酸を塩基で中和する，あるいは塩基を酸で中和するというのは化学の概念の中で最もよく知られたものの一つである．それを定量的に扱うのが，この章の目的である．

酸に塩基を少しずつ加えて両者の物質量がちょうど等しくなる点を見つけることを，酸塩基滴定（塩基による酸の滴定）という．この方法により，酸の濃度（や逆に塩基の濃度）を正確に知ることができる．これはよく知られていることであり，化学実験などで実際に経験もする基礎的でわかりやすい事柄である．

しかし，加えた滴定剤の体積に対して溶液の pH を記録した滴定曲線が，ちょうど当量点のあたりでまっすぐ立ち上がり，変曲点[*1]をもつのはなぜかを知るには，滴定を定量的に考えてみる必要がある（図 5.1）．また，そうすることによって，酸塩基平衡や酸塩基の緩衝作用（第 7 章）をよりよく理解できる．

*1　曲線の凹凸の変わり目．

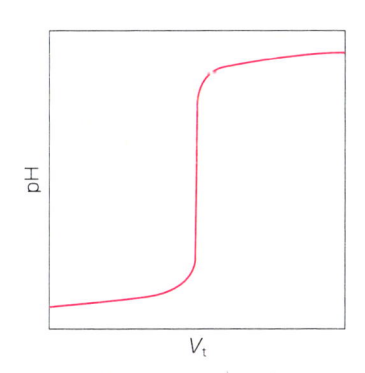

図 5.1　強酸を強塩基で滴定した場合の滴定曲線の形

5.1 滴定とは

濃度が未知の酸の濃度を決めるにはどうしたらよいだろうか．この溶液に濃度が既知の塩基の溶液を加えていくと[*2]，あるところで酸の物質量が塩基の物質量と等しくなる．この点を**当量点**(equivalence point)という．注意深く滴定して当量点を正確に見出すことができれば，酸の濃度を 4 桁程度の精度で知ることができる．この操作を滴定(titration)という．

滴定操作で，徐々に加える溶液を**滴定剤**または**滴定溶液**(titrant あるいは titrator)，滴定される溶液を**被験液**(analyte または titrand)ということがある．ここではそれぞれ滴定溶液と被滴定溶液と呼ぶことにする．

この章では，モノプロトン酸をモノプロトン塩基で滴定することを考える．以下に述べることは，もちろんこの逆，つまり濃度が未知の塩基溶液を濃度が既知の酸で滴定する場合にも成り立つ．ポリプロトン酸の滴定については次章で考える．

[*2] 滴定操作では，濃度が既知の塩基の溶液に濃度が未知の酸を徐々に加えてもよい．

5.2 強酸－強塩基滴定

水酸化ナトリウム溶液による塩酸の滴定など，強塩基水溶液を用いて強酸水溶液を滴定することを考える．指示薬などを用いて**滴定終点**(end point)，つまり実験的に見出した当量点に近いと考えられる状態に達するのに要した滴定溶液の量を求めるだけであれば，その途中経過を考える必要はない．しかし，滴定終点の検出法やその意味は滴定曲線[*3]，つまり滴定途中の被滴定溶液の pH 変化の様子を知ってはじめて理解できる．

被滴定溶液の初期濃度を c_{HCl}^0，その体積を V_s，また滴定溶液の濃度を c_{NaOH}^0，試料溶液に加えた滴定溶液の体積を V_t とする．滴定操作中に変化していく未知の量である溶液の pH $= -\log[\text{H}^+]$ や，溶液中に存在する他の化学種の濃度を求めることを考える．

[*3] 滴定曲線を求めるには，通常は溶液の pH を pH メータなどで測定する．

5.2.1 滴定中の平衡関係

滴定曲線の形は，今の場合，強酸溶液に強塩基溶液を加えたときの pH の変化に他ならないから，第 3，4 章で学んだ溶液の pH の計算の考え方がそのまま使える．酸塩基反応は非常に速いので，滴定中は化学平衡が常に成り立っているし，またこの反応に関係する化学種の物質収支と溶液の電気的中性も常に成り立っていると考えてよい．滴定操作中の，溶液内における平衡関係は，第 3 章で学んだものと全く同じである．

滴定では，加えた滴定溶液の量に応じて被滴定溶液の体積が増えることを考慮する必要がある．滴定溶液を V_t だけ加えた時点での物質量バランス条件は次の二つの式で表される．

$$(V_s + V_t)[\text{Na}^+] = V_t c^0_{\text{NaOH}} \tag{5.1}$$

$$(V_s + V_t)[\text{Cl}^-] = V_s c^0_{\text{HCl}} \tag{5.2}$$

電荷バランス条件は

$$[\text{H}^+] + [\text{Na}^+] = [\text{Cl}^-] + [\text{OH}^-] \tag{5.3}$$

式(5.1), (5.2)を式(5.3)に代入すると

$$[\text{H}^+]-[\text{OH}^-] = \frac{V_s}{V_s + V_t} c^0_{\text{HCl}} - \frac{V_t}{V_s + V_t} c^0_{\text{NaOH}} \tag{5.4}$$

あるいは

$$(V_s + V_t)([\text{H}^+] - [\text{OH}^-]) = V_s c^0_{\text{HCl}} - V_t c^0_{\text{NaOH}} \tag{5.5}$$

これは,図5.1の滴定曲線(pH vs. V_t プロット)全体を表現している.[OH$^-$] = K_W/[H$^+$] だから [H$^+$] に関する二次式である.

$$\frac{V_t c^0_{\text{NaOH}}}{V_s c^0_{\text{HCl}}} = p \tag{5.6}$$

で定義される滴定率を定義する.当量点では $p=1$ である.これを使って式(5.4)を書き換えると

$$[\text{H}^+] - \frac{K_W}{[\text{H}^+]} = \frac{1-p}{r+p} c^0_{\text{NaOH}} \tag{5.7}$$

ここで r は次式の通りである.

$$r = \frac{c^0_{\text{NaOH}}}{c^0_{\text{HCl}}} \tag{5.8}$$

　NaOH水溶液を滴下すると,それだけ酸が中和されてなくなり,[H$^+$] は低下する.その様子を式(5.7)を使って計算した結果を図5.2に示す.図5.2の右上の挿入図の赤線は,$p=0$ から当量点を越えて $p=2$ まで滴定したときの [H$^+$] の変化である.$p=1$ のところで [H$^+$] が滴定されてなくなったことがわかる.

　式(5.5)は,加えた強塩基はすべて強酸で中和され,残りの酸が被滴定溶液に残っていることを意味するので,中和の直感的なイメージと符合する.しかし当量点のごく近傍まで近づくと,[H$^+$] ≫ [OH$^-$] は成り立たなくなり,酸の消え方が鈍くなる.$p=1$ の付近を大きく拡大した図5.2の左下のほうの図の曲線を見ると,当量点では [H$^+$] はゼロではなく,式(5.5)や式(5.7)からわか

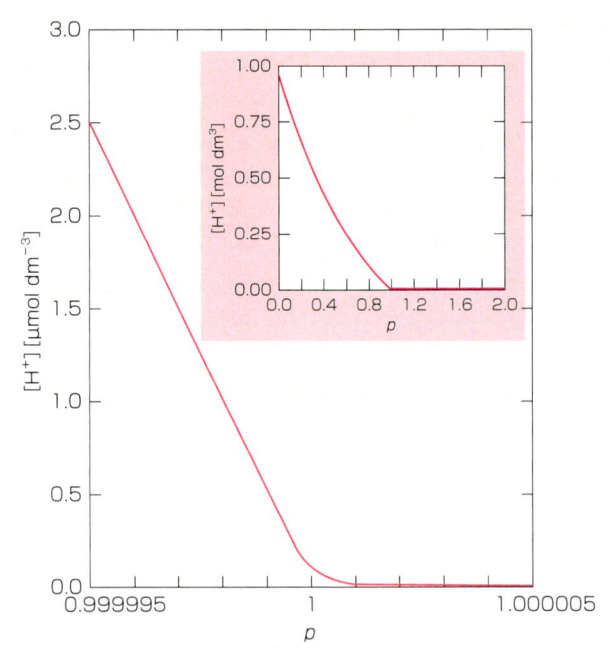

図 5.2 HCl 水溶液を 2mol dm^{-3} の NaOH 水溶液で滴定したときの，[H$^+$] の変化
右上の図の曲線は p を 0 から 2 まで変化させたときの様子を，左下の図の曲線は当量点付近の拡大図を表している．

るように，[H$^+$] = $\sqrt{K_W}$ である．当量点では [H$^+$] = [OH$^-$]，すなわち溶液がちょうど中和されている[*4].

*4 弱酸を強塩基で滴定する場合は，当量点では[H$^+$] = [OH$^-$] とはならないことに注意．5.3 節参照．

5.2.2 滴定曲線の形

図 5.2 も滴定曲線であるが，酸塩基滴定では滴定量 V_t に対して pH をプロットして得られる図 5.1 を滴定曲線というのが普通である．その形を考える際には，上で導入した滴定率 p に対して pH をプロットするのが便利である．しかし，p を知るには被滴定溶液の濃度がわからないといけないので，このやり方は滴定曲線の形を理解するためには簡明であるが，実際的ではないことに注意しよう．

式(5.4)からわかるように，滴定曲線の形は，K_W および滴定溶液と被滴定溶液の初期濃度に依存する．式(5.4)を用いて計算した滴定曲線の例を図 5.3(a)，5.4(a)に示す．図 5.3(a)は，滴定溶液，被滴定溶液の濃度比 r を 1 として，これらの濃度を両方とも変化させた場合を示す．

滴定曲線が当量点付近で急激に立ち上がるのは，縦軸が pH，つまり [H$^+$] の対数だからである．それが無限に上昇しないのは，イオン積の制限があるためである．その上昇の程度，立ち上がりの鋭さを決めるのは，イオン積の値で

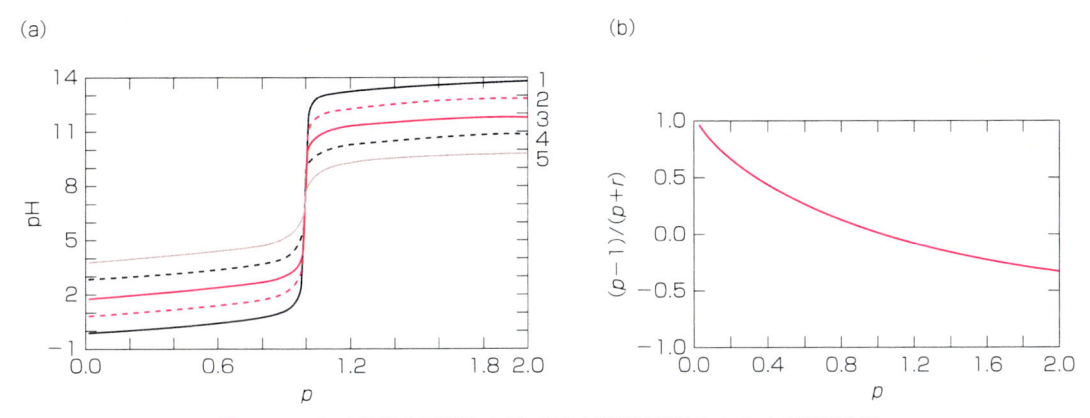

図 5.3 HCl 水溶液を同濃度の NaOH 水溶液で滴定したときの滴定曲線

(a) 強酸強塩基滴定で，c_{HCl} と c_{NaOH} の濃度を，ともに 2 (曲線 1)，0.2 (曲線 2)，0.02 (曲線 3)，0.002 (曲線 4)，0.0002 (曲線 5) mol dm^{-3} としたときの滴定曲線．(b) そのときの $(p-1)/(p+r)$ の p 依存性．

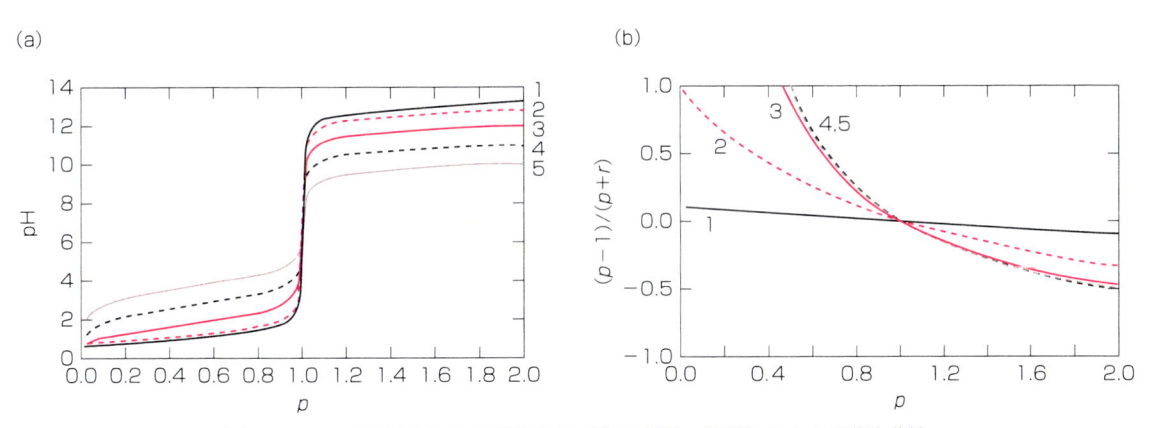

図 5.4 HCl 水溶液を種々の濃度の NaOH 水溶液で滴定したときの滴定曲線

(a) 強酸強塩基滴定で，$c_{HCl} = 0.2$ mol dm^{-3} とし，$c_{NaOH} = 2$ (曲線 1)，0.2 (曲線 2)，0.02 (曲線 3)，0.002 (曲線 4)，0.0002 (曲線 5) mol dm^{-3} としたときの滴定曲線．(b) そのときの $(p-1)/(p+r)$ の p 依存性．

ある．濃度の低下とともに，当量点付近での立ち上がりが鈍くなる．しかし，曲線の基本的な形は同じで，変曲点は当量点付近に一つだけ存在する．

被滴定溶液の濃度を一定として，滴定溶液の濃度を変えたときの滴定曲線の例を図 5.4 に示す．当量点付近の形は互いに似ている．しかしこの場合は，滴定溶液の濃度が低いと $p = 0.5$ 付近にもう一つの変曲点が現れる[*5]．

[H$^+$] についての二次方程式である式 (5.7) から図 5.1, 5.2 の滴定曲線の形をイメージするのは容易でない．そこで式 (5.7) を次のように変形する[*6]．

$$\left(\frac{\sqrt{K_W}}{[H^+]}\right)^2 - \frac{c_{NaOH}^0}{\sqrt{K_W}}\left(\frac{p-1}{p+r}\right)\frac{\sqrt{K_W}}{[H^+]} - 1 = 0 \tag{5.9}$$

あるいは

*5 この理由については発展問題 1 を参照．

*6 後で $-\log([H^+]) = pH$ を求めるので，[H$^+$] について解くより，$1/[H^+]$ について解いておくほうが見通しがよい．

$$\left(\frac{\sqrt{K_W}}{[H^+]}\right)^2 - \left(\frac{(1/\sqrt{K_W})(p-1)}{p/c_{NaOH}^0 + 1/c_{HCl}^0}\right)\frac{\sqrt{K_W}}{[H^+]} - 1 = 0 \tag{5.10}$$

*7 p を用いた図を，実験的に求められる滴定曲線（図 5.1）に読み換えるには，横軸 p を定数倍（$V_s\, c_{HCl}^0/c_{NaOH}^0$ 倍）する．

これは，$\sqrt{K_W}/[H^+]$ に関する二次方程式である[*7]．付録 A を参考にすると，これを次のように書き直すことができる．

$$\ln\frac{\sqrt{K_W}}{[H^+]} = \sinh^{-1} X \tag{5.11}$$

ここで X は

$$X = \frac{c_{NaOH}^0}{2\sqrt{K_W}}\left(\frac{p-1}{p+r}\right) = \frac{(1/\sqrt{K_W})(p-1)}{2(1/c_{HCl}^0 + p/c_{NaOH}^0)} \tag{5.12}$$

*8 $\sinh x = \dfrac{e^x - e^{-x}}{2}$

$\sinh^{-1} x = \ln(x + \sqrt{x^2+1})$

である[*8]．したがって

$$\text{pH} = \frac{pK_W}{2} + \frac{1}{\ln(10)}\sinh^{-1} X \tag{5.13}$$

つまり，滴定曲線は $\sinh^{-1} x$ の形（図 5.5）であり，それを縦方向に $pK_W/2$ だけ垂直移動，横軸を 1 だけ水平移動し $c_{NaOH}/(2\sqrt{K_W})(\sim 10^7)$ 分の 1 に圧縮した形である[*9]．滴定曲線が当量点付近で鋭く立ち上がるのはこの「圧縮」のおかげ，つまり K_W が非常に小さいおかげである．

*9 M. Kodama, *Chem. Lett.*, 197 (1989).

式 (5.12) からわかるように，X は，$1/c_{HCl}^0 \gg p/c_{NaOH}^0$ の場合には p に比例する．被滴定溶液の濃度が薄く，滴定溶液の濃度が濃い場合がそれにあたる．その場合は，滴定曲線は正確に $\sinh^{-1} x$ の形である．

それが成り立たない場合でも，X は p の単調な減少関数なので（図 5.3b,

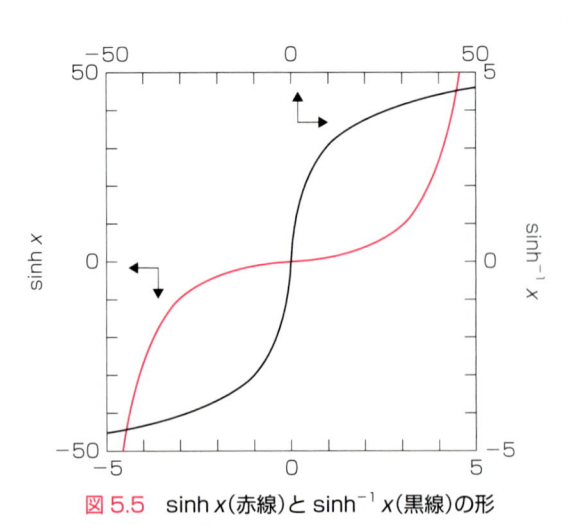

図 5.5 $\sinh x$（赤線）と $\sinh^{-1} x$（黒線）の形

5.4b), 強酸－強塩基の滴定曲線の形はだいたい $\sinh^{-1} x$ の形になると考えてよい（図 5.3a, 5.4a）.

滴定溶液と被滴定溶液の濃度は，ともに滴定曲線の形に影響する．濃度が低いと当量点付近の立ち上がりが鈍くなる（図 5.3a, 5.4a）．これは式(5.12)の $(p-1)$ の係数が小さくなり，横軸の「圧縮」の度合いが小さくなるためである．

5.2.3 有用な別の表現

式(5.4)を別の見方で考えてみるのは有用である．式(5.4)を p について解くと（基本問題 1 参照）

$$p = \frac{c^0_{\text{NaOH}}}{c^0_{\text{HCl}}} \cdot \frac{c^0_{\text{HCl}} - \varDelta}{c^0_{\text{NaOH}} + \varDelta} \tag{5.14}$$

ただし，$\varDelta = [\text{H}^+] - [\text{OH}^-]$ である．あるいは

$$\frac{V_t}{V_s} = \frac{c^0_{\text{HCl}} - \varDelta}{c^0_{\text{NaOH}} + \varDelta} \tag{5.15}$$

これらの表現は式(5.4)より簡単に見えるがもちろん等価であり，滴定曲線の形を表している[*10]．これらの式は，$[\text{H}^+]$ を与えて V_t/V_s を求めることにより滴定曲線を計算するのに便利である．また，滴定曲線の内容を理解するのにも有用で，弱酸や多塩基酸など，酸塩基平衡が複雑になるにしたがって，その効用はより明らかになる．

[*10] R. de Levie, "Aqueous Acid-Base Equilibria and Titrations," Oxford Univ. Press(2001).

5.2.4 当量点と変曲点

当量点では，$p=1$ である．このとき，先に述べたように

$$\text{pH} = \frac{\text{p}K_\text{W}}{2} \tag{5.16}$$

である．つまり，強酸－強塩基滴定では，当量点は HCl や NaOH の濃度によらず，常に pH = p$K_\text{W}/2$ のところにある．強酸－強塩基滴定に限れば，pH = 7 となる V_t として当量点を決めることもできるが，あとで見るように，弱酸を滴定する場合などはこの手は使えない．自動滴定装置などでは，当量点は滴定曲線の変曲点から決められる．

当量点と変曲点は，c_{NaOH} が無限に濃いとき，式(5.10)で $p/c^0_{\text{NaOH}} \ll 1/c^0_{\text{HCl}}$（つまり $c^0_{\text{NaOH}}/c^0_{\text{HCl}} \gg p$ のとき），すなわち被滴定溶液が滴定によって希釈されなければ，式(5.12), (5.13)の滴定曲線は厳密に $\sinh^{-1} x$ の形になるので，変曲点は $x = (c^0_{\text{HCl}}/2\sqrt{K_\text{W}})(p-1) = 0$ にあり，変曲点と当量点は一致する．

実際には，NaOH 溶液は無限に濃いわけではないから滴定溶液を加えると被滴定溶液の液量が増加する．それゆえ，変曲点と当量点は厳密には一致しない．しかし $1/\sqrt{K_W}$ が大きいおかげで，実用上問題にならないほどその差は小さい．このことは，式 (5.13) を 2 回微分して変曲点を調べると確認できる（発展問題①参照）．また図 5.3(a) にあるように，c_{NaOH} が小さいときに，当量点の他にもう一つ変曲点が現れることも同様に確認できる（発展問題①参照）．この章のはじめに述べた，酸にアルカリを加えて酸を「潰していく」という考えからすると，当量点では酸はなくなってしまいそうだが，実際には $[H^+] = [OH^-] = \sqrt{K_W}$ 分だけ「残っている」ということに注意しよう[*11]．

[*11] 当量点の求め方については 5.4 節のグランプロットも参照．

5.3 弱酸−強塩基滴定

弱酸を強塩基で滴定する場合，図 5.6 に示すように，滴定曲線の形は強酸−強塩基滴定の場合とは異なる．まず，滴定の出発点の pH が強酸−強塩基滴定よりも高い（よりアルカリ側にある）．この pH は，もちろん第 3 章で学んだ弱酸水溶液の値である．滴定曲線の最初の部分は上に凸の曲率をもつ．さらに滴定すると変曲点が現れ，その後しばらくして pH は強酸−強塩基滴定と同様に急に上昇する．その立ち上がりは，K_a が小さくなると鈍くなる．

これらの特徴を定量的に考えることにしよう．

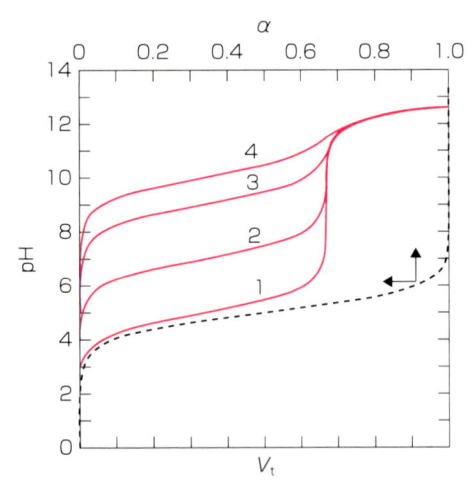

図 5.6 弱酸を強塩基で滴定した場合の滴定曲線
$K_a = 1.0 \times 10^{-5}$（曲線 1），1.0×10^{-7}（曲線 2），1.0×10^{-9}（曲線 3），1.0×10^{-10}（曲線 4）．$c_{HA}/c_{NaOH} = 0.1$．破線は，解離度 α の pH 依存性：$K_a = 1.0 \times 10^{-5}$．

5.3.1 弱酸−強塩基滴定の平衡関係

弱酸 HA を NaOH で滴定する．溶液内の平衡関係と電荷バランス条件は，

第3章で調べた弱酸のアルカリ金属塩と同じである．平衡関係は

$$K_a = \frac{[\text{H}^+][\text{A}^-]}{[\text{HA}]} \tag{5.17}$$

電荷バランス条件は

$$[\text{H}^+] + [\text{Na}^+] = [\text{A}^-] + [\text{OH}^-] \tag{5.18}$$

また，物質量バランス条件は次の二式で表される．

$$V_s c_{\text{HA}}^0 = (V_s + V_t)([\text{HA}] + [\text{A}^-]) \tag{5.19}$$

$$V_t c_{\text{NaOH}}^0 = (V_s + V_t)[\text{Na}^+] \tag{5.20}$$

これらから $[\text{H}^+]$ と $[\text{OH}^-]$ を残して $[\text{Na}^+]$，$[\text{A}^-]$，$[\text{HA}]$ を消去すると

$$[\text{H}^+] = \frac{\dfrac{V_s}{V_s+V_t}c_{\text{HA}}^0 - \dfrac{V_t}{V_s+V_t}c_{\text{NaOH}}^0 - \Delta}{\dfrac{V_t}{V_s+V_t}c_{\text{NaOH}}^0 + \Delta} K_a \tag{5.21}$$

ここで Δ は

$$\Delta = [\text{H}^+] - [\text{OH}^-] \tag{5.22}$$

である．式(5.21)は $[\text{H}^+]$ についての三次式で，図5.5に示した滴定曲線全体の形を表している．強酸－強塩基の場合と同じく，

$$\frac{V_t c_{\text{NaOH}}^0}{V_s c_{\text{HA}}^0} = p \tag{5.23}$$

と定義し，式(5.21)を p について解くと

$$p = \frac{c_{\text{NaOH}}^0}{c_{\text{NaOH}}^0 + \Delta}\left(\frac{K_a}{[\text{H}^+]+K_a} - \frac{\Delta}{c_{\text{HA}}^0}\right) \tag{5.24}$$

ここで右辺の最初の因子 $K_a/([\text{H}^+]+K_a)$ は，第3章で出てきた

$$\alpha = \frac{K_a}{[\text{H}^+]+K_a} = \frac{[\text{A}^-]}{[\text{HA}]+[\text{A}^-]} \tag{5.25}$$

で定義される，HA の解離度である．これを使うと，式(5.24)は次のように書き換えることができる．

$$p = \frac{\alpha c_{HA}^0 - \Delta}{c_{NaOH}^0 + \Delta} \cdot \frac{c_{NaOH}^0}{c_{HA}^0} \tag{5.26}$$

あるいは

$$\frac{V_t}{V_s} = \frac{\alpha c_{HA}^0 - \Delta}{c_{NaOH}^0 + \Delta} \tag{5.27}$$

これらは式(5.21)より簡単に見えるが，もちろん等価な式である．これらの式は，α が pH によらず常に 1 であれば，強酸－強塩基滴定の式(5.14)，(5.15)と一致することに注意しよう．違いは，弱酸－強塩基滴定では弱酸の α が，図 5.6 の黒破線に示すように，pH に依存して非常に小さい値から 1 まで変化することにある．加えた強塩基は解離度の小さい弱酸からプロトンを引き抜いては中和している，と考えればよい．

5.3.2 弱酸－強塩基滴定の場合の滴定曲線の形

弱酸－強塩基滴定の当量点

弱酸－強塩基滴定の場合，当量点，つまり $p=1$ では弱酸と強塩基が同じ物質量だけ存在する．したがって，その溶液の pH はアルカリ側にある．式(5.26)で $p=1$ とおくと

$$\Delta\left(\frac{1}{c_{NaOH}^0} + \frac{1}{c_{HA}^0}\right) + \frac{[H^+]}{[H^+] + K_a} = 0 \tag{5.28}$$

溶液はアルカリ性だから，$\Delta \fallingdotseq [OH^-]$ であり，また K_a がよほど小さくない限り，$[H^+] \ll K_a$ としてよい．したがって，当量点の pH は次式で与えられる（基本問題 ③ 参照）．

$$pH \fallingdotseq \frac{pK_a + pK_w}{2} - \frac{1}{2}\log\left(\frac{1}{c_{NaOH}^0} + \frac{1}{c_{HA}^0}\right) \tag{5.29}$$

当量点の pH は，pK_a だけでなく，強酸－強塩基滴定と同様に滴定溶液と被滴定溶液の濃度に依存する．

当量点付近の滴定曲線の形

当量点付近の滴定曲線の形は強酸－強塩基滴定の場合とよく似ている．しかし，α が pH とともに変化するので，強酸－強塩基滴定と全く同じではない．図 5.5 の赤線を見ると，当量点の手前から α はほぼ 1 となる[*12]ので，その部分の形は強酸－強塩基滴定の場合と同様に，おおむね $\sinh^{-1} x$ の形となる．

K_a が小さければ，NaOH をたくさん加えても α はなかなか大きくならない．

---

*12 式(5.25)からわかるように，厳密には 1 に漸近的に近づく．

式(5.27)右辺の αc_{HA}^0 が小さいと，強酸-強塩基滴定で式(5.15)の c_{HCl}^0 が小さい場合と同じで，当量点付近の立ち上がりが鈍る．

pH ≅ pK_a 付近の滴定曲線の形

図5.6において，滴定を始めてから当量点($p=1$)に至る手前までの，pH が緩やかに変化する部分に注目しよう．この領域では，[H$^+$] も [OH$^-$] もそれほど大きくない．したがって c_{NaOH}^0 があまり小さくない限り，式(5.24)の右辺の係数は ≒1 である．また，c_{HA}^0 があまり小さくない限り，括弧の中の第2項は無視できる．つまり，$c_{NaOH}^0 \gg |\varDelta|$ かつ $c_{HA}^0 \gg |\varDelta|$ のとき[*13]，式(5.24)は次のように書ける．

$$p = \frac{K_a}{[H^+]+K_a} \tag{5.30}$$

[*13] これをヘンダーソンの近似という．

つまり，p は HA の解離度に等しいとみなすことができる．式(5.30)を書き換えると次式になる[*14]．

$$\mathrm{pH} = \mathrm{p}K_a + \log\frac{p}{1-p} \tag{5.31}$$

[*14] $p=(y+1)/2$ とおくと，式(5.31)は

$$\mathrm{pH} = \mathrm{p}K + \frac{2}{\ln(10)}\tanh^{-1}y$$

となる．つまり，滴定曲線のとくにこのあたりの形は，$\tanh^{-1}x = (1/2)\ln\{(1+x)/(1-x)\}$ である．

$p=1/2$ のとき，pH = pK_a となる．またこの点は，式(5.31)からわかるように，変曲点である．したがって，式(5.31)が成り立つ近似の範囲で，変曲点の pH から pK_a を決めることができる．pH = pK_a 付近では，強塩基を加えても pH の変化はわずかである　この性質は，第7章で述べる緩衝液に利用される．また，滴定曲線から弱酸の pK_a を推定することもできる．

式(5.31)は相当な単純化であるが，c_{HCl}^0 と c_{NaOH}^0 があまり小さくなければ，pK_a よりも酸性側から当量点に至る広い pH 範囲でよく成り立つ．式(5.31)はヘンダーソン・ハッセルバルヒ式と呼ばれる近似式であり，第7章でその性質と有用性を詳しく学ぶ．

当量点を過ぎてからの滴定曲線の形

当量点を過ぎると，HA はほぼ完全に解離している．したがって，この部分の滴定曲線の形は強酸-強塩基滴定における当量点を越えてからの形と同じである．

5.4 グランプロット

滴定曲線の関数形がわかるメリットは上に述べたようにもちろん大きい．しかし最初に述べた，酸をアルカリで中和して「潰して」いく，つまりアルカリを加えた分だけ酸が減るという簡単な見方をもう少し利用できないだろうか．

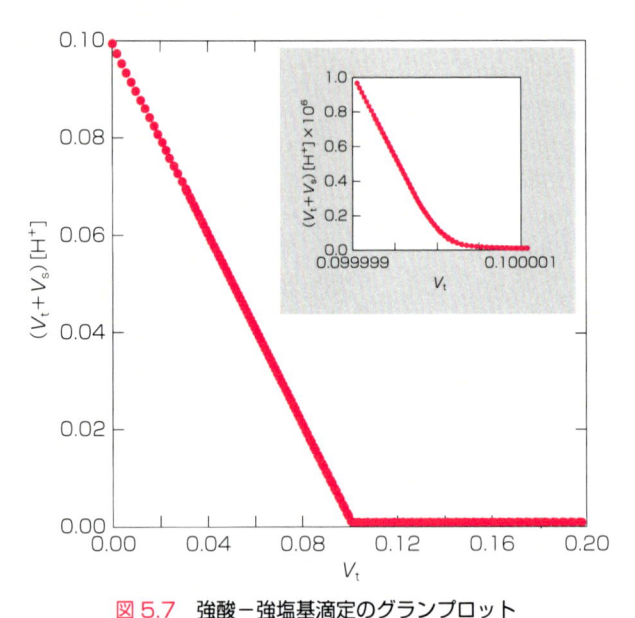

図 5.7 強酸-強塩基滴定のグランプロット
0.1 mol dm^{-3} の強酸 (HCl) を 1.0 mol dm^{-3} の強塩基 (NaOH) で滴定.右上の挿入図は当量点付近の拡大図.

この考えに基づいて当量点を検出する方法にグラン (Gran) プロットがある[*15] (図 5.7).

この章の初めに出てきた強酸-強塩基滴定の式 (5.5),すなわち

$$(V_s + V_t)([H^+] - [OH^-]) = V_s c^0_{HCl} - V_t c^0_{NaOH} \tag{5.32}$$

は,$[H^+] \gg [OH^-]$ が成り立つ範囲,つまり当量点より酸性側では

$$(V_s + V_t)[H^+] = V_s c^0_{HCl} - V_t c^0_{NaOH} \tag{5.33}$$

のように,$[H^+]$ に関する一次式になる.したがって,$(V_s + V_t)[H^+]$ を V_t に対してプロットすると,この近似が成り立つ範囲では直線になる (図 5.7).

実際には,当量点に近づくと $[H^+] \fallingdotseq [OH^-]$ となるので,このプロットは曲がってきて,当量点を過ぎてアルカリ側では,ほぼゼロになる (図 5.7 の拡大図参照).直線部分を外挿して,$(V_s + V_t)[H^+] = 0$ となる V_t は,式 (5.33) より,$V_s c^0_{HCl} = V_t c^0_{NaOH}$,つまり当量点である.

当量点を越えた部分では $[H^+] \gg [OH^-]$ なので,式 (5.5) は

$$(V_s + V_t)/[H^+] = (V_t - V_s)c^0_{NaOH}/K_W \tag{5.34}$$

となるから,右辺を V_t に対してプロットすると直線になる.この外挿からも当量点を決めることができる[*16].

[*15] G. Gran, *Acta Chem. Scand.*, **4**, 559 (1950). R. de Levie, "Aqueous Acid-Base Equilibria and Titrations," Oxford Univ. Press (2001), p.38-41 も参照.

[*16] 弱酸-強塩基滴定の場合も同様の手法が使える (応用問題3参照).

5.5　酸塩基滴定の指示薬

滴定曲線の形を求めるには，pH メータや分光光度計をなどを用いて滴定中に pH を測定する必要がある．しかし当量点を求めるだけなら，こうした装置を用いなくても指示薬だけで事足りる．

指示薬は弱酸性または弱塩基性の色素であり，溶液の pH の変化に応じてプロトン化あるいは脱プロトン化することによって，色が変化する物質である．フェノールフタレインの pH による構造変化を図 5.8 に示す．

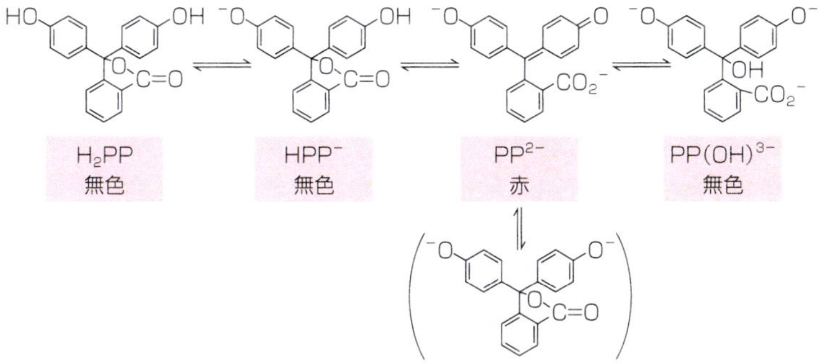

図 5.8　フェノールフタレイン(phenolphthalein)の pH による構造変化
Z. Tamura, S. Abe, K. Ito, M. Maeda, *Anal. Sci.*, **12**, 927 (1996).

指示薬の変色域が当量点に近いところにあれば，それを試料溶液にごくわずか加えておくことにより，色の変化から当量点を実験的に推定できる．つまり，滴定終点を知ることができる．これらの色素自身が酸または塩基であるが，$\mu mol\ dm^{-3}$ 程度の低濃度で呈色するから，目的とする酸や塩基の解離平衡に与える影響は無視できる．

滴定する試料と滴定溶液によって，pH が当量点付近で大きく変化するとき

表 5.1　酸塩基滴定に有用な指示薬

指示薬名	英語名	変色域 (pH)	酸性側の色	塩基性側の色
2,4-ジニトロフェノール	2,4-Dinitrophenol	1.3 〜 3.2	赤色	黄色
メチルオレンジ	Methyl orange	3.1 〜 4.4	赤色	橙色
ブロモフェノールブルー	Bromophenol blue	3.0 〜 4.6	黄色	青色
メチルレッド	Methyl red	4.2 〜 6.2	赤色	黄色
リトマス	Litmus	4.5 〜 8.3	赤色	青色
ブロモチモールブルー	Bromothymol blue	6.0 〜 7.6	黄色	青色
フェノールレッド	Phenol Red	6.8 〜 8.4	黄色	赤色
フェノールフタレイン	Phenolphthalein	7.8 〜 10.0	無色	赤紫
アリザリンイエロー R	Alizarin yellow R	10.1 〜 12.0	黄色	菫色

の領域が異なるので，指示薬は目的に応じて使い分ける．変色域の異なるさまざまな色素を表5.1に示す．

たとえば強酸 – 強塩基滴定では（滴定溶液と被滴定溶液の濃度にもよるが），図5.2(a)，5.3(a)に見られるように，pH = 7 を中心に±2〜3の領域で変化が急である．したがって表5.1の中では，pH = 8〜10の領域で無色（酸性側）から赤紫（塩基性側）に変化するフェノールフタレインがよく使われる．

次章で出てくる炭酸ナトリウムの塩酸による滴定では，当量点のpHは4付近なので，メチルオレンジを用いるのが一般的である．

5.6 分光滴定による pK_a の決定

弱酸 HA と A^- が，ともにある波長範囲で光を吸収する場合，吸光度（absorbance）からその物質の pK_a を決めることができる．ある波長における HA と A^- の分子吸光係数をそれぞれ ε_{HA}，ε_{A^-} とし，HA の仕込み濃度を c^0_{HA}，ある pH における HA と A^- の分率をそれぞれ α_{HA}，α_{A^-} とすると，吸光度 A はその波長に吸収をもつ物質の濃度とモル吸光係数に比例する（Beer の法則）から

$$A = c^0_{HA}(\alpha_{HA}\varepsilon_{HA} + \alpha_{A^-}\varepsilon_{A^-}) \tag{5.35}$$

α_{A^-} は式(5.25)で与えられ，また $\alpha_{HA} = 1 - \alpha_{A^-}$ だから式(5.35)を次のように書き換えることができる．

$$[H^+] = -\left(\frac{A^0_{A^-} - A}{A - A^0_{HA}}\right)K_a \tag{5.36}$$

ここで，A^0_{HA} と $A^0_{A^-}$ はそれぞれ $\alpha_{A^-} = 0$，1 のときの吸光度である．したがって

$$pH = pK_a + \log\left(\frac{A^0_{A^-} - A}{A - A^0_{HA}}\right)K_a \tag{5.37}$$

これを使うと，溶液の pH を変えて，ある波長における吸光度の変化を測ることにより，pK_a を決めることができる．

pH を変えて測定したブロモフェノールブルーの吸収スペクトルを図5.9(a)に，591.18 nm における吸収の pH 依存性を図5.8(b)に示す．

これより，ブロモフェノールブルーの pK_2 は 3.8 である．分光滴定をポリプロトン酸の解離定数の決定に応用した例は第6章で示す．

また，ブロモフェノールブルーの pH による構造変化を図5.10 に示した．

> **one point**
>
> **Beer の法則**
>
> Beer-Lambert の法則，Lambert-Beer の法則とも呼ばれる．

(a)

(b)

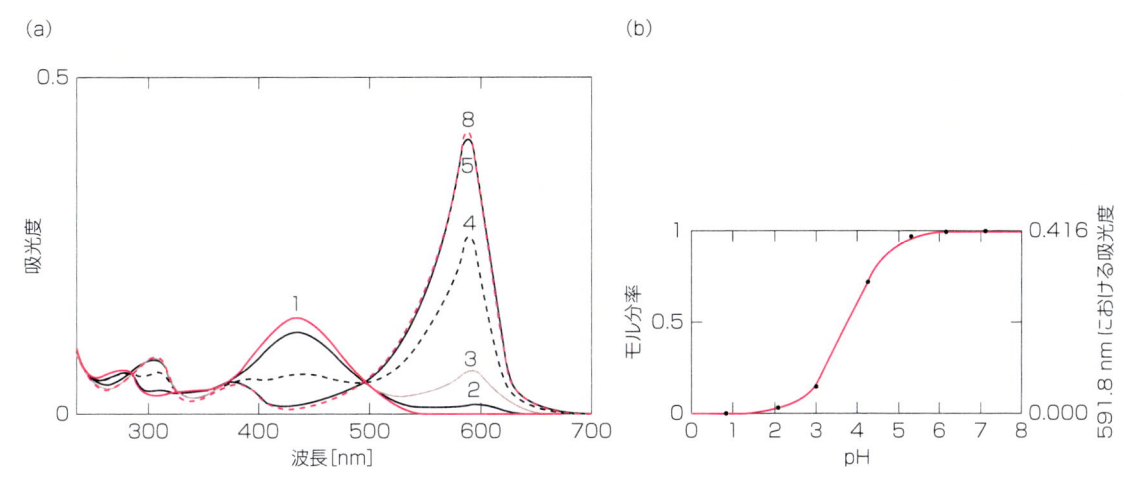

図 5.9　強酸を強塩基で滴定した場合の滴定曲線

(a) ブロモフェノールブルーの吸収スペクトル．図中の数値は溶液の pH である．Z. Tamura, R. Terada, K. Ohno, M. Maeda, *Anal. Sci.*, **15**, 339 (1999)．(b) 591.18 nm における吸収の pH 依存性．Z. Tamura, R. Terada, K. Ohno, M. Maeda, *Anal. Sci.*, **15**, 339 (1999)．

図 5.10　ブロモフェノールブルーの pH による構造変化

Z. Tamura, R. Terada, K. Ohno, M. Maeda, *Anal. Sci.*, **15**, 339 (1999).

章末問題

基本問題

1. 式 (5.4) から，式 (5.14) および (5.15) を導け．
2. 強酸 – 強塩基滴定において，もし $K_W = 10^{-10}$ であった場合，滴定曲線の形はどうなるか．適当なソフトウェア（たとえば Excel）を用いて，その場合の滴定曲線を描け．式 (5.15) において，V_t/V_t を pH に対してプロットする．
3. 弱酸水溶液を強塩基水溶液で滴定するときの当量点の pH を表す式 (5.29) を式 (5.28) から導け．
4. 本書では，イオンの活量係数を常に 1 とし，活量と濃度は等しいとしている．弱酸を強塩基で滴定する際，この近似をする場合としない場合とで，当量点は異なるか異ならないかを考察せよ．
5. 弱酸水溶液を強塩基水溶液で滴定したとき，$pH = pK_a$ における解離度 α

を，式(5.31)の近似を用いずに求めよ．ただし弱酸の pK_a は，1.5×10^{-5} mol dm^{-3}，弱酸と強塩基水溶液の濃度をそれぞれ 0.001，0.01 mol dm^{-3} とする．

6 質量モル濃度で調製した滴定溶液(たとえば NaOH 水溶液)を用いて，試料である被滴定溶液(たとえば塩酸水溶液)を滴定すると，操作は簡便になるか面倒になるか，考察せよ．

発展問題

1 式(5.13)を p について 2 回微分し，変曲点の位置を確かめよ．

2 弱酸を弱塩基で滴定することを考える．滴定前の分析濃度 c_{HA}^0，容積 V_s の弱酸 HA を分析濃度 c_{BOH}^0 の弱塩基 BOH で滴定するとき，式(5.27)と同様に V_t/V_s を [H$^+$] の関数として表した滴定曲線の理論式を求めよ．また，そのときの滴定曲線を描け．

3 弱酸-強塩基滴定におけるグランプロットを考える．式(5.27)で，$c_{NaOH} \gg \Delta$，さらに $\alpha c_{HA} \gg \Delta$ なら，[H$^+$]V_{NaOH} を V_{NaOH} に対してプロットし，その直線部分を [H$^+$]$V_{NaOH} = 0$ に外挿することにより，当量点を求めることができる．このことを示せ．

第5章の Keywords ▶ 滴定(titration)，滴定剤(titrant)，被滴定溶液(titrand, analyte)，当量点(equivalence point)，滴定終点(end point)，滴定曲線(titration curve)，グランプロット(Gran plot)，指示薬(indicator)，分光滴定(spectrophotometric titration)

第 6 章 ポリプロトン酸の滴定

ポリプロトン酸やポリプロトン塩基の酸塩基平衡については，第 2 章で学んだ．たとえば，そこで出てきたジプロトン酸に強塩基を加えたときの pH を求める式は，滴定のときにそのまま使うことができる．

図 6.1 はカルボキシ末端とアミノ末端の他に二つのアミノ基と二つのカルボキシ基をもつペプチドを含む水溶液の滴定曲線である．これを解析すると，側鎖の解離基の pK_a は 4.22, 5.22, 9.91, 11.29 であることがわかる．

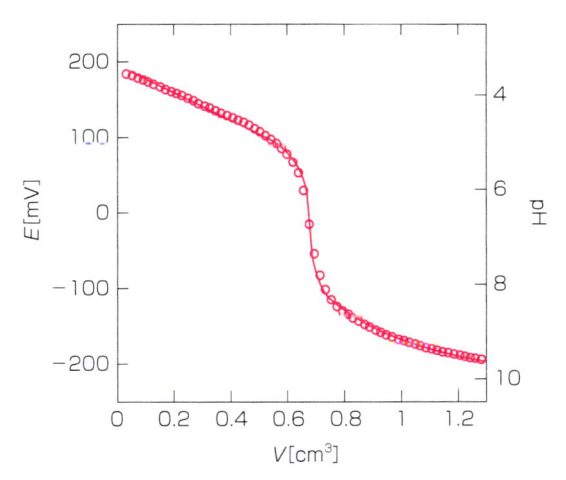

図 6.1 ポリペプチド Ac-Lys-Lys-(Ala)$_7$-Glu-Glu-NH$_2$ の滴定曲線
約 1 mmol dm^{-3} のポリペプチドを 0.01 mol dm^{-3} KOH でガラス電極を用いて電位差滴定した結果．J. Markowska, K. Baginska, A. Liwo, L. Chmurzynski, H. A. Scheraga, *Peptide Sci.*, **90**, 724(2008).

6.1 ジプロトン酸の滴定曲線

まず，ジプロトン酸 H$_2$A を強塩基(NaOH)で滴定することを考えよう．溶

液の電荷バランス条件は，第4章で出てきたように

$$[\mathrm{H}^+] - [\mathrm{OH}^-] = [\mathrm{HA}^-] + 2[\mathrm{A}^{2-}] - [\mathrm{Na}^+] \tag{6.1}$$

物質バランス条件は，第5章で学んだように，滴定では滴定の進行に伴って被滴定溶液の体積が変化することを考慮して

$$[\mathrm{H}_2\mathrm{A}] + [\mathrm{HA}^-] + [\mathrm{A}^{2-}] = \frac{V_\mathrm{s}}{V_\mathrm{s} + V_\mathrm{t}} c_{\mathrm{H}_2\mathrm{A}}^0 \tag{6.2}$$

$$[\mathrm{Na}^+] = \frac{V_\mathrm{t}}{V_\mathrm{s} + V_\mathrm{t}} c_{\mathrm{NaOH}}^0 \tag{6.3}$$

ここで，V_s と $c_{\mathrm{H}_2\mathrm{A}}^0$ は被滴定溶液の初期体積と仕込み濃度，V_t と c_{NaOH}^0 はそれに加えた滴定溶液の体積と濃度である．$\mathrm{H}_2\mathrm{A}$ の第一および第二解離平衡の定数をそれぞれ $K_{\mathrm{a}1}$，$K_{\mathrm{a}2}$ とすると，式(6.2)と(6.3)を式(6.1)に代入することにより，次式を得る．

$$\frac{V_\mathrm{t}}{V_\mathrm{s}} = \frac{(\alpha_1 + 2\alpha_0) c_{\mathrm{H}_2\mathrm{A}}^0 - \Delta}{c_{\mathrm{NaOH}}^0 + \Delta} \tag{6.4}$$

α_1 と α_0 は HA^- と A^{2-} の分率である（第4章参照）．モノプロトン酸 HA を強塩基で滴定するときの式（第5章の式5.27）と比べると，右辺の分子の α が $\alpha_1 + 2\alpha_0$ に置き換わっている．

この式を用いて計算した，$\mathrm{H}_2\mathrm{A}$ 水溶液を強塩基水溶液で滴定したときの滴定曲線の形を図6.2に示す．また，p$K_{\mathrm{a}2}$ をそれぞれ1と2アルカリ側にずらし

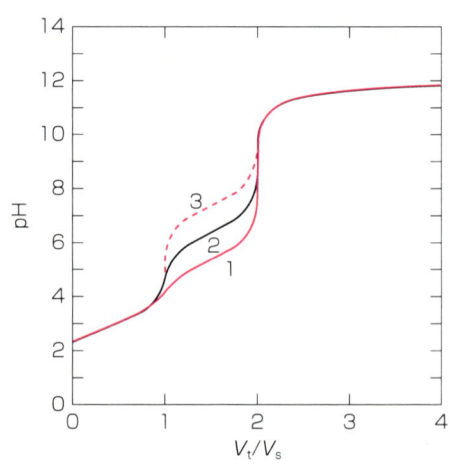

図6.2 0.02 mol dm^{-3} の $\mathrm{H}_2\mathrm{A}$ 水溶液を同濃度の強塩基水溶液で滴定した場合の滴定曲線の形

曲線1：pK_1＝2.95，pK_2＝5.41（フタル酸の場合），曲線2：pK_1＝2.95，pK_2＝6.41，曲線3：pK_1＝2.95，pK_2＝7.41．

た場合も示す.

曲線1のpH 4～5付近の最初の変曲点は第一当量点で，ここでは $V_{H_2A} c^0_{H_2A} = V_t c^0_{NaOH}$ である．また，pH = 6～11 あたりの急な変化は第二当量点であり，ここで再び，$V_{H_2A} c^0_{H_2A} = V_t c^0_{NaOH}$ である．弱酸である H_2A がこの点で最終的に滴定されてしまったと考えてよい．

図 6.2 には，pK_2 がよりアルカリ側にある場合も示してある．第一解離と第二解離の差が大きくなるほど，最初の当量点でのpH変化が明瞭になり，その分だけ第二当量点での変化は小さくなる．

6.2 ジプロトン酸の滴定曲線の形

第一当量点のpHは，H_2A のアルカリ金属塩，たとえばナトリウム塩 NaHA 水溶液で，NaHA の濃度がこの当量点での Na^+ 濃度と等しい場合のpHと同じである．第4章ですでに検討したように，このpHは塩濃度が十分に高くなければ $(pK_{a1} + pK_{a2})/2$ からはずれる．図 6.3(a)はシュウ酸の滴定に対応する滴定曲線を，(b)はそれに伴う H_2A，HA^-，A^{2-} の分率の変化を示す．この場合，第一当量点はシュウ酸のアニオンの分率が最大となる pH = $(pK_{a1} + pK_{a2})/2$ よりかなりアルカリ側にあることがわかる[*1]．

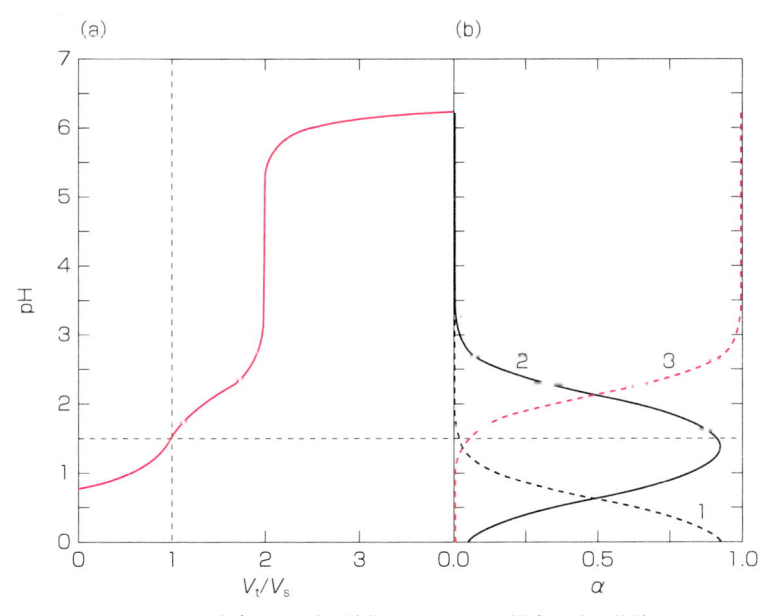

*1 発展問題①参照．

図 6.3 ジプロトン酸を強塩基で滴定した場合の滴定曲線

(a) $0.05\ mol\ dm^{-3}$ の H_2A 水溶液を $0.1\ mol\ dm^{-3}$ の強塩基水溶液で滴定した場合の滴定曲線の形．$pK_1 = 1.25$，$pK_2 = 4.27$ (シュウ酸の場合)．(b)滴定に伴う H_2A (曲線1)，HA^- (曲線2)，A^{2-} (曲線3)の分率の変化．図中の縦の破線は当量点を，横の破線は pH = $(pK_1 + pK_2)/2$ を示す．

6.3 リン酸水溶液の滴定曲線

H_3PO_4 は最も重要なトリプロトン酸(三塩基酸)であり,三段階の解離を示す.

$$H_3PO_4 = H^+ + H_2PO_4^- \quad K_{a1} = 10^{-2.148} = 7.11 \times 10^{-3} \tag{6.5}$$

$$H_2PO_4^- = H^+ + HPO_4^{2-} \quad K_{a2} = 10^{-7.198} = 6.34 \times 10^{-8} \tag{6.6}$$

$$HPO_4^{2-} = H^+ + PO_4^{3-} \quad K_{a3} = 10^{-12.35} = 4.6 \times 10^{-13} \tag{6.7}$$

これら H_3PO_4,$H_2PO_4^-$,HPO_4^{2-},PO_4^{3-} の分率 α_3,α_2,α_1,α_0 は,ジプロトン酸の場合と同様に,次の式で表される.

$$\alpha_3 = [H^+]^3/A \tag{6.8}$$

$$\alpha_2 = [H^+]^2 K_{a1}/A \tag{6.9}$$

$$\alpha_1 = [H^+] K_{a1} K_{a2}/A \tag{6.10}$$

$$\alpha_0 = K_{a1} K_{a2} K_{a3}/A \tag{6.11}$$

ここで A は

$$A = [H^+]^3 + [H^+]^2 K_{a1} + [H^+] K_{a2} + K_{a1} K_{a2} K_{a3} \tag{6.12}$$

リン酸の滴定曲線は,H_2A の場合と同様に考えることにより

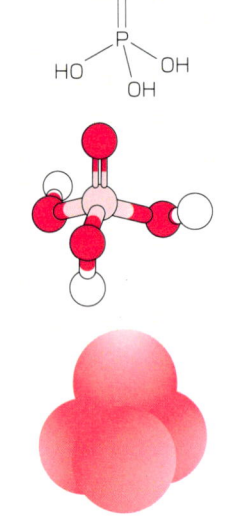

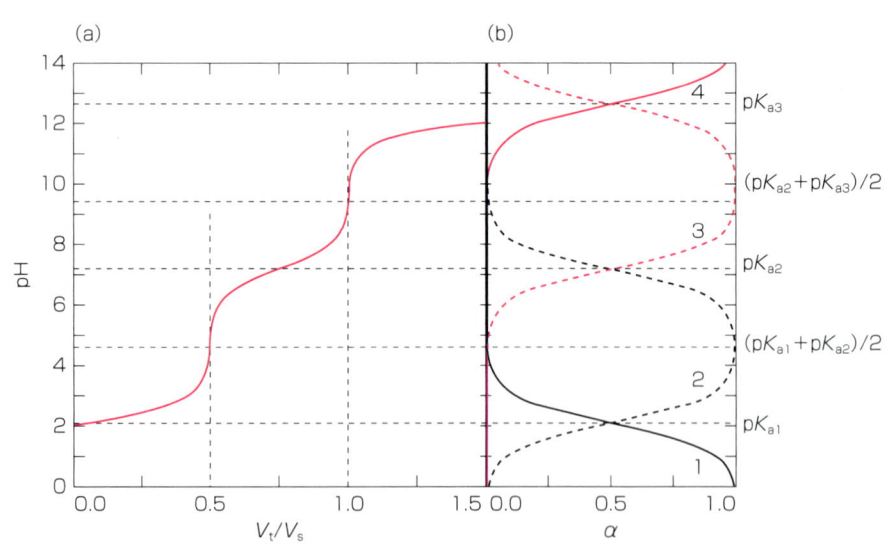

図 6.4 トリプロトン酸を強塩基で滴定した場合の滴定曲線

(a) 0.02 mol dm^{-3} のリン酸水溶液を 0.2 mol dm^{-3} の強塩基水溶液で滴定した場合の滴定曲線の形.$pK_1 = 2.15$,$pK_2 = 7.20$,$pK_3 = 12.35$ とした場合の例.(b) 滴定に伴う H_3PO_4(曲線1),$H_2PO_4^-$(曲線2),HPO_4^{2-}(曲線3),PO_4^{3-}(曲線4)の分率の変化.図中の縦の破線は当量点を,横の破線は pH の特性値を示す.

$$\frac{V_\mathrm{t}}{V_\mathrm{s}} = \frac{(\alpha_2 + 2\alpha_1 + 3\alpha_0)c^0_{\mathrm{H_2A}} - \varDelta}{c^0_{\mathrm{NaOH}} + \varDelta} \tag{6.13}$$

で与えられることがわかる．これを用いて計算した滴定曲線を図 6.4 に示す．

リン酸の $\mathrm{p}K_{\mathrm{a1}}$, $\mathrm{p}K_{\mathrm{a2}}$, $\mathrm{p}K_{\mathrm{a3}}$ は，それぞれ隣との間が 5 以上隔たっているから，第一当量点，第二当量点を考えるときは，それぞれ同じ $\mathrm{p}K_{\mathrm{a1}}$ と $\mathrm{p}K_{\mathrm{a2}}$ 値をもつジプロトン酸，$\mathrm{p}K_{\mathrm{a2}}$ と $\mathrm{p}K_{\mathrm{a3}}$ をもつジプロトン酸と考えるのはよい近似である．

6.4 滴定曲線の表現の一般化

式 (6.13) を，一般化してみよう．n 個の解離基をもつポリプロトン酸の強塩基滴定では，次の式になる．

$$\frac{V_\mathrm{t}}{V_\mathrm{s}} = \frac{(\sum_{j=1}^{n} j\alpha_{n-j})c^0_{\mathrm{H}_n\mathrm{A}} - \varDelta}{c^0_{\mathrm{NaOH}} + \varDelta} \tag{6.14}$$

それでは，酸や塩基の混合溶液を滴定する場合はどうなるだろうか．たとえば，2 種類のモノプロトン酸 HA1 と HA2 を含む溶液を強塩基で滴定する場合は，それぞれの濃度と解離定数を c^0_{HA1}, $K_{\mathrm{a,HA1}}$, および c^0_{HA2}, $K_{\mathrm{a,HA2}}$ とすると

$$\frac{V_\mathrm{t}}{V_\mathrm{s}} = \frac{\alpha_{\mathrm{HA1}} c^0_{\mathrm{HA1}} + \alpha_{\mathrm{HA2}} c^0_{\mathrm{HA2}} - \varDelta}{c^0_{\mathrm{NaOH}} + \varDelta} \tag{6.15}$$

と書くことができる[*2]．この式は，2 種類の酸が塩基に応答する様子は加算的であることを示している．

[*2] 基本問題3参照．

たとえば，フタル酸の第一解離定数と第二解離定数とそれぞれ同じ値をもつ 2 種類のモノプロトン酸があったとして，それらを等量含む溶液を作って強アルカリ水溶液で滴定すると，その滴定曲線の形はこの章の最初に調べたフタル酸の滴定の場合とほぼ完全に重なる．

一般に，n 種類のモノプロトン酸の混合溶液を滴定したときの滴定曲線の形は

$$\frac{V_\mathrm{t}}{V_\mathrm{s}} = \frac{\sum_{j=1}^{n} \alpha_j c^0_j - \varDelta}{c^0_{\mathrm{NaOH}} + \varDelta} \tag{6.16}$$

で表される[*3]．ここで α_j は化学種 j のモノプロトン酸の解離度，c^0_j はその仕込み濃度である．

[*3] R. de Levie, "Aqueous Acid-Base Equilibria and Titrations," Oxford Univ. Press (1999).

6.5 Na$_2$CO$_3$水溶液の滴定

Na$_2$CO$_3$水溶液を塩酸で滴定する場合，第4章のpHの計算と同様，大気中のCO$_2$との平衡がある場合とない場合を分けて考える必要がある．

電荷バランス条件は次式で表される．

$$\Delta = [\text{HCO}_3^-] + 2[\text{CO}_3^{2-}] - [\text{Na}^+] + [\text{Cl}^-] \tag{6.17}$$

6.5.1 大気中のCO$_2$との平衡がない場合[*4]

Na$_2$CO$_3$とHClの初期濃度をそれぞれ$c^0_{\text{Na}_2\text{CO}_3}$, c^0_{HCl}とし，滴定前のNa$_2CO_3$溶液の体積，およびそれに加えた塩酸の体積をそれぞれV_s, V_tとすると，次の二つの式が成り立つ．

$$[\text{Na}^+] = 2c^0_{\text{Na}_2\text{CO}_3}\left(\frac{V_s}{V_s + V_t}\right) \tag{6.18}$$

$$[\text{Cl}^-] = c^0_{\text{HCl}}\left(\frac{V_t}{V_s + V_t}\right) \tag{6.19}$$

これらと平衡条件を式(6.17)に代入すると，ジプロトン酸の滴定曲線と似た形の次式を得る．

$$\frac{V_t}{V_s} = \frac{(\alpha_1 + 2\alpha_0 - 2)c^0_{\text{Na}_2\text{CO}_3} - \Delta}{\Delta - c^0_{\text{HCl}}} \tag{6.20}$$

$$p = \frac{V_t c^0_{\text{HCl}}}{V_s c^0_{\text{Na}_2\text{CO}_3}} \quad \text{とおくと}$$

$$p = \frac{(\alpha_1 + 2\alpha_0 - 2) - \Delta/c^0_{\text{Na}_2\text{CO}_3}}{\Delta/c^0_{\text{HCl}} - 1} \tag{6.21}$$

これを用いて計算した滴定曲線を図6.5(a)に示す．

6.5.2 大気中のCO$_2$との平衡がある場合

大気中のCO$_2$との平衡がある場合は，次の式が成り立つ．

$$\frac{V_t}{V_s} = \frac{2c^0_{\text{Na}_2\text{CO}_3} - A + \Delta}{c^0_{\text{HCl}} + A - \Delta} \tag{6.22}$$

$$p = \frac{A/c_{\text{Na}_2\text{CO}_3} - \Delta/c_{\text{Na}_2\text{CO}_3} - 2}{\Delta/c_{\text{HCl}} - A/c_{\text{HCl}} - 1} \tag{6.23}$$

ここで，$A = K_H p_{\text{CO}_2}(K_1/[\text{H}^+] + 2K_1K_2/[\text{H}^+]^2)$である．

[*4] 大気とのCO$_2$のやりとりを考えないという条件は，実験的には，限りなく素早く滴定することに対応する．実際には，手早く滴定してもCO$_2$の大気への逃散が起きる．

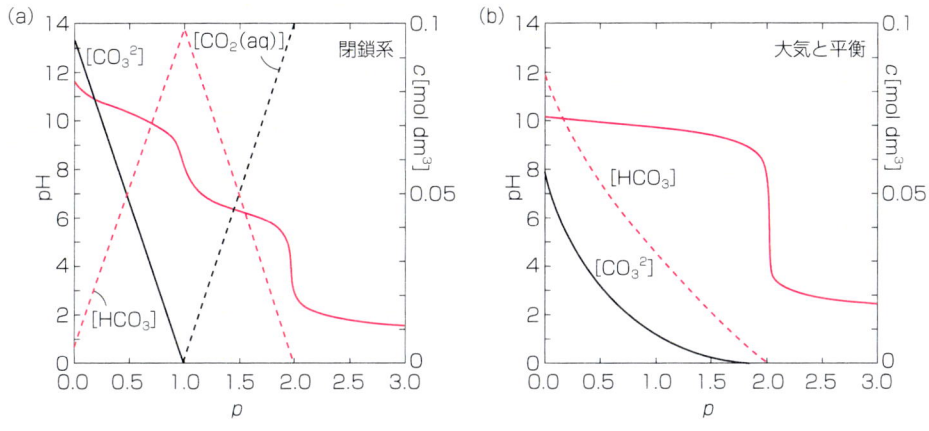

図 6.5 Na$_2$CO$_3$ 水溶液の HCl 溶液による滴定曲線

滴定曲線とその際の各成分の濃度の変化（単位は右側の縦軸）. 大気と平衡にない場合(a)とある場合(b). 0.1 mol dm^{-3} Na$_2$CO$_3$ 水溶液を 0.1 mol dm^{-3} HCl で滴定した場合について, 大気中の CO$_2$ 濃度を 380 ppm と仮定して計算.

　滴定曲線の形は, 図 6.5 の (a)（大気との交換なし）と(b)（大気との交換あり）ではかなり異なる. その理由は, 滴定に伴う各成分の変化を追うとわかる.

　開放系（図 6.5b）では, 4.2 節で見たように, CO$_2$ が大気から溶け込むことにより, 滴定する前には pH が閉鎖系の 11.66 から 10.16 に下がっている. HCl 水溶液の添加により pH が下がると, CO$_2$ が逆に大気中に逃散する. そのため, pH の減少は図 6.5(a) の黒線に比べて緩やかである.

　$p=1$ では, 図 6.5(b) の [CO$_3^{2-}$] と [HCO$_3^-$] の和は 0.042 mol dm^{-3} 程度だから, はじめに溶液中にあった炭酸のうち, 半分以上が大気中に出てしまっている. この時点では, 図 6.5(a) の場合とは異なり pH は 9.75 程度だから, 0.008 mol dm^{-3} 程度の [CO$_3^{2-}$] が溶液に残存している. したがって, $p=1$ では滴定曲線には変曲点は現れない.

　さらに滴定を続けると, $p=2$ の直前で pH がようやく 8 程度, つまり [CO$_3^0$] ≒ 0 となる. ほぼ同時に [HCO$_3^-$] も小さくなり, $p=2$ 前後で滴定曲線に変曲点が現れる. これは, はじめに加えた Na$^+$（2×10^{-1} mol dm^{-3}）が滴定されたと考えればよい. この時点で, はじめに加えた炭酸の式量濃度分は炭酸ガスとして大気中に出てしまうことがわかる. pH < 4, $p > 2$ では, 溶液中に存在する炭酸は [CO$_2$(aq.)] の形のみであり, その濃度は 4.2 節で見たように大気中の CO$_2$(380 ppm) との平衡で決まり, 1.31×10^{-5} mol dm^{-3} である.

章末問題

基本問題

[1] 式 (6.13) を導け.

② 式(6.15)を導け．
③ 式(6.20)を導け．
④ 平衡定数 pK_{a1} と pK_{a2} をもつジプロトン酸溶液と，pK_{a1} および pK_{a2} をもつ2種類のモノプロトン酸の混合溶液を，それぞれ強塩基で滴定する．このときの滴定曲線を描いて比較せよ．ただし，ジプロトン酸溶液と混合溶液の個々の酸の濃度は等しいとする．

発展問題

① シュウ酸の滴定では，図 6.2 に見られるように，第一当量点の pH は $(pK_{a1} + pK_{a2})/2$ よりもアルカリ側にある．この「ずれ」の程度は，シュウ酸濃度および強塩基の濃度に依存する．$pH = (pK_{a1} + pK_{a2})/2$ における p の値を計算して，このことを確かめよ．

② 同じことをリン酸の滴定について調べ，リン酸の第一当量点ではこの「ずれ」の程度がシュウ酸の場合より小さいことを確かめよ．

第6章の Keywords ▶ 4章, 5章と同じ.

第 7 章 緩衝作用と緩衝液

　化学反応，膜を介したプロトン輸送，表面での水素イオンなどの吸脱着など，さまざまな化学過程において，反応に伴って溶液に H^+ が発生あるいは消滅する．それに伴って溶液のpHは変動する．しかし，その溶液で起こる化学過程にかかわらず，pHが安定であってほしいことがしばしばある．錯形成，酸化還元，溶解，沈殿生成などの反応は，多くの場合，pHに大きく影響される．また酵素の触媒活性も，溶液のpHにきわめて敏感である．そこからも類推できるように，生命機能はごく狭いpH範囲で営まれているし，それを可能とする緩衝能を備えている．この章では，緩衝作用，緩衝能の基礎を考える．

7.1　緩衝作用

　溶液に酸もしくは塩基を加えたときに生じるpHの変化は，溶液中に存在する酸や塩基の性質，濃度，pH領域に依存することを，第5章の酸塩基滴定で見た．このとき，塩基を加えてもpHがあまり変化しない領域があり，この現象を「この溶液のpHは緩衝されている」と表現する．

　この緩衝の程度をもう少し詳しく見てみよう[*1]．

　酢酸水溶液のNaOH水溶液による滴定を想定して計算した滴定曲線を図7.1に示す．これは第5章で出てきたものと同じであるが，塩基を加えたときのpH変化が $pH = pK_a$ 付近では溶液中の弱酸濃度によって大きく違うことを示すために，(b)では横軸を p ではなく V_t/V_s としている．

　図7.1(a)からわかるように，pK_a 付近のpHでは，酸や塩基を添加してもpHはあまり変化しない．また，同物質量の塩基を加えたときの pK_a 付近におけるpHの変化は酸の濃度が高いほど小さく（図7.1b），したがってまた，酸の濃度が高いほどよりよい緩衝作用を示す．

　5.3.2項で，$c^0_{NaOH} \gg |\Delta|$ かつ $c^0_{HA} \gg |\Delta|$ のときには[*2]，式(5.30)

---

one point

pHが0.1違えば

　pHが0.1変わるとする．この差は小さいように見えるが，水素イオン濃度で考えると20%以上の変動になる（第1章の発展問題 2 参照）．これは大きな変化である．たとえば，健康なヒトの血液は 7.40 ± 0.05 に保たれていて，この範囲を超えると酸塩基平衡障害をきたす．

[*1] 緩衝液に用いられる主な弱酸，弱塩基の広い温度範囲における詳しい解離定数の値は，付表3を参照．

[*2] ヘンダーソンの近似．

7章 緩衝作用と緩衝液

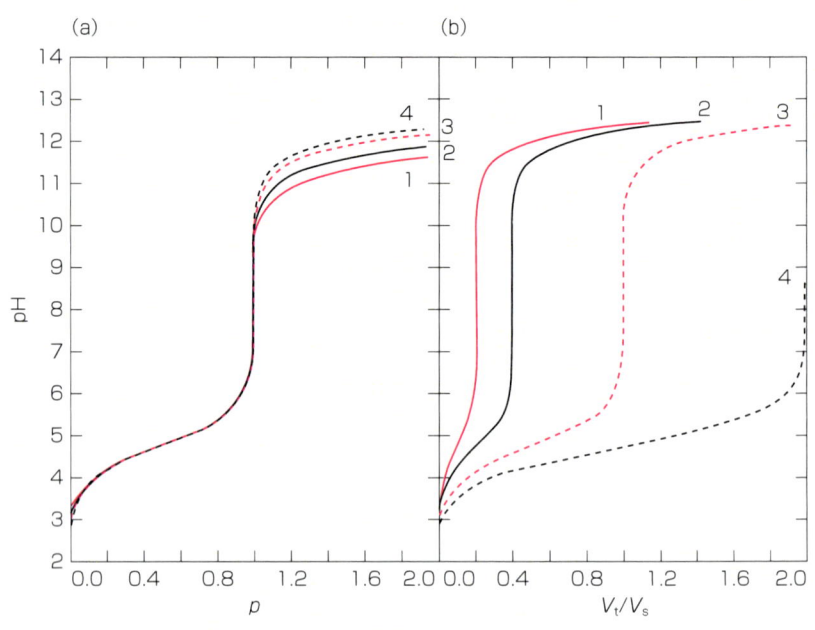

図 7.1　弱酸水溶液の強塩基水溶液による滴定曲線
(a)は式(5.24)を，(b)は式(5.27)を用いて計算した．$K_a = 10^{-4.756} = 1.754 \times 10^{-5}$ mol dm^{-3}，強塩基濃度：0.1 mol dm^{-3}，弱酸濃度：0.01(曲線 1)，0.02(曲線 2)，0.05(曲線 3)，0.1(曲線 4) mol dm^{-3}．

$$p = \frac{K_a}{[\mathrm{H^+}] + K_a} \tag{7.1}$$

が成り立つこと(つまり，滴定曲線の滴定率 p は HA の解離度とみなせること)を見た．まず，この式がヘンダーソン・ハッセルバルヒ式[*3]と等価であることを示そう．C_{NaA} と C_{HA} を NaA と HA の仕込み濃度とすると，次式がヘンダーソン・ハッセルバルヒ式である．

$$\mathrm{pH} = \mathrm{p}K_a + \log \frac{C_{\mathrm{NaA}}}{C_{\mathrm{HA}}} \tag{7.2}$$

*3　弱酸 HA とそのアルカリ金属塩 NaA の仕込み濃度がそれぞれ C_{HA}，C_{NaA} である溶液の pH を表す近似式．L. J. Henderson, *Am. J. Physiol.*, **21**, 173 (1908); K. A. Hasselbalch, *Biochem. Z.*, **78**, 112 (1917).

7.2　ヘンダーソン・ハッセルバルヒ式

式(7.1)を書き直すと

$$\begin{aligned}\mathrm{pH} &= \mathrm{p}K_a + \log \frac{c^0_{\mathrm{NaOH}} V_t}{c^0_{\mathrm{HA}} V_s - c^0_{\mathrm{NaOH}} V_t} \\ &= \mathrm{p}K_a + \log \frac{\dfrac{c^0_{\mathrm{NaOH}} V_t}{V_s + V_t}}{\dfrac{c^0_{\mathrm{HA}} V_t}{V_s + V_s} - \dfrac{c^0_{\mathrm{NaOH}} V_t}{V_s + V_t}}\end{aligned} \tag{7.3}$$

右辺第2項の分子($c_\mathrm{NaOH}^0 V_\mathrm{t}$)は，NaOH水溶液を$V_\mathrm{t}$加えた時点での，$\mathrm{Na}^+$の濃度である．加えたNaOHの分だけ，HAはNaAに(実際には完全解離しているのでA^-に)なっている．一方，分母は，HAのうちNaAにならなかったHAの濃度である．そのHAは一部解離してA^-になり，残りはHAの形で溶液に存在していると考えてよい．

この時点(この特定のpの値まで滴定した時点)での溶液組成は，弱酸HAとそのアルカリ塩(たとえばナトリウム塩NaA)を水に加えて，その濃度がそれぞれ次式になるようにしたときと同じものである．

$$C_\mathrm{HA} = \frac{c_\mathrm{HA}^0 V_\mathrm{s}}{V_\mathrm{s}+V_\mathrm{t}} - \frac{c_\mathrm{NaOH}^0 V_\mathrm{t}}{V_\mathrm{s}+V_\mathrm{t}} \tag{7.4}$$

$$C_\mathrm{NaA} = \frac{c_\mathrm{NaOH}^0 V_\mathrm{t}}{V_\mathrm{s}+V_\mathrm{t}} \tag{7.5}$$

いい換えれば，HAとNaAを物質量にしてそれぞれ$c_\mathrm{HA}^0 V_\mathrm{s} - c_\mathrm{NaOH}^0 V_\mathrm{t}$, $c_\mathrm{NaOH}^0 V_\mathrm{t}$量り取って[*4]，体積が$V_\mathrm{s}+V_\mathrm{t}$の溶液を作ったのと同じである．すなわち，仕込み濃度がそれぞれC_HAとC_NaAである溶液を作ったことになる[*5]．それゆえ式(7.1)は式(7.2)と等価である．

式(7.2)は第一に，溶液のpHは，弱酸とそのアルカリ金属塩の仕込み濃度で決まること，第二に，pHは濃度比だけで決まることを意味しており，緩衝液を作成するときに非常に便利な式である．

7.2.1 ヘンダーソン・ハッセルバルヒ式の適用範囲

式(7.1)(したがってまた式7.2)が成り立つ条件をもう少し詳しく吟味しよう．図7.2(a)に，酢酸水溶液の滴定曲線(赤線)と式(7.1)(つまり解離度のpH依存性：黒破線)を比較した．pK_a付近から当量点近くの広いpH範囲で，両者はよく一致していることがわかる．これは第5章で見たように，加えた強塩基が未解離の弱酸を解離させるために使われることを反映している．

その近似の程度をよりわかりやすくするために，図7.2(b)にpとαの比(p/α)のpHによる変化を示す．ここから，ヘンダーソン・ハッセルバルヒ式が最もよく成り立つのは，pH＝7を中心とする中性領域であることがわかる．

7.2.2 ヘンダーソン・ハッセルバルヒ式と緩衝液のpH

式(7.2)の近似の程度を調べてみよう．弱酸HAとその強塩基との塩NaAの仕込み濃度をそれぞれC_HA, C_NaAとすると，調製した溶液の$[\mathrm{H}^+]$について，次式を得る(基本問題1参照)．

[*4] 単位は物質量．

[*5] NaAは完全解離するので，こうして作った溶液のNa^+濃度は正確にC_NaAである．一方，HAのほうは何がしか解離するのでA^-もできる．しかし，上の式(7.4)の意味するところは，非解離のHAと解離したA^-の濃度の和であるので，HAの仕込み濃度そのものである．

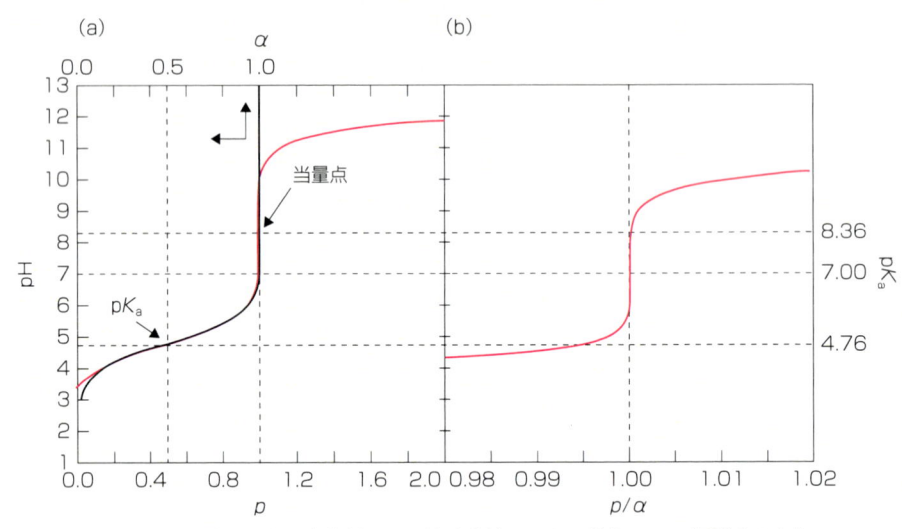

図7.2 弱酸水溶液の強塩基による滴定曲線とそれに伴うHAの解離度の変化

(a) 式(5.24)を用いて計算した弱酸水溶液の強塩基水溶液による滴定曲線(赤線)と，それに伴うHAの解離度αの変化(黒線)．$K_a = 1.754 \times 10^{-5}$ mol dm^{-3}(酢酸に相当)，弱酸濃度：0.01 mol dm^{-3}，強塩基濃度：0.1 mol dm^{-3}．(b) そのときのp/αのpH依存性．

$$\frac{[\mathrm{H}^+]}{K_a} = \frac{C_{\mathrm{HA}} - \Delta}{C_{\mathrm{NaA}} + \Delta} \tag{7.6}$$

これにヘンダーソンの近似を行うと，ヘンダーソン・ハッセルバルヒ式が出る．式(7.6)を直接解いた場合と，式(7.2)の結果を比べてみよう．

$pK_a = 4.756$，つまり酢酸緩衝液の場合を例に，C_{NaA}，C_{HA}，およびそれらの比によってpHがどう変わるかを計算した結果を表7.1に示す．

この酢酸緩衝液の例からわかることとして，まずヘンダーソン・ハッセルバルヒ式は，$C_{\mathrm{NaA}}/C_{\mathrm{HA}} > 1$(すなわちpH = pK_a付近からアルカリ側)では，当量点近くまで，濃度の低いところでもよく成り立つ．一方，$C_{\mathrm{NaA}}/C_{\mathrm{HA}} < 1$(すなわちpH = pK_a付近から酸性側)では，濃度があまり低くなくても真の値からかなりずれる．

これは，図7.2(b)で示されているp/αが，pK_a付近より酸性側のpHでは1からより大きくずれるのに対し，アルカリ側では当量点付近までほぼ1であるという事実に対応している．

たとえば，CH$_3$COONaとCH$_3$COOHをそれぞれ仕込み濃度1.00 mol dm^{-3}と1.00×10^{-3} mol dm^{-3}になるように作った溶液のpHをヘンダーソン・ハッセルバルヒ式で計算すると，7.756と4桁まで正確である[*6]．

しかしこの領域では，図7.2(a)からわかるように，緩衝作用は期待できない．それゆえ，緩衝作用の大きいpHの範囲と，ヘンダーソン・ハッセルバルヒ式が妥当なpHの範囲とは区別して考えなければならない．

[*6] 厳密解と比べてであって，実際にpHメータで測定した値との比較ではない．

表 7.1　式(7.2)と式(7.6)から pH を計算した結果の比較
$pK_a = 4.756$.

C_{NaA}/C_{HA}		pH(式 7.2)	pH(式 7.6)
1000	1.0/0.001	7.7560	7.7559
	0.1/0.0001		7.7536
100	1.0/0.01	6.7560	6.7560
	0.1/0.001		6.7560
	0.01/0.0001		6.7565
10	1.0/0.1	5.7560	5.7560
	0.1/0.01		5.7561
	0.01/0.001		5.7568
	0.001/0.0001		5.7642
1	1.0/1.0	4.7560	4.7560
	0.1/0.1		4.7560
	0.01/0.01		4.7561
	0.001/0.001		4.7575
	0.0001/0.0001		4.7707
0.1	0.1/1.0	3.7560	3.7568
	0.01/0.1		3.7641
	0.001/0.01		3.8233
	0.0001/0.001		4.0649
0.01	0.01/1.0	2.7560	2.7706
	0.001/0.1		3.0410
	0.0001/0.01		3.4387

　表 7.1 の場合，緩衝作用が大きい pH = pK_a（つまり $C_{NaA}/C_{HA} = 1$）のところでは，濃度を 1 mmol dm^{-3} まで下げても 3 桁まで正確だから[*7]，実用的にはヘンダーソン・ハッセルバルヒ式は広い pH 範囲で使える近似である．しかしより酸性側では，溶液の緩衝作用はあるが式(7.2)は怪しくなることも知っておこう．

[*7] 濃度を変えるとイオン強度が低下するので，活量係数が変化することによる pH の変化が実際には生じる．

7.3　緩衝能

　緩衝作用の大きさをより定量的に考えてみよう．図 7.1(b)で見たように，緩衝作用の大きさは弱酸の濃度に依存する．滴定曲線の傾きは，横軸は加えた塩基の体積（ないしはそれに比例する量）だから濃度に依存するが，緩衝作用の大きさ（すなわち緩衝能の尺度）が，加えた塩基や酸の量に依存するのはまずい．そのため，滴定曲線の傾きがそのまま緩衝作用の尺度にはならない．

[*8] 緩衝作用の定量的な尺度を表す言葉として，緩衝能（buffer capacity），緩衝単位（buffer unit），緩衝値（buffer value），緩衝指数（buffer index），緩衝強度（buffer intensity）などさまざまな名前があるが，どれも β のことを指している．

7.3.1　緩衝能の尺度

　溶液の緩衝能の大きさを表す**緩衝価**（buffer capacity）β[*8] は，その溶液の pH

[*9] D. D. van Slyke, *J. Biol. Chem.*, **52**, 525 (1922).

を $\Delta \mathrm{pH}$ だけ変化させるために溶液に加えた強塩基または強酸の量 (Δn_b または Δn_a) を，その溶液の体積 V_s あたりで表したものである[*9]．つまり

$$\beta = \frac{\Delta n_\mathrm{b}/V_\mathrm{s}}{\Delta \mathrm{pH}} = -\frac{\Delta n_\mathrm{a}/V_\mathrm{s}}{\Delta \mathrm{pH}}$$

ここでは，塩基を加えた場合と酸を加えた場合とで pH の変化が逆になることを考慮して，最後の項に負号をつけた．

Δn_b および Δn_a と V_s の単位をそれぞれ mol と dm^3 とすると，加えた塩基，酸の量を容量モル濃度で表現できる．これを Δc_b, Δc_a とする．β をより正確に定義するには変化を無限小にすべきであり，次式が導かれる．

$$\beta = \frac{\partial c_\mathrm{b}}{\partial \mathrm{pH}} = -\frac{\partial c_\mathrm{a}}{\partial \mathrm{pH}} \tag{7.8}$$

これが，緩衝能の定量的な尺度である．その値をモノプロトン酸とその塩の混合溶液を例にとって見てみよう．

強酸 HCl と強塩基 NaOH の濃度がそれぞれ c_a, c_b であり，弱酸 HA の式量濃度が c_s mol dm^{-3} である水溶液を考える．この溶液の電気的中性は次式で表される．

$$[\mathrm{H}^+] + [\mathrm{Na}^+] = [\mathrm{A}^-] + [\mathrm{OH}^-] + [\mathrm{Cl}^-] \tag{7.9}$$

[*10] R. de Levie, *Chem. Educator*, **7**, 132 (2002); *J. Chem. Educ.*, **80**, 146 (2003).

[*11] この混同は，分析化学や生化学の少なからぬ教科書で見られるので要注意である．

物質収支条件と弱酸の解離平衡を考えると，次式が成り立つ．

プラスアルファ ヘンダーソン・ハッセルバルヒ式に関する注意[*10]

1 ヘンダーソン・ハッセルバルヒ式は，上の議論からもわかるように近似式である．

2 これを，一般的な解離平衡の式

$$\mathrm{pH} = \mathrm{p}K_\mathrm{a} + \log \frac{[\mathrm{A}^-]}{[\mathrm{HA}]} \tag{7.7}$$

と混同してはいけない[*11]．

3 ヘンダーソン・ハッセルバルヒ式の利点は，①こちらが調製した (量り取った) HA と NaA の濃度から pH を計算できる ($\mathrm{p}K_\mathrm{a}$ がわかっているとして) こと，②これより，ある pH の緩衝溶液を容易に作れること，である．

4 式 (7.2) は，pH は NaA と HA の濃度比だけで決まり，比を一定に保ったまま濃度を変えても pH は変わらないことを意味しているが，実際には，①活量係数が濃度に依存する，②上記の近似が悪くなる，という二つの理由で，濃度比を一定に保っても，溶液を希釈したり濃縮すると一般に pH は変化する．

5 ヘンダーソン・ハッセルバルヒ式は，$\mathrm{p}K_\mathrm{a}$ を中心におおむね対称的である．しかし実際には，$\mathrm{p}K_\mathrm{a}$ が酸性側にある場合 (酢酸緩衝液など) は，濃度比 $C_\mathrm{NaA}/C_\mathrm{HA}$ を 1 から小さくするほうが pH のずれが大きくなる．$\mathrm{p}K_\mathrm{a}$ がアルカリ側にある場合はその逆になる．

6 ポリプロトン酸などには，$\mathrm{p}K_\mathrm{a}$ どうしが十分に離れていない限り，使えない．

$$c_\mathrm{b} = \frac{K_\mathrm{a} c_\mathrm{s}}{[\mathrm{H^+}] + K_\mathrm{a}} - \Delta + c_\mathrm{a} \tag{7.10}$$

この c_b を $[\mathrm{H^+}]$ について微分すると，次式を得る（基本問題 1 参照）．

$$\frac{1}{\ln(10)} \frac{\partial c_\mathrm{b}}{\partial \mathrm{pH}} = \frac{[\mathrm{H^+}] K_\mathrm{a} c_\mathrm{s}}{([\mathrm{H^+}] + K_\mathrm{a})^2} + [\mathrm{H^+}] + [\mathrm{OH^-}] \tag{7.11}$$

あるいは

$$\beta = \ln(10)\{[\mathrm{H^+}] + \alpha_0 \alpha_1 c_\mathrm{s} + [\mathrm{OH^-}]\} \tag{7.12}$$

ここで α_1 と α_0 は，弱酸の全濃度に対する，解離したもの，解離していないものの割合である．すなわち

$$\alpha_1 = \frac{K_\mathrm{a}}{[\mathrm{H^+}] + K_\mathrm{a}} = \frac{[\mathrm{A^-}]}{[\mathrm{HA}] + [\mathrm{A^-}]} \tag{7.13}$$

緩衝能は弱酸の総濃度に依存し，その濃度が極端に小さくなければ濃度にほぼ比例して大きくなる．式(7.12)の右辺の $[\mathrm{H^+}]$ と $[\mathrm{OH^-}]$ は今考えている弱酸の緩衝能とは関係なく，強酸領域と塩基性領域での塩基および酸としての β に対する水の寄与を表す[*12]．

$K_\mathrm{a} = 2.82 \times 10^{-8}\,\mathrm{mol\,dm^{-3}}$ をもつ HEPES（N'-2-ヒドロキシエチルピペラジン-N'-2-エタンスルホン酸）からなる緩衝液の場合について，弱酸の β の pH 依存性を図 7.3 に示す．

c_s が十分に大きいときは，式(7.11)をもう一度 $[\mathrm{H^+}]$ について微分するとわかるように[*13]，β は $[\mathrm{H^+}] = K_\mathrm{a}$，つまり $\mathrm{pH} = \mathrm{p}K_\mathrm{a}$ で最大となる．このとき，緩衝価の最大値 β_max は，式(7.11)より

*12 このような領域で緩衝作用を示す溶液は，擬緩衝液（pseudo buffer）と呼ばれることがある．D. D. ペリン，B. デンプシー著，辻啓一訳，『緩衝液の選択と応用』，講談社 (1981)．

*13 右辺の $[\mathrm{H^+}]$ と $[\mathrm{OH^-}]$ を無視して $[\mathrm{H^+}]$ について微分する．これらの項がきいてくる領域では $\mathrm{HA}/\mathrm{A^-}$ による緩衝効果はない．

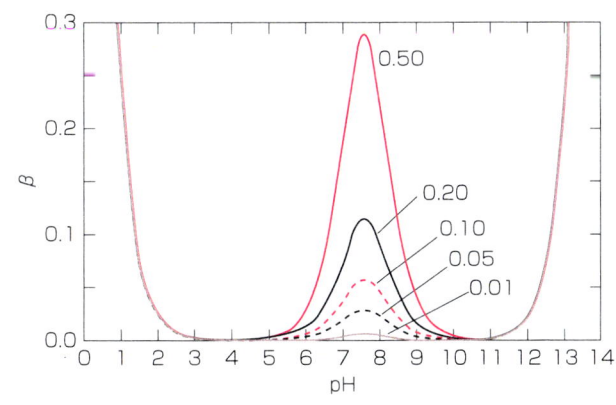

図 7.3 HEPES 水溶液の緩衝価

$K_\mathrm{a} = 10^{-7.55} = 2.82 \times 10^{-8}\,\mathrm{mol\,dm^{-3}}$．図中の数字は HEPES の総濃度 $(\mathrm{mol\,dm^{-3}})$ を示す．

$$\beta_{\max} = \ln(10)\frac{c_s}{4} \tag{7.14}$$

で与えられる．

　緩衝価の最大値は濃度だけで決まり，酸の化学的差異は現れない．また，その緩衝作用を示すpH領域の幅も同じである．

　pK_a付近の緩衝価はもちろんHEPESによるが，図7.3を見ると酸性側とアルカリ性側の両端でβが急に上昇しているのがわかる．これらの大きなβの値は滴定曲線の傾きが両端で緩やかになることに対応しているもので，弱酸，弱塩基の緩衝作用によるものではなく，強酸，強塩基水溶液の性質である．前者の緩衝作用は溶液を希釈してもpHがさほど変化しない（表7.1）のに対し，この両端での緩衝価は希釈に「弱い」．つまり，この領域で溶液を10倍希釈すると，pHは約1変化してしまう．

7.3.2　ポリプロトン酸・塩基の緩衝能

　ジプロトン酸を1種類含む水溶液の緩衝能は，次のように考えればよい．第4章でジプロトン酸水溶液のpHを求めたときに使った電気的中性条件（式4.11）を，その溶液に強アルカリを加えてその濃度をc_bとしたときに拡張すると

$$c_b = c_{PA}\frac{[\mathrm{H^+}]K_{a1}+2K_{a1}K_{a2}}{[\mathrm{H^+}]^2+[\mathrm{H^+}]K_{a1}+K_{a1}K_{a2}}-[\mathrm{H^+}]+[\mathrm{OH^-}] \tag{7.15}$$

プラスアルファ

HEPESとグッド緩衝液

　HEPESは次のように電離する．

$$\mathrm{BH+SO_3^-} \rightleftarrows \mathrm{H^+ + BSO_3^-}$$

HEPESは金属イオンに対する配位性が弱く，また非常に親水性で生体膜透過性が低いので，生化学実験に広く用いられる．これを含めて12種類の生化学用の緩衝液が，Goodらによって1966年に発表された．これらをグッド緩衝液（Good buffer）という．いずれも，①中性のpH領域で機能する，②親水性が大きく細胞膜を透過しにくい，③目的の化学反応や生化学反応に関与しない，④細胞毒性が低い，⑤酵素を阻害せず，酵素により分解されない，⑥紫外可視領域で光を吸収しない，⑦金属イオンへの配位性が弱い，などを目的として開発された．しかし，実際にはこれらの条件すべてが満たされるわけではないので，それらの特徴を把握して用いる必要がある．HEPESの他に，MES, ADA, PIPES, ACES, BES, TES, Tricineなどがある．これらの構造とpK_a値については付表1を参照のこと．また，それぞれの性質や特徴は，巻末の参考文献に挙げたペリン・デンプシーの本の日本語訳が有用である．

N. E. Good, G. D. Winget, W. Winter, T. N. Connolly, S. Izawa, R. M. M. Singh, *Biochemistry*, **5**, 467(1966); W. J. Ferguson, K. I. Braunschweiger, W. R. Braunschweiger, J. R. Smith, J. J. Mccormick, C. C. Wasmann, N. P. Jarvis, D. H. Bell, N. E. Good, *Anal. Biochem.*, **104**, 300(1980).

$$\beta/\ln(10) = [\mathrm{H}^+] + (\alpha_2\alpha_1 + 4\alpha_2\alpha_0 + \alpha_1\alpha_0)c_\mathrm{s} + [\mathrm{OH}^-] \tag{7.16}$$

トリプロトン酸が1種類の場合は次式になる.

$$\beta/\ln(10) = [\mathrm{H}^+] + (\alpha_3\alpha_2 + 4\alpha_3\alpha_1 + 9\alpha_3\alpha_0 + \alpha_2\alpha_1 + 4\alpha_2\alpha_0 + \alpha_1\alpha_0)c_\mathrm{s} \\ + [\mathrm{OH}^-] \tag{7.17}$$

リン酸の場合について,式(7.17)を使って計算した緩衝価を図7.4に示す.

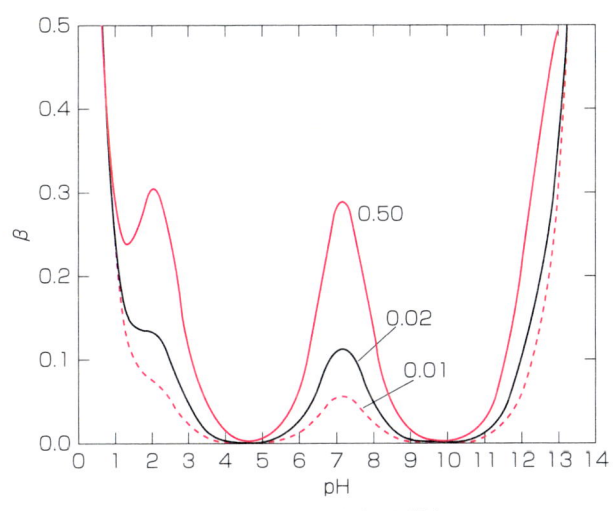

図7.4 リン酸水溶液の緩衝価

$\mathrm{p}K_1 = 2.12$, $\mathrm{p}K_2 = 7.21$, $\mathrm{p}K_3 = 12.67$. 図中の数字はリン酸の総濃度(mol dm^{-3})を示す.

7.3.3 緩衝作用の加成性と広域緩衝液

第5章で,複数の弱酸または塩基が溶液に含まれていると,「別々に」滴定されることを見た.これを反映して,複数種の弱酸または弱塩基が含まれた溶液では,その緩衝能はその和になる.$\mathrm{p}K_\mathrm{a}$ の異なる2種類の弱酸 HA_1 と HA_2 をそれぞれ c_{HA_1}, c_{HA_2} 含む溶液について,β を同様に求めると

$$\beta/\ln(10) = [\mathrm{H}^+] + \alpha_{\mathrm{HA}_1}\alpha_{\mathrm{A}_1^-}c_{\mathrm{HA}_1} + \alpha_{\mathrm{HA}_2}\alpha_{\mathrm{A}_2^-}c_{\mathrm{HA}_2} + [\mathrm{OH}^-] \tag{7.18}$$

ここで,α_i は i($i = \mathrm{HA}_1$, A_1^-, HA_2, A_2^-)の分率である.ここからわかるように,右辺の第2項,第3項で表される HA_1 と HA_2 を含む水溶液の緩衝能は,それぞれが単独に含まれる溶液の緩衝価の和になっている.しかし,それぞれ単独の β の和をとった場合とは,両端の $[\mathrm{H}^+]$ と $[\mathrm{OH}^-]$ の部分だけ違う.

一般に n 種類のモノプロトン酸が含まれているときは,次式が成り立つ.

$$\beta/\ln(10) = [\mathrm{H}^+] + \sum_i^n \alpha_{i0}\alpha_{i1}c_{i,\mathrm{s}} + [\mathrm{OH}^-] \tag{7.19}$$

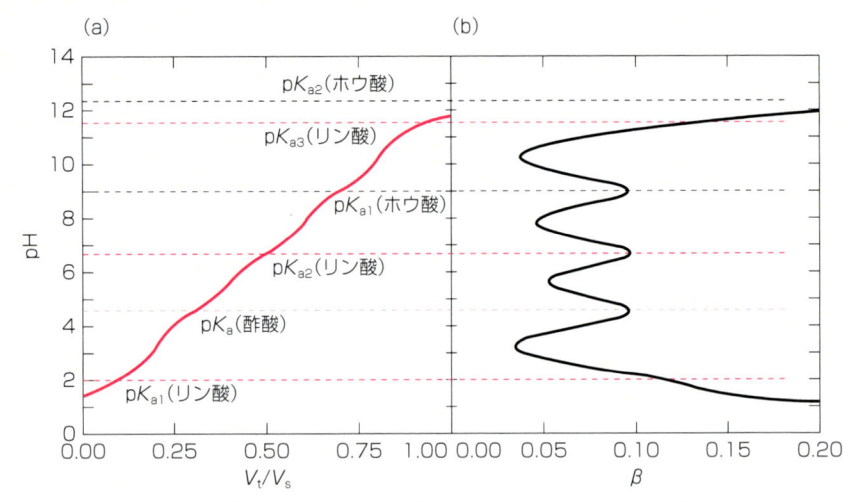

図 7.5 Prideaux-Ward 緩衝液の滴定曲線(左)と緩衝価(右)

pK_a の値(25℃)は,酢酸($pK_a=4.55$),リン酸($pK_{a1}=1.94$, $pK_{a2}=6.72$, $pK_{a3}=11.64$),ホウ酸($pK_{a1}=9.02$, $pK_{a2}=12.34$, $pK_{a3}=13.00$). C. M. Fernandez, V. C. Martin, *Talanta*, **24**, 747(1977) の値を用いて計算した.

この性質を利用すると,広い pH 範囲で緩衝作用をもつ緩衝液を作ることができる.よく知られているのは,酢酸,リン酸,ホウ酸を混合した Prideaux-Ward 緩衝液である[*14].

これはモノプロトン酸1種類とトリプロトン酸2種類の混合溶液であり,その緩衝価は,それら個々の緩衝価の和になる.これら3種類の酸の混合溶液を NaOH 水溶液で滴定したときの滴定曲線を図 7.5(a)に,またその緩衝価の pH 依存性を図 7.5(b)に示す.

7.3.4 緩衝液の実際

緩衝液に用いる弱酸の選択には,目的とする pH 付近に pK_a をもつものを選ぶ必要があるのはもちろんだが,それ以外に,使用する溶液中で沈殿,着色,錯生成,酵素阻害,脂溶性,細胞毒性などがないかどうか注意する必要がある[*15].

実用的には,イオン強度によって pK_a が変化することにも注意を払う必要がある.表 7.2 に,イオン強度 $0.1\ mol\ dm^{-3}$, HEPES 仕込濃度を $0.05\ mol\ dm^{-3}$ として,pH を $pK_a \pm 0.1$ の範囲で変えた溶液を調製するレシピを示す[*16].

[*14] この緩衝液で,pH1.90〜11.91 の範囲でイオン強度を一定($0.3\ mol\ dm^{-3}$)にするための溶液組成については,C. F. Fernández, V. C. Martin, *Talanta*, **24**, 747(1977)を参照.

[*15] D. D. ペリン,B. デンプシー著,辻啓一訳,『緩衝液の選択と応用』,講談社(1981)が有用.

[*16] これは発展問題②による計算値なので,実際には作成した溶液を pH メータで測定して正確な値を知るのがよい.

表 7.2 仕込濃度 0.05 mol dm^{-3} の HEPES 緩衝液の調製

$I = 0.1$ mol dm^{-3}, 25 ℃. 11.915 g の HEPES を含む水溶液に 1mol dm^{-3} の NaOH と 1mol dm^{-3} の NaCl を以下の量だけ加え,水を加えて 1L にする(L ≡ dm^3).

pH	添加量 [mL]	
	NaOH 溶液	NaCl 溶液
6.6	4.0	96.0
6.8	6.0	94.0
7	8.9	91.1
7.2	12.8	87.2
7.4	17.6	82.4
7.6	23.1	76.9
7.8	28.9	71.1
8	34.2	65.8
8.2	38.7	61.3
8.4	42.2	57.8
8.6	44.8	55.2

章末問題

基本問題

1. HA と NaA の仕込濃度をそれぞれ C_{HA}, C_{NaA} とする溶液について,式(7.6)が成り立つことを示せ.
2. 式(7.10)から式(7.11)を導け.
3. 式(7.11)から式(7.14)を導け
4. 図 7.3 の緩衝価が最大の半分のときの pH の幅(半値幅)は,$\log(3 - 2\sqrt{2}) - \log(3 - 2\sqrt{2}) = 1.5311$ で与えられることを示せ.

発展問題

1. 弱酸–強塩基滴定の滴定曲線の傾きから緩衝価を表す式を求めよ.
2. 表 7.2 を作成せよ.

第7章の Keywords

緩衝液(buffer solution),緩衝価(buffer capacity),緩衝作用(buffer action),ヘンダーソン・ハッセルバルヒ式(Henderson–Hasselbalch equation),ヘンダーソン近似(Henderson approximation)

第8章 錯生成平衡

　一般に，ルイス（Lewis）酸である金属イオンとルイス塩基である配位子の間で錯体（錯イオン）が生成する反応を錯生成反応という．溶液中のブレンステズ酸－塩基反応が酸と塩基の間の平衡であるのと同じように，金属イオンと配位子間で錯生成平衡が成り立つ．

　金属錯体はさまざまな分野で利用されている．たとえば，色素増感太陽電池にはルテニウム錯体が多用されている．この錯体は置換不活性なので，溶媒に溶かしても錯体が金属イオンと配位子に解離することはない．しかし，錯体が部分的に解離してしまう場合もある．ヘモグロビンの機能の中核をなすヘムは鉄のポルフィリン錯体である．酸素分圧や二酸化炭素分圧に応じて，これらを結合したり解離したりする．これにより，酸素や二酸化炭素を肺と末端組織の間で輸送することができる．このように，生体は錯生成をうまく利用しているし，先端科学や技術においても錯生成は重要な役割を果たしている．これらの原理や機構の理解には錯生成平衡の理解が欠かせない．

　一方，分析化学においては，錯滴定による金属イオンの定量，比色分析，金属イオンの溶媒抽出などの方法が錯生成平衡に立脚して確立されており，これらの原理は錯生成平衡を基礎にして理解できる．

　錯体を理解するうえでも，またその機能を利用するうえでも，特定の条件下でどのような錯体がどれだけ生じるのかを知ることが必要である．錯体の濃度を実験的に直接計測できないことも多く，その場合には平衡計算に基づいてその濃度を見積もらなければならない．そのためには錯生成平衡の理解が必須である．

　この章では，溶液における錯形成平衡と，錯形成反応を利用する錯滴定の平衡論的な基礎について学ぶ．

8.1 逐次生成定数と全生成定数

8.1.1 金属イオンと配位子

水中に溶存している金属イオンの周りには水が配位しており，水和イオンを形成している．第一遷移金属イオンには6個の水分子が直接配位していることが多い．たとえば，Mn^{2+} は水中では $Mn(H_2O)_6^{2+}$ の形で溶存している．水を**配位子**(ligand)として Mn^{2+} が六水和錯体を形成していることを示しているが，同時に酸塩基反応の概念では，ルイス酸である Mn^{2+} がルイス塩基である水と反応していると解釈することもできる．たとえば，この溶液に電気的に中性の配位子(L)が加えられたとする．配位子の配位能力に応じて以下の置換反応が起き得る．

$$[Mn(H_2O)_6]^{n+} + L \rightleftharpoons [ML(H_2O)_{6-y}]^{n+} + yH_2O \tag{8.1}$$

しかし，一般的に水中の反応を取り扱う限り，水が金属イオンに配位していることは意識する必要がない．また平衡定数に水は現れないので，単に

$$M^{n+} + L \rightleftharpoons M^{n+}L \tag{8.2}$$

と表すことが多い．

金属イオンと錯体を形成する配位子には種々のものがあるが，電子供与体となり得る原子を含む分子またはイオンである．したがって，ハロゲン化物イオンなどの陰イオンは配位子になり得るし，電気的に中性であっても酸素原子や窒素原子を含む分子は多くの場合配位子として働く．

一分子中に配位原子を一つだけ含むものを単座配位子，二つ以上含むものを多座配位子という．前者の代表的なものに，ハロゲン化物イオン，アンモニア，水などがあり，後者にはエチレンジアミン，ビビリジン，アミノ酸類，シュウ酸，クラウンエーテルなどがある．

本書では配位子の選択性についての議論はしないが，遷移金属イオンの電子配置と錯体の幾何学，硬い酸塩基と柔らかい酸塩基(HSAB則, Hard and Soft Acids and Bases)[*1]，配位空間の大きさなどの概念を知っていると役に立つ．

8.1.2 単座配位子の例：アンモニア

代表的な単座配位子であるアンモニアについてもう少し考えてみよう．アンモニアはルイス塩基であると同時にブレンステズ塩基である．したがって，プロトン化してアンモニウムイオンを生成する．

$$NH_3 + H_2O \rightleftharpoons NH_4^+ + OH^- \tag{8.3}$$

---

one point

第一遷移金属

周期表の3〜11族までの，d軌道，f軌道が閉殻になっていない元素を遷移元素または遷移金属という．第一遷移金属は，3d軌道が閉殻になっていないScからCuまでを指すが，3d軌道が閉殻になっているZnを含めることもある．

エチレンジアミン

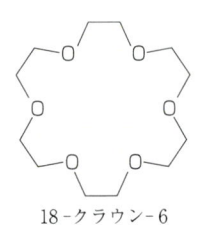

シュウ酸

ビビリジン

18-クラウン-6

[*1] R. G. Pearson, *J. Am. Chem. Soc.*, **85**, 3533 (1963).

$$NH_3 + H^+ \rightleftharpoons NH_4^+ \tag{8.3'}$$

式(8.3)の平衡定数($K_b = [NH_4^+][OH^-]/[NH_3]$)はアンモニウムイオンの酸解離定数 K_a と $K_b = K_w/K_a$ の関係にあるので,アンモニアの全濃度が既知であれば溶液中に存在する化学種の濃度を求めることができる.

アンモニアは,窒素上に非共有電子対をもち,この電子対を金属イオンのようなルイス酸に供与して錯体を形成する.一方,式(8.3)によって生じる NH_4^+ には非共有電子対はなく,このイオンがルイス塩基として機能することはない.したがって,アンモニアの金属イオンとの錯形成を考えるときに,NH_3 の平衡濃度を知ることが重要であることがわかるだろう.同様にカルボン酸類は,解離したカルボン酸イオンの形になってはじめて金属イオンと錯形成できる.このように,アンモニアに限らずルイス塩基はブレンステズ塩基でもあることが多い.したがって,錯生成反応は溶液のpHや配位子の酸塩基反応との関連で考える必要がある.

8.1.3 逐次生成定数と全生成定数

Cu^{2+} の溶液に過剰のアンモニアを加えると濃青色になる.これは,次の錯生成反応により,銅アンミン錯体が生成するからである.

$$Cu^{2+} + NH_3 \rightleftharpoons [Cu(NH_3)]^{2+} \qquad K_1 = \frac{[Cu(NH_3)^{2+}]}{[Cu^{2+}][NH_3]} \tag{8.4}$$

$$[Cu(NH_3)]^{2+} + NH_3 \rightleftharpoons [Cu(NH_3)_2]^{2+} \qquad K_2 = \frac{[Cu(NH_3)_2^{2+}]}{[Cu(NH_3)^{2+}][NH_3]} \tag{8.5}$$

$$[Cu(NH_3)_2]^{2+} + NH_3 \rightleftharpoons [Cu(NH_3)_3]^{2+} \qquad K_3 = \frac{[Cu(NH_3)_3^{2+}]}{[Cu(NH_3)_2^{2+}][NH_3]} \tag{8.6}$$

$$[Cu(NH_3)_3]^{2+} + NH_3 \rightleftharpoons [Cu(NH_3)_4]^{2+} \qquad K_4 = \frac{[Cu(NH_3)_4^{2+}]}{[Cu(NH_3)_3^{2+}][NH_3]} \tag{8.7}$$

> **one point**
>
> **銅アンミン錯体**
>
> Cu^{2+} とアンモニアの錯体. Cu^{2+} はヤーン・テラー効果により正八面体構造の縦方向の配位が弱くなっている.そのため,水溶液中では6個の水が配位するが,アンモニアと水との置換は平面上でのみ起こるため,アンモニアを高濃度にしても $Cu(NH_3)_4^{2+}$ までしか生じない.液体アンモニア中では $Cu(NH_3)_6^{2+}$ が生じる.

一般に,錯生成反応は錯体が生成する方向に記述する.式(8.4)〜(8.7)の平衡のように,配位子が一つずつ順次結合していくときの生成定数を**逐次生成定数**(stepwise formation constant)と呼び[*2],K を用いて表す.この反応を次のように書くこともできる.

$$Cu^{2+} + NH_3 \rightleftharpoons [Cu(NH_3)]^{2+} \qquad K_1 = \frac{[Cu(NH_3)^{2+}]}{[Cu^{2+}][NH_3]} \tag{8.4}$$

*2 安定度定数(stability constant)ということもある

$$\text{Cu}^{2+} + 2\text{NH}_3 \rightleftarrows [\text{Cu}(\text{NH}_3)_2]^{2+} \qquad \beta_2 = \frac{[\text{Cu}(\text{NH}_3)_2{}^{2+}]}{[\text{Cu}^{2+}][\text{NH}_3]^2} \qquad (8.8)$$

$$\text{Cu}^{2+} + 3\text{NH}_3 \rightleftarrows [\text{Cu}(\text{NH}_3)_3]^{2+} \qquad \beta_3 = \frac{[\text{Cu}(\text{NH}_3)_3{}^{2+}]}{[\text{Cu}^{2+}][\text{NH}_3]^3} \qquad (8.9)$$

$$\text{Cu}^{2+} + 4\text{NH}_3 \rightleftarrows [\text{Cu}(\text{NH}_3)_4]^{2+} \qquad \beta_4 = \frac{[\text{Cu}(\text{NH}_3)_4{}^{2+}]}{[\text{Cu}^{2+}][\text{NH}_3]^4} \qquad (8.10)$$

式 (8.8)～(8.10) の平衡定数を**全生成定数**(overall formation constant) という.逐次生成定数と全生成定数の間には,$\beta_2 = K_1 K_2$,$\beta_3 = K_1 K_2 K_3$,$\beta_4 = K_1 K_2 K_3 K_4$ の関係があることが明らかであろう.

いくつかの錯生成定数を付表 2 に示す.多段階の錯生成では,多くの場合,逐次錯生成定数は段階を経るごとに小さくなり ($K_1 > K_2 > K_3 > \cdots$),全生成定数は逆に大きくなる.

銅イオンの全濃度 (c_{Cu}) は以下の式で与えられる.

$$c_{\text{Cu}} = [\text{Cu}^{2+}] + [\text{Cu}(\text{NH}_3)^{2+}] + [\text{Cu}(\text{NH}_3)_2{}^{2+}] + [\text{Cu}(\text{NH}_3)_3{}^{2+}] \\ + [\text{Cu}(\text{NH}_3)_4{}^{2+}] \qquad (8.11)$$

この式に,錯生成定数を代入すると

$$[\text{Cu}^{2+}] = c_{\text{Cu}}/f_{(\text{NH}_3)} \qquad (8.12)$$
$$[\text{Cu}(\text{NH}_3)^{2+}] = c_{\text{Cu}} K_1 [\text{NH}_3]/f_{(\text{NH}_3)} \qquad (8.13)$$
$$[\text{Cu}(\text{NH}_3)_2{}^{2+}] = c_{\text{Cu}} \beta_2 [\text{NH}_3]^2/f_{(\text{NH}_3)} \qquad (8.14)$$
$$[\text{Cu}(\text{NH}_3)_3{}^{2+}] = c_{\text{Cu}} \beta_3 [\text{NH}_3]^3/f_{(\text{NH}_3)} \qquad (8.15)$$
$$[\text{Cu}(\text{NH}_3)_4{}^{2+}] = c_{\text{Cu}} \beta_4 [\text{NH}_3]^4/f_{(\text{NH}_3)} \qquad (8.16)$$
$$f_{(\text{NH}_3)} = 1 + K_1 [\text{NH}_3] + \beta_2 [\text{NH}_3]^2 + \beta_3 [\text{NH}_3]^3 + \beta_4 [\text{NH}_3]^4 \qquad (8.17)$$

を得る.したがって,平衡時のアンモニア濃度 [NH_3] がわかれば,すべての銅イオン化学種の濃度を計算することができる.しかし,アンモニアは Cu^{2+} との錯生成によって消費され,さらにアンモニアの酸塩基平衡によっても,その平衡濃度は変化する.Cu^{2+} に比べてアンモニアの仕込濃度がはるかに大きいときには,錯生成による消費は考えなくてよい.また,pH が一定に保たれていれば,さらに簡単に [NH_3] を計算できる.その例を以下で見てみよう.

例題 8.1

Cu^{2+} の全濃度が 1.00×10^{-4} mol dm^{-3},アンモニアの全濃度が 1.00 mol dm^{-3} の水溶液がある.次の条件下で水溶液に含まれる銅イオンの化学種の濃度を求めよ.アンモニアの pK_b ($= \text{p}K_\text{w} - \text{p}K_\text{a}$) は 4.76 とする.

(1) pH を 8.00 にした.
(2) pH 調整せず,単に Cu^{2+} とアンモニアとを混合し,上記の濃度になるよ

う溶液を調製した．

解き方

アンモニア濃度に比べて銅イオン濃度は十分に低いので，アンモニア濃度は錯生成によってほとんど変化しない．また，錯生成による $[H^+]$ の濃度変化もない．錯生成に直接関与するのは NH_3 であるが，溶液中には必ず NH_4^+ が存在し，そのときの $[H^+]$ の濃度によって存在比が変化する．

(1) pH 8.00 より　　$[OH^-] = 1.00 \times 10^{-6}$ mol dm^{-3}

したがって　　$[NH_3] = \dfrac{[OH^-]}{[OH^-] + K_b} = 5.44 \times 10^{-2}$ mol dm^{-3}

付表 2 より　　$\log K_1 = 3.99$, $\log \beta_2 = 7.33$, $\log \beta_3 = 10.06$, $\log \beta_4 = 12.03$

式 (8.12)〜(8.17) より，$[Cu^{2+}] = 8.84 \times 10^{-12}$ mol dm^{-3}, $[Cu(NH_3)^{2+}] = 4.70 \times 10^{-9}$ mol dm^{-3}, $[Cu(NH_3)_2^{2+}] = 5.60 \times 10^{-7}$ mol dm^{-3}, $[Cu(NH_3)_3^{2+}] = 1.64 \times 10^{-5}$ mol dm^{-3}, $[Cu(NH_3)_4^{2+}] = 8.31 \times 10^{-5}$ mol dm^{-3}

(2) NH_3 の全濃度 c_{NH_3} はほぼ変化しないと考えると，水素イオン濃度は

$$[H^+] = \dfrac{K_w}{[OH^-]} = \dfrac{K_w}{\sqrt{c_{NH_3} K_b}} = 2.40 \times 10^{-12} \text{ mol dm}^{-3}$$

$$\therefore \quad [NH_3] = \dfrac{[OH^-]}{[OH^-] + K_b} = 0.996 \text{ mol dm}^{-3}$$

となる．したがって $[Cu^{2+}] = 9.23 \times 10^{-17}$ mol dm^{-3}, $[Cu(NH_3)^{2+}] = 9.02 \times 10^{-13}$ mol dm^{-3}, $[Cu(NH_3)_2^{2+}] = 1.97 \times 10^{-9}$ mol dm^{-3}, $[Cu(NH_3)_3^{2+}] = 1.06 \times 10^{-6}$ mol dm^{-3}, $[Cu(NH_3)_4^{2+}] = 9.89 \times 10^{-5}$ mol dm^{-3} を得る．

8.2　条件つき生成定数

配位子の多くはブレンステズ塩基でもあるので，配位子の濃度により溶液のpHが変化することが多く，金属イオンの錯生成反応の取り扱いは複雑になってしまう．これを防ぐために，錯生成反応を扱う際には溶液のpHがあまり変化しないように適切なpH緩衝液を用いることが多い[*3]．例題 8.1 からも明らかなように，溶液のpHが決まると，錯生成定数から溶液中に存在する化学種の濃度が比較的簡単に計算できる．このとき，pHの効果を錯生成定数に含めてしまうと，その後の計算が楽になる．

例として，Cu^{2+} と NH_3 の第一段階の錯生成反応(式 8.4) を考えてみよう．ここでも，錯生成によって消費されるアンモニアはわずかであり，錯生成によって未錯化のアンモニアの濃度はほとんど変わらない場合を考える．アンモニアの全濃度を c_{NH_3} とすると

[*3] 緩衝溶液の成分が錯生成に関与する場合もある．錯生成平衡を扱う場合は目的の錯生成平衡を妨害しないことも重要である．

$$K_1 = \frac{[\text{CuNH}_3^{2+}]}{[\text{Cu}^{2+}][\text{NH}_3]} = \frac{[\text{CuNH}_3^{2+}]}{[\text{Cu}^{2+}]\alpha_0 c_{\text{NH}_3}} \tag{8.18}$$

$$\alpha_0 = \frac{K_a}{[\text{H}^+]+K_a} = \frac{[\text{OH}^-]}{[\text{OH}^-]+K_b} \tag{8.19}$$

と書くことができる.アンモニアはアンモニウムイオンとの間でブレンステズ酸-塩基平衡が成り立っている.式(8.19)はこの平衡を考慮したものであり,α_0はアンモニアの全濃度に対する$[\text{NH}_3]$の割合である.

式(8.18)を次のように書き換えると,アンモニアとアンモニウムイオン間の平衡を考慮する必要はなくなり,アンモニアの全濃度c_{NH_3}に基づいて錯生成を議論できるようになる.

$$K_1' = K_1 \alpha_0 = \frac{[\text{CuNH}_3^{2+}]}{[\text{Cu}^{2+}]c_{\text{NH}_3}} \tag{8.20}$$

K_1'はpHによって値が異なり,生成定数とは異なるので,**条件つき生成定数**(conditional formation constant)という.

錯生成によりアンモニアが消費され$[\text{H}^+]$も$[\text{NH}_3]$も容易に決められないときには計算が複雑である.このような複雑な場合は第10章で取り扱うことにする[*4].

*4 c_{NH_3}の代わりに未錯化の全アンモニア濃度($c_{\text{NH}_3}^*$)を用いれば

$$K_1' = K_1\alpha_0 = \frac{[\text{CuNH}_3^{2+}]}{[\text{Cu}^{2+}]c_{\text{NH}_3}^*}$$

が常に成り立つ.8.3.4項ではEDTAを配位子としたこのような場合を扱う.

例題 8.2

pH 8.0における銅アンミン錯体の条件つき生成定数を求めよ.

解き方

式(8.19)より,pH 8.0において$\alpha_0 = 0.0544$である.また,式(8.20)と同様に,$\beta_2 \sim \beta_4$は以下のように書くことができる.

$$\beta_2' = \beta_2 \alpha_0^2 = \frac{[\text{Cu}(\text{NH}_3)_2^{2+}]}{[\text{Cu}^{2+}]c_{\text{NH}_3}^2}$$

$$\beta_3' = \beta_3 \alpha_0^3 = \frac{[\text{Cu}(\text{NH}_3)_3^{2+}]}{[\text{Cu}^{2+}]c_{\text{NH}_3}^3}$$

$$\beta_4' = \beta_4 \alpha_0^4 = \frac{[\text{Cu}(\text{NH}_3)_4^{2+}]}{[\text{Cu}^{2+}]c_{\text{NH}_3}^4}$$

したがって,$\log K_1' = 2.73$,$\log \beta_2' = 4.80$,$\log \beta_3' = 6.27$,$\log \beta_4' = 6.97$となる.この値を式(8.12)〜(8.17)の生成定数の代わりに用いて例題8.1(1)を解くことができる.

8.3 錯滴定

8.3.1 銅イオンのアンモニアによる滴定

ブレンステズ酸–塩基の滴定と同じように，ルイス酸である金属イオンをルイス塩基の配位子で滴定することができる．このような滴定を**錯滴定**（complexometric titration）という．銅イオンを錯滴定するとき，縦軸には，pH と同様に pCu $= -\log[\text{Cu}^{2+}]$ をとると便利である．

濃度 c°_{Cu} の銅イオン水溶液（体積 V_{Cu}）を濃度 $c^\circ_{\text{NH}_3}$ のアンモニア水溶液で滴定することを考えてみよう．ただし，銅イオンの水酸化物は生じず，アンミン錯体のみが生成するものと仮定する．

滴定曲線の横軸に対応する pCu を計算するのは難しいが（詳細は第 10 章で述べる），一方，$[\text{NH}_3]$ を与えると，pCu は式(8.12)から求められる．つまり，横軸 V_{NH_3} に対応する縦軸 pCu を求めて滴定曲線を計算するのではなく，$[\text{NH}_3]$ を変化させそれに対応する pCu と V_{NH_3} を計算していけば容易に滴定曲線を得られる．具体的な手順は以下の通りである．

滴定剤として加えられたアンモニアの全濃度は

$$c_{\text{NH}_3} = [\text{NH}_3] + [\text{NH}_4^+] + [\text{Cu(NH}_3)^{2+}] + 2[\text{Cu(NH}_3)_2^{2+}] + \\ 3[\text{Cu(NH}_3)_3^{2+}] + 4[\text{Cu(NH}_3)_4^{2+}] \tag{8.21}$$

である．$[\text{NH}_3]$ がわかれば，銅イオンの錯体はそれぞれ式(8.13)〜(8.16)から求まる．ただし，銅イオンの全濃度 c_{Cu} とアンモニアの全濃度 c_{NH_3} は，次式に示すように滴定の進行とともに低くなっていくので，このことを考慮する必要がある．

$$c_{\text{Cu}} = \frac{c^\circ_{\text{Cu}} V_{\text{Cu}}}{V_{\text{Cu}} + V_{\text{NH}_3}}, \; c_{\text{NH}_3} = \frac{c^\circ_{\text{NH}_3} V_{\text{NH}_3}}{V_{\text{Cu}} + V_{\text{NH}_3}} \tag{8.22}$$

式(8.13)〜(8.16)と(8.22)を式(8.21)に代入して次式を得る．

$$V_{\text{NH}_3} = \frac{c^\circ_{\text{Cu}} V_{\text{Cu}}(K_1[\text{NH}_3] + 2\beta_2[\text{NH}_3]^2 + 3\beta_3[\text{NH}_3]^3 + 4\beta_4[\text{NH}_3]^4)/f_{(\text{NH}_3)} + V_{\text{Cu}}([\text{NH}_3]+[\text{NH}_4^+])}{c^\circ_{\text{NH}_3} - ([\text{NH}_3]+[\text{NH}_4^+])} \tag{8.23}$$

この式中の $[\text{NH}_4^+]$ は，次のように計算できる．銅イオンは錯体生成の有無にかかわらず常に 2 価の正電荷をもっている．したがって，銅イオンとその対陰イオンは電荷バランス条件に含める必要はない．つまり電荷バランスは以下のように書ける．

$$[\text{H}^+] + [\text{NH}_4^+] = [\text{OH}^-] \tag{8.24}$$

*5 0.01 mol dm^{-3} のアンモニア水溶液を 0.01 mol dm^{-3} の銅イオン水溶液に加える場合，後者の体積の 0.2% に相当するアンモニア水溶液を加えると pH 8.15，つまり [OH$^-$] が [H$^+$] の 200 倍近くになる．

アンモニアが加えられると溶液が塩基性になり*5，[H$^+$] が小さく無視できると考えると [NH$_4^+$] = [OH$^-$] となる．この式に，アンモニウムイオンの酸解離定数と水のイオン積を代入すると，以下の式が得られる．

$$[H^+] = \sqrt{\frac{K_a K_w}{[NH_3]}} \tag{8.25}$$

$$[NH_4^+] = \sqrt{\frac{[NH_3] K_w}{K_a}} \tag{8.26}$$

これを用いると，式 (8.23) のように V_{NH_3} は [NH$_3$] のみの関数として表すことができる．

8.3.2 錯滴定曲線

図 8.1(a) は上の手順で求めた 0.0100 mol dm^{-3} 銅イオン水溶液 20.0 cm^3 を 0.0100 mol dm^{-3} アンモニア水溶液で滴定したときの曲線である．一つの銅イオンには 4 分子のアンモニアが配位できるので，当量点は 80.00 cm^3 になるはずである．しかし，ブレンステズ酸 – 塩基の滴定曲線と比べると当量点 (80 cm^3) 付近での pCu の傾きが小さく，変化が緩やかである．

滴定の間，Cu^{2+} の溶存化学種がどのように変化したかを図 8.1(b) に示す．アンモニアを加えると Cu^{2+} にアンモニアが配位して，Cu(NH$_3$)$^{2+}$ ～ Cu(NH$_3$)$_4^{2+}$ がアンモニア濃度の増加とともに順次生成することがわかる．

滴定曲線において pCu が緩やかに増加しているのは，二つの大きな要素による．一つは銅アンミン錯体の生成定数がそれほど大きくないことである．このことは，図 8.1(b) において，当量点付近でも Cu(NH$_3$)$_4^{2+}$ よりもむしろ

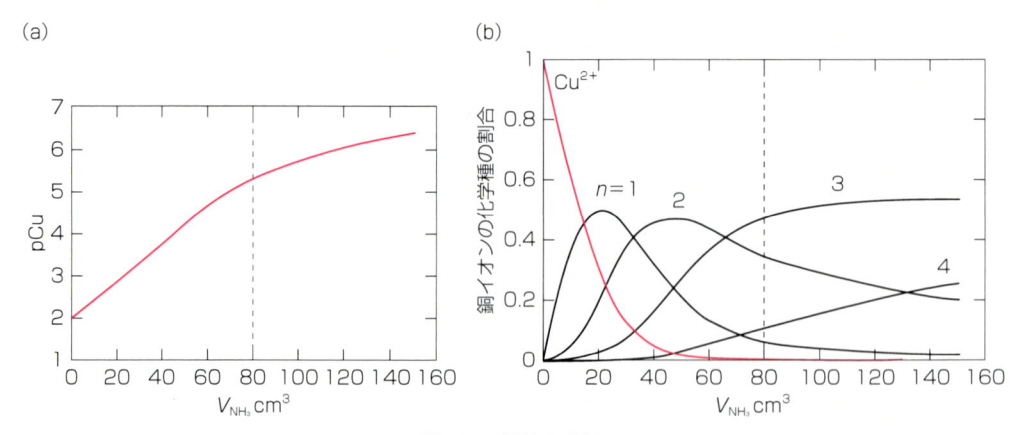

図 8.1 錯滴定曲線

(a) アンモニアによる Cu^{2+} の滴定曲線，(b) 銅イオンの化学種の変化．0.0100 mol dm^{-3} の Cu^{2+} 20.0 cm^3 を 0.0100 mol dm^{-3} アンモニアで滴定したことを想定．縦の破線は 1:4 の銅アンミン錯体が生じることを想定した当量点．図中の n は Cu(NH$_3$)$_n^{2+}$ の n を表す．

Cu(NH$_3$)$_3^{2+}$ のほうが高濃度であることからも理解できる．もう一つの要因は，銅アンミン錯体が四段階で進む錯生成反応であることである．後述するように，一段階の錯生成であれば，log K_1' が 6 程度であっても明瞭な pCu の変化が見られる．

8.3.3　EDTA：生成定数の大きな配位子

金属イオンと 1：1 錯体を生成し，その生成定数が大きな配位子を用いれば，より理想的な錯滴定が可能である．このような観点から長年用いられてきた配位子の代表的なものに**エチレンジアミン四酢酸**(EDTA)およびその類縁体がある[*6]．

[*6] E. V. Anderson, *Ind. Eng. Chem.*, **52**, 190 (1960)．およびその引用文献．

上述の通り，多くの遷移金属イオンが 6 配位であることを考えると，六座配位子が望ましく，多座配位子は構造的，空間的な要因によって錯生成が不利になる場合を除いて，一般に単座配位子より安定な錯体を生成する．

図 8.2 に EDTA および典型的な金属イオンの EDTA 錯体の構造を示す．EDTA は六塩基酸であり，二つの H$^+$ を解離して図 8.2 のような中性になる．さらに，四つの H$^+$ を解離することで 4 価の陰イオンとなり，四つのカルボキシ基の酸素原子と二つのアミン窒素が電子供与原子として金属イオンに配位する．つまり基本的には 4 価の陰イオンだけが錯生成する．したがって，EDTA を H$_4$Y と書くと

$$H_4Y \rightleftharpoons Y^{4-} + 4H^+ \tag{8.27}$$

$$M^{n+} + Y^{4-} \rightleftharpoons MY^{n-4} \tag{8.28}$$

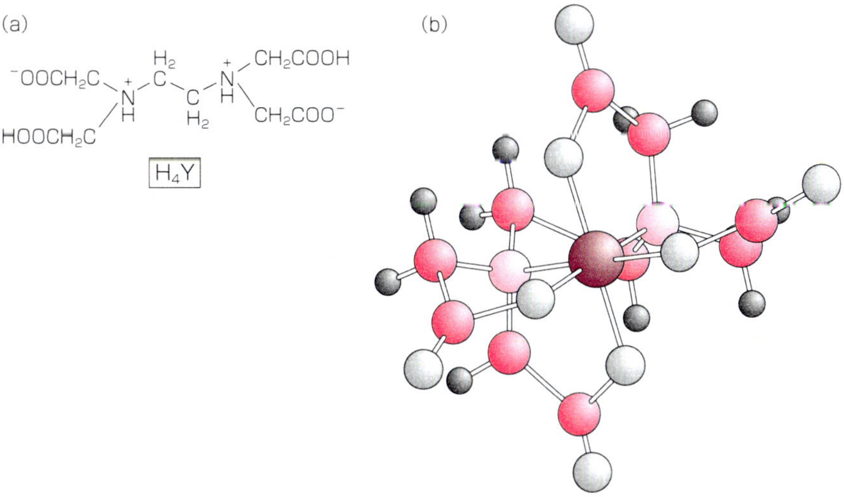

図 8.2　EDTA(H$_4$Y)および典型的な EDTA 金属錯体の構造
(a) EDTA(H$_4$Y)．(b) 典型的な EDTA 金属錯体．中央の大きな球は金属イオン，金属イオンに配位している白い球は酸素，赤い球は窒素を表す．

*7 HY^{3-} が錯生成することも知られているが，Y^{4-} に比べて錯生成定数は小さい（発展問題2参照）．

のように反応が進む*7．

8.3.4 EDTA による滴定の滴定曲線

一般に，Y^{4-} だけが錯生成に関与するので，金属イオンと EDTA 間の錯生成を考える際には $[Y^{4-}]$ が重要である．EDTA の全濃度に対する $[Y^{4-}]$ の割合は次式で表される．

$$\alpha_4 = \frac{[Y^{4-}]}{c_{EDTA}} = \frac{K_1 K_2 K_3 K_4}{[H^+]^4 + [H^+]^3 K_1 + [H^+]^2 K_1 K_2 + [H^+] K_1 K_2 K_3 + K_1 K_2 K_3 K_4} \tag{8.29}$$

滴定の際には pH は一定に保っておくことが多いので，条件つき生成定数（K_f'）を考えると便利である．

$$K_f = \frac{[MY^{n-4}]}{[M^{n+}][Y^{4-}]} = \frac{[MY^{n-4}]}{[M^{n+}]\alpha_4 c^*_{EDTA}}$$

$$K_f' = K_f \alpha_4 = \frac{[MY^{n-4}]}{[M^{n+}]c^*_{EDTA}} \tag{8.30}$$

$$\begin{aligned} c_{EDTA} &= [H_4Y] + [H_3Y^-] + [H_2Y^{2-}] + [HY^{3-}] + [Y^{4-}] + [MY^{n-4}] \\ &= c^*_{EDTA} + [MY^{n-4}] \end{aligned} \tag{8.31}$$

ここで，c^*_{EDTA} は錯形成していない EDTA の全濃度である．

たとえば，Cu^{2+} と EDTA の錯生成定数は，$\log K_f = 18.83$ である．$\log K_f' = \log K_f + \log \alpha_4$ の関係があるので，$\log K_f'$ は $\log K_f$ に比べて $\log \alpha_4$ 分だけ小さい．図 8.3 に $\log \alpha_4$ と Cu^{2+} の $\log K_f'$ の pH による変化を示す*8．

EDTA を滴定剤として用いたときの滴定曲線は，以下の式に従って算出できる．ここで，溶液中の金属イオンと EDTA の全濃度をそれぞれ c_M，c_{EDTA}

one point
キレート (chelate)

エチレンジアミンが金属イオンに配位すると五員環構造が生じる．このような環状構造（六員環を生じることもある）をキレート環とよび，キレート環を含む金属錯体をキレートという．式(8.1)から，エチレンジアミンが1分子配位すると，2分子の水が金属イオンから外れることがわかる．したがって，キレート環が生じると1分子が配位により固定されるのに対して2分子が放出され，全体ではエントロピーが増加する．キレート生成ではこのようなエントロピー効果で錯生成が安定化されると考えることができる．EDTA が配位すると五つのキレート環が生じ，さらに1分子が金属イオンと配位する代わりに6分子の水が解放される．これらから EDTA 錯体が安定であることが理解できる．

*8 多くの金属イオンは塩基性で水酸化物を沈殿するので，塩基性では EDTA を用いて滴定できないことがある．このとき EDTA より錯生成能の低い配位子を加えて水酸化物の沈殿を防ぐ．このような配位子を補助錯化剤という．2種類の配位子を含む系は第10章で取り扱う．

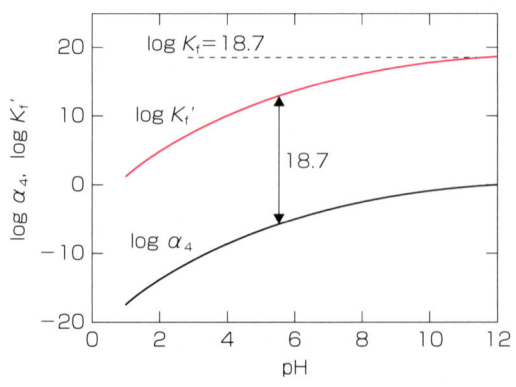

図 8.3　EDTA の $\log \alpha_4$ および Cu^{2+}-EDTA の $\log K_f'$ の pH 変化

とした.

$$K_f' = \frac{[MY^{n-4}]}{[M^{n+}]c_{EDTA}^{\text{未}}} = \frac{[MY^{n-4}]}{(c_M - [MY^{n-4}])(c_{EDTA} - [MY^{n-4}])} \quad (8.32)$$

この式を用いて, 濃度 c_M°, 体積 V_M の金属イオン水溶液を, 濃度 c_{EDTA}° の EDTA で滴定したときに溶液中で起きる錯生成平衡を評価してみよう. 滴定剤が体積 V_{EDTA} だけ加えられたとき, c_M と c_{EDTA} はそれぞれ

$$c_M = \frac{c_M^\circ V_M}{V_M + V_{EDTA}} \quad (8.33)$$

$$c_{EDTA} = \frac{c_{EDTA}^\circ V_{EDTA}}{V_M + V_{EDTA}} \quad (8.34)$$

となる[*9]. 式 (8.32) は $[MY^{n-4}]$ に関する二次方程式なので, ある, V_{EDTA} について c_M と c_{EDTA} を式 (8.33) と (8.34) から求めれば, $[MY^{n-4}]$ を計算できる. 横軸に V_{EDTA} をとり, そのときの $[MY^{n-4}]$ を式 (8.32)〜(8.34) を基に計算し, 縦軸に pM $= -\log[M^{n+}] = -\log(c_M - [MY^{n-4}])$ をプロットすると, 滴定曲線が得られる.

[*9] K_f' を用いると EDTA の酸解離は考えなくてよいことを再確認してほしい.

0.0100 mol dm^{-3} の金属イオン水溶液 20.0 cm^3 を 0.100 mol dm^{-3} の EDTA で滴定したときの滴定曲線の例を図 8.4 に示す. $\log K_f' = 2$ では当量点付近のジャンプがほとんど見られないのに対し, $\log K_f'$ が大きくなるにつれ pH 滴定曲線と同じように大きな pM のジャンプが見られるようになる. この滴定曲線は付録 A に示すような関数で表すことができ, この関数から pM のジャンプの大きさは $\sqrt{K_f'}$ によって決まる.

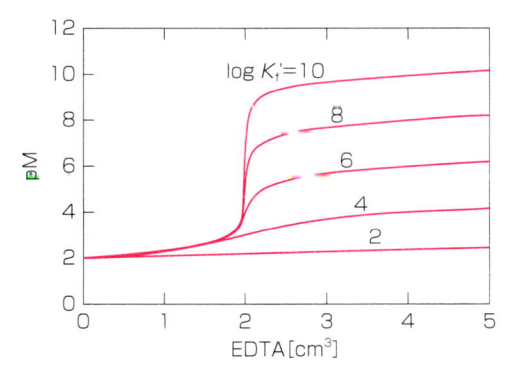

図 8.4 EDTA による滴定曲線.

濃度 0.01 mol dm^{-3} の金属イオン 20 cm^3 を 0.1 mol dm^{-3} の EDTA で滴定したことを想定.

当量点では, 滴定溶液に含まれる金属イオンの物質量と加えた EDTA の物質量が等しくなる. 両者の濃度は等しく $c_M = c_{EDTA}$ である. また, この溶液

は MY^{n-4} の水溶液であるとみなすこともできる．MY^{n-4} を水に溶解したとすると，水溶液のpHや錯体の安定度に応じて MY^{n-4} は金属イオンとEDTAに解離する．つまり，当量点では解離の程度にかかわらず $[M^{n+}] = c_{EDTA}^{未}$ という関係が常に成り立つので，式(8.32)を以下のように書き換えることができる．

$$K_f' = \frac{c_M - [M^{n+}]}{[M^{n+}]^2} \tag{8.35}$$

錯生成が十分進んでいて，錯生成していない金属イオンが金属イオン全体の0.1％以下のときには，$c_M - [M^{n+}] \fallingdotseq c_M$ と考えることができる．このとき式(8.35)から，当量点で錯体を生成していない金属イオン濃度はおおむね $(c_M/K_f')^{1/2}$ に等しいことがわかる．当量点でEDTAと錯体を形成していない金属イオンの全金属イオン濃度に対する割合を計算すると，図8.4の条件では $\log K_f' = 2.00, 4.00, 6.00, 8.00, 10.00$ についてそれぞれ63.4, 9.95, 1.04, 0.11, 0.01％となる．したがって，錯滴定を行うには，$\log K_f' > 8$ を目安に配位子の種類や滴定のpHを選ぶ必要がある．

8.4 金属指示薬を用いる当量点の決定

8.4.1 金属指示薬

配位子－金属イオンの相互作用によって呈色する錯体がたくさんある．配位子の $\pi \to \pi^*$ の遷移が錯形成によって影響されるものや，配位子から金属イオンへの電荷移動，あるいはその逆の電荷移動によって発色することが多い．配位子と錯体で色が異なるときには，pH指示薬同様，われわれの目でキレート滴定の当量点を検出することが可能になる．

EDTAなどのキレート滴定剤が当量点以降で過剰に存在すると，着色したキレートがEDTAとの競合により解離して変色する．これを利用して当量点を決定できる．このような目的に利用される着色錯体を生成する配位子を**金属指示薬**(complexometric indicator)という．多用される金属指示薬の一つに1-(1-ヒドロキシ-2-ナフチルアゾ)-6-ニトロ-2-ナフトールスルホン酸(EBTまたはBT)がある．EBTは次の段階によって3価の陰イオンまで解離し，段階的に溶液の色が変化する．

$$\begin{array}{cc} pK_2 = 6.3 & pK_3 = 11.5 \\ H_2X^- \rightleftharpoons HX^{2-} \rightleftharpoons HX^{3-} \end{array}$$

EBTは，酸性では赤色，pH 10程度では HX^{2-} による青，pH 12では橙色である．pH 10のEBT溶液に Mg^{2+} を加えて Mg^{2+}-EBT錯体を形成させると，青色の溶液が赤くなる．したがって，Mg^{2+} をEDTAで滴定する際に，まず Mg^{2+} 溶液にEBTを加えると Mg^{2+}-EBT錯体が生成して溶液の色は赤くな

---

one point

$\pi \to \pi^*$遷移

結合性の分子軌道である π 軌道から，反結合性の π^* 軌道への電子遷移．電子遷移は紫外から可視部の光エネルギーの吸収で起きる．$\pi \to \pi^*$ 遷移は比較的エネルギーが小さいため，遷移に相当する光の波長が長く，共役系をもつ分子では可視部に吸収が現れる．また，許容遷移であるので一般にモル吸光係数が大きい．

one point

電荷移動

遷移金属イオンではd軌道のエネルギーが配位子場の影響で e_g と t_{2g} の二つに分裂する．この間の遷移をd-d遷移と呼ぶ．d-d遷移は禁制でありモル吸光係数は小さい．一方，遷移金属イオンが錯生成したとき，配位子の分子軌道のエネルギーがd軌道エネルギー付近にあると，金属イオンの t_{2g} や e_g 軌道から配位子の π^* に遷移が起きたり，配位子の π 軌道から t_{2g} や e_g 軌道遷移が起きたりする．金属イオンから配位子への電荷移動をMLCT(metal-to-ligand charge transfer)，その逆をLMCT(ligand-to-metal charge transfer)という．

る．EDTA が過剰に加えられると Mg^{2+}-EBT 錯体が解離して溶液が青くなり，滴定の終了を知ることができる．

8.4.2 金属指示薬を用いた滴定の例

EBT のような金属指示薬を用いて金属イオンを EDTA で滴定したとき，溶液の色（金属指示薬の錯生成）がどのように変化するかを考えてみよう．

通常，金属指示薬はごく微量だけ加えられるので，金属イオンと EDTA 間の錯生成には全く影響しない．そこで，まず当量点における EDTA と金属イオンの錯生成を式(8.35)に基づいて評価する．$K_f' = 10^8$ で，当量点における $c_M = 0.01\ \mathrm{mol\ dm^{-3}}$ とすると，錯生成していない金属イオン濃度は

$$[M] = (c_M/K_f')^{1/2} = 10^{-5}\ \mathrm{mol\ dm^{-3}}$$

となる．微量の金属指示薬の錯生成によってこの値は変化しないので，このとき金属指示薬と金属イオンとの間の条件つき錯生成定数を K_I' とすると，金属指示薬の錯体の割合は

$$\frac{[MI]}{c_I} = \frac{[M]K_I'}{1+[M]K_I'}$$

から計算できる．

表 8.2 に当量点およびその周辺での金属指示薬錯体の割合を示す．ここでは，金属指示薬の全濃度 (c_I) を $10^{-5}\ \mathrm{mol\ dm^{-3}}$ とした．$\log K_I' = 4,\ 5,\ 6,\ 8$ のとき，当量点における金属指示薬錯体の割合は，それぞれ 0.07, 0.41, 0.88, 1.0 となる．つまり，$\log K_I' \gtrless \log K_f'$ のときには当量点でほとんど金属指示薬の錯体が分解されない．

色調の変化がどの程度の濃度バランスで起こるかは錯体の種類によるので一概にはいえないが，$\log K_I' < \log K_f'$ が必要条件であることがわかる．しかし，当量点よりも 1% EDTA が不足している段階で，$\log K_I' = 4$ のものではすでに全体の 60% 以上の金属指示薬錯体が分解しており，$\log K_I'$ が小さいものでは当量点以前から金属指示薬錯体の分解が始まり，当量点を小さく見積もる可能性があることがわかる．つまり，$\log K_f'$ の大きさに応じて適切な $\log K_I'$ の大きさの範囲が存在する．

このように，金属指示薬の選択には制限が大きく，金属イオンの種類や滴定の最適 pH などの条件に従って適切な指示薬を選ぶ必要がある．ちなみに，EBT は Ca^{2+}，Mg^{2+}，Zn^{2+} などの EDTA 滴定に適しているとされている．

表 8.2 キレート滴定の当量点付近での金属指示薬錯体の割合

金属イオンとキレート滴定剤間の錯生成定数 $\log K_f' = 8$, 金属指示薬濃度を 1×10^{-5} mol dm^{-3} と仮定.

$\log K_I'$	1%不足	0.1%不足	当量点	0.1%過剰	1%過剰
4	0.34	0.09	0.07	0.05	0.01
5	0.84	0.50	0.41	0.33	0.09
6	0.98	0.90	0.88	0.83	0.58
8	1	1	1	1	0.99

8.5 金属緩衝溶液

図 8.4 は,酸-塩基の滴定曲線に似ている.滴定曲線の傾きが小さいところに相当する溶液には pH 緩衝作用があることと同様に,キレート滴定曲線の傾きが小さい部分には金属緩衝作用がある.つまり,金属緩衝作用のある溶液では,配位子濃度の変化に対して pM があまり変化しない.

滴定曲線の前半部分では,配位子がほとんど存在せず金属イオンが過剰に存在している.この領域は,強酸や強塩基の溶液が pH 緩衝作用をもつことに似ている.一方,滴定曲線の後半部分は錯生成によって金属イオン濃度があまり変化しない領域である.この領域では,pM ≒ $\log K_f'$ の関係があるので,一定に保ちたい pM に近い $\log K_f'$ をもつ系を選ぶとよいことがわかるだろう.

章末問題

基本問題

1. $[Cu(NH_3)_3]^{2+}$ と $[Cu(NH_3)_4]^{2+}$ が等しくなるのは,アンモニアの平衡濃度 $[NH_3]$ がいくらのときか.

2. pH が 9.00 に調整された,アンモニアの全濃度が 0.500 mol dm^{-3} の水溶液がある.この溶液中の Cu^{2+} の全濃度が 1.00×10^{-4} mol dm^{-3} のとき,溶液中に存在するすべての Cu^{2+} の化学種の濃度を求めよ.

3. Cu^{2+} とシュウ酸の錯生成定数は,$\log \beta_1 = 4.84$,$\log \beta_2 = 9.21$ である.また,シュウ酸の酸解離定数は,$pK_1 = 1.04$,$pK_2 = 3.82$ である.pH = 2,4,6 における条件つき安定度定数を求めよ.

4. 5.00×10^{-3} mol dm^{-3} の金属イオンを含む水溶液 20.0 cm^3 を 0.0100 mol dm^{-3} の EDTA で滴定した.$\log K_f' = 4.00$,8.00,12.00 のそれぞれの場合について,当量点における未錯化の EDTA 濃度を求めよ.

5. $\log K_f' = 8.00$ の金属イオン-EDTA の系について,以下の問いに答えよ.
(1) 金属イオンと EDTA の全濃度がいずれも 1.00×10^{-3} mol dm^{-3} の溶液の pM はいくらか.

(2) 金属イオン濃度が 1.00×10^{-3} M で，EDTA 濃度が 2.00×10^{-3} mol dm^{-3} の溶液の pM はいくらか．

(3) (1)および(2)の溶液の EDTA 濃度が 1.00×10^{-4} mol dm^{-3} だけ増加したとき，それぞれの pM はいくらになるか．それに基づいて，いずれの溶液の金属緩衝能が高いかを答えよ．

発展問題

1 EDTA による金属イオンの錯滴定において滴定曲線の形を関数で表現し，pM ジャンプと当量点における滴定曲線の傾きとがほぼ $\sqrt{K_f'}$ に比例することを示せ．

2 EDTA による錯生成において，Y^{4-} だけではなく HY^{3-} なども錯体を生成することが多い．たとえば Cu^{2+} では前者との錯生成定数は $\log K_f = 18.83$ であるのに対し，後者との錯生成定数は $\log K_f = 11.91$ である．

(1) $CuHY^-$ をブレンステズ酸と考えて，CuY^{2-} への酸解離反応の解離定数を求めよ．

(2) (1)の値に基づいて，Cu^{2+} の EDTA 滴定において $CuHY^-$ の存在が無視できることを示せ．

第8章の Keywords

ルイス酸(Lewis acid)，ルイス塩基(Lewis base)，錯生成(complex formation)，pH，錯滴定(complexometric titration)，金属指示薬(complexometric indicator)，金属緩衝溶液(metal ion buffer)

第9章 沈殿平衡

沈殿は身近な現象であるが，その分子論的な過程は興味深く，未知なことも多い．水への物質の溶解は，溶質分子の結晶構造からだけでは説明できない．溶質分子の周りに水分子が集まって相互作用する(いわゆる水和した)状態が固体を形成するよりも安定なとき，この溶質は水に溶解する．分子の溶解は，温度や溶媒により変化する．塩の溶解は温度や溶媒だけでなく，その他のさまざまな要因の影響を受ける．

地球温暖化が重要な環境問題になっており，大気中の二酸化炭素濃度の増加がその要因であるといわれている．二酸化炭素の地球上での循環を語るうえで，$CaCO_3$の溶解平衡は重要である．この平衡は非常に複雑なので，第10章で取り扱うことにし，この章ではその基礎を学ぶ．

分析化学では，塩の沈殿を利用することにより，重量分析，金属イオンの系統的定性分析，さらには沈殿反応を利用した滴定分析などを発達させてきた．近年ではこれらの方法は，学生実験などを除いてあまり利用されなくなっている．しかし，最先端の計測法の開発や，先端材料の合成を行う際には，これらの沈殿平衡に立脚した分析法がどのような熱力学的過程に基づいて考案されたのかを理解しておくことは重要である．

9.1 塩の溶解の熱力学的考察

塩化ナトリウムは水によく溶ける．しかし，塩化銀はあまり水に溶けない．この違いを説明するためには塩の溶解過程を考える必要がある．塩はイオン結晶であり，塩化ナトリウムと塩化銀のいずれも岩塩型構造をとっている．これらを水に入れると，結晶の端からイオンが水に溶けていくと考えられている．これを図9.1のような過程に分けて考えることができる．①結晶を昇華させ，②イオンに解離させる．③イオンをそれぞれ水中に移動し，イオンの周りに水を配位させ，水和イオンを形成させる．

> **one point**
>
> **岩塩型構造**
>
> NaCl型結晶．Na^+ Cl^-イオンが交互に並び，いずれに着目しても，それぞれが面心立方格子を形成する．NaClの他にAgCl，KCl，MgOなどがこの構造である．

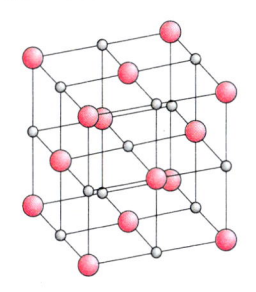

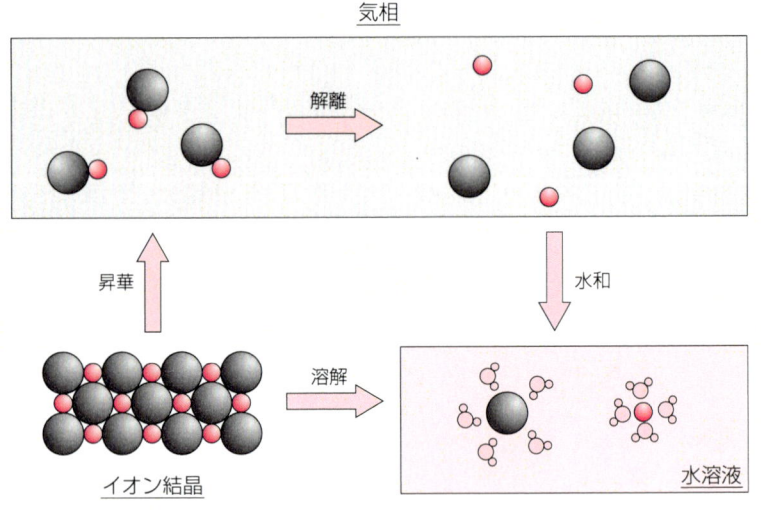

図 9.1　イオン結晶の水への溶解のダイヤグラム
大きな黒の球は陰イオンを，小さな赤の球は陽イオンを表す．

one point

零点エネルギー

不確定性原理により，絶対0度においても存在する振動のエネルギー．

*1　大瀧仁，『溶液の化学』，大日本図書(1987).

　イオン結晶を構成するためのエネルギーは，イオン間の静電的相互作用エネルギー，反発エネルギー，ファンデルワールス力によるエネルギー，零点エネルギーからなり，逆にこれだけのエネルギーを与えると結晶をばらばらにできる．このために必要なエネルギーを**格子エネルギー**(lattice energy)という．

　ばらばらにしたときのエントロピー変化を考慮に入れ，結晶を気相中のイオンに解離させるためのギブズエネルギーを計算すると，塩化ナトリウムと塩化銀ではそれぞれ 681 kJ mol^{-1}，851 kJ mol^{-1} となる[*1]．塩化銀の結晶格子のほうが小さく，静電エネルギーが大きいため，イオンに解離させるためには大きなギブズエネルギーが必要である．さらに，気相のイオンを水和させるためのエネルギー（水和ギブズエネルギー）は，Na^+，Ag^+，Cl^- それぞれについて -410 kJ mol^{-1}，-479 kJ mol^{-1}，-317 kJ mol^{-1} である．したがって，NaCl，AgCl の結晶 1 mol を水に溶解するときのギブズエネルギー変化はそれぞれ -46 kJ mol^{-1}，55 kJ mol^{-1} となり，前者は水によく溶け，後者はあまり溶けないことを熱力学の観点から説明できる．

9.2　溶解度と溶解度積

*2　溶解度は，溶媒 100 g に対して溶解する溶質の質量，溶液 100 g あたりに溶解している溶質の質量などのかたちで表されることもある．

　9.1 節で述べた，溶けやすさや溶けにくさを定量的に表す指標に**溶解度**(solubility)がある[*2]．溶解度は，飽和溶液に含まれる溶質の割合のことである．溶液を扱うときはモル濃度を用いると便利である．そこで，以下では溶解度(S)はモル濃度で表す．

　AgCl のように難溶性の塩では，以下の溶解平衡が成り立っていると考えることができる．

$$AgCl(s) \rightleftharpoons Ag^+ + Cl^- \tag{9.1}$$

ここで AgCl(s) は固体であり，溶存化学種としての AgCl ではないことに注意が必要である[*3]．式(9.1)の平衡時には次の関係が成り立つ．

$$\mu_{AgCl(s)} = \mu_{Ag^+} + \mu_{Cl^-} \tag{9.2}$$

この式に $\mu = \mu^\circ + RT \ln a$ の関係を代入すると

$$\mu^\circ_{AgCl} = \mu^\circ_{Ag^+} + RT \ln a_{Ag} + \mu^\circ_{Cl^-} + RT \ln a_{Cl} \tag{9.3}$$

が得られる[*4]．この式を整理すると

$$\mu^\circ_{Ag^+} + \mu^\circ_{Cl^-} - \mu^\circ_{AgCl(s)} = -RT \ln a_{Ag} a_{Cl} \tag{9.4}$$

となる．この式の左辺は，式(9.1)の平衡のギブズエネルギー変化であり，右辺の $a_{Ag} a_{Cl}$ は平衡定数に相当する．したがって，式(9.4)は次のように表現できる．

$$\Delta G^\circ = -RT \ln K_{sp} \tag{9.5}$$

式(9.1)の平衡定数は溶解度積(solubility product)と呼ばれ，K_{sp} と表される．難溶性塩では，溶けているイオンの濃度が低い．その場合，活量を濃度で代用できる．このとき

$$K_{sp} = [Ag^+][Cl^-] \tag{9.6}$$

となる．また，他のイオンが共存しない AgCl の水溶液では，AgCl の溶解度 S と溶解度積の間には次の関係がある．

$$K_{sp} = S^2 \tag{9.7}$$

一般に，$M_m X_x$ の塩では

$$K_{sp} = [M]^m [X]^x = (mS)^m (xS)^x = m^m x^x S^{x+m} \tag{9.8}$$

の関係が成り立つ．

[*3] AgCl の飽和水溶液中の溶存 AgCl 濃度は 1.7×10^{-7} mol dm^{-3} 程度であり，Ag$^+$ 濃度の 1 % 程度である(第 10 章参照)．

[*4] 純粋固体の活量は 1 とみなす．

例題 9.1

塩化鉛(PbCl$_2$)の溶解度は $S = 0.030$ mol dm^{-3} である．塩化鉛の pK_{sp} を求めよ．

解き方 式(9.8)より

$$K_{sp} = [Pb^{2+}][Cl^-]^2 = S(2S)^2 = 4S^3 = 4 \times 0.03^3 = 1.1 \times 10^{-4}$$

$$\therefore \ pK_{sp} = 4.0$$

9.3 溶液条件の溶解度に対する影響

塩の溶解度はさまざまな溶液条件によって影響を受ける．たとえば，多くの塩は溶液の温度を上げると溶解度が大きくなる．その他に溶解平衡では以下の効果がよく知られている．

9.3.1 活量の効果

ここまでの議論では，溶解度積はイオンの濃度で表されると考えた．しかし本来，溶解度積はイオンの活量で表されるべきものである．難溶性塩の溶解度は，活量と濃度の違いが如実に表れる例の一つである．水中，25℃において，活量係数(γ_i)を $0.1\ \mathrm{mol\ dm^{-3}}$ 程度のイオン強度までは適用できる Güntelberg 式(2.3.1 項参照)を単独イオンの活量係数に適用できるとして考えてみよう．

$$\log \gamma_i = -\frac{0.51 z_i^2 \sqrt{I_c}}{1+\sqrt{I_c}} \tag{9.9}$$

この式を利用すると，AgCl のような 1：1 の塩について，熱力学的溶解度積($\boldsymbol{K}_{sp}$)と濃度表記の溶解度積の間には以下の関係が成り立つことがわかる．

$$\boldsymbol{p}\boldsymbol{K}_{sp} = -\log(a_M a_X) = -\log([\mathrm{M}][\mathrm{X}]) + \frac{1.02\sqrt{I_c}}{1+\sqrt{I_c}} = pK_{sp} + \frac{1.02\sqrt{I_c}}{1+\sqrt{I_c}} \tag{9.10}$$

塩の溶解平衡に無関係な塩が多量に加えられると，それに伴ってイオン強度(I_c)が増加する．イオン強度が増加すると，$\boldsymbol{K}_{sp}$ よりも K_{sp} が大きくなる．つまり，溶解度(S)はイオン強度の増加とともに増加することになる．一方，イオン強度が増加すると，塩の溶解平衡に関与しているイオンの活量係数が減少する．つまり，熱力学的溶解度積を満たすだけの活量をイオンが維持するには高濃度のイオンが必要になると理解できる．

例題 9.2

塩化鉛($\mathrm{PbCl_2}$)の熱力学的溶解度積と，濃度で表した溶解度積との関係を導け．

解き方

$$\begin{aligned}
\boldsymbol{p}\boldsymbol{K}_{sp} &= -\log(a_{\mathrm{Pb}} a_{\mathrm{Cl}}^2) \\
&= -\log([\mathrm{Pb^{2+}}][\mathrm{Cl^-}]^2) + \frac{0.51 \times 2^2 \sqrt{I_c}}{1+\sqrt{I_c}} + \frac{2 \times 0.51 \times (-1)^2 \sqrt{I_c}}{1+\sqrt{I_c}} \\
&= pK_{sp} + \frac{3.06\sqrt{I_c}}{1+\sqrt{I_c}}
\end{aligned}$$

9.3.2 共通イオン効果

溶解平衡に関与しているイオン（共通イオン）を加えると，それに伴い塩の溶解は抑制される．たとえば，硫酸ナトリウム水溶液中の硫酸バリウム（$BaSO_4$）の溶解を考えてみよう．硫酸ナトリウムの濃度を C とすると，硫酸バリウムの溶解度積と溶解度の関係は以下のように表現できる．

$$K_{sp} = [Ba^{2+}][SO_4^{2-}] = (S)(S+C) \tag{9.11}$$

上述の活量への影響に加えて，共通イオンが存在すると $[Ba^{2+}]$（溶解度 S に等しい）が減少することがこの式から理解できる．

図 9.2 に硫酸バリウムの溶解度に対する共存硫酸ナトリウムの影響を図示する．共通イオン効果のみを考慮すると，溶解度は硫酸ナトリウム濃度とともに著しく低下する．これとは逆に活量の効果のみを考えると，溶解度は増加する．実際には，両方の効果を考慮に入れる必要があり，両者の中間の傾向を示す．

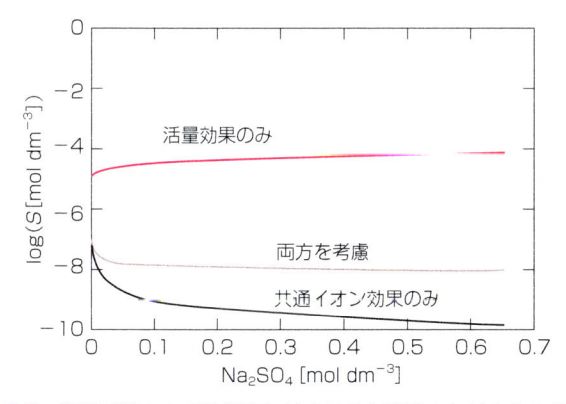

図 9.2 硫酸バリウムの溶解度に対する共存硫酸ナトリウムの効果

例題 9.3

0.5 mol dm^{-3} 硫酸ナトリウム水溶液における硫酸バリウムの溶解度を計算せよ．ただし，硫酸バリウムの熱力学的溶解度積は $pK_{sp} = 9.96$ とする．

解き方

この溶液のイオン強度は，$I_c = (1/2) \times \{(0.5 \times 2) + (0.5 \times 4)\} = 1.5$ mol dm^{-3} である．よって

$$pK_{sp} = \mathbf{p}K_{sp} - \frac{4.08\sqrt{1.5}}{1+\sqrt{1.5}} = 7.71$$

$K_{sp} = [Ba^{2+}][SO_4^{2-}] = (S)(S+0.5) = 10^{-7.71}$ より

$$S = 1.86 \times 10^{-8} \text{ mol dm}^{-3}$$

9.3.3 水素イオンの影響

沈殿平衡に関与するイオンが酸解離にもかかわる場合，溶液の水素イオン濃度(pH)が沈殿平衡にも影響する．典型的な例に，金属イオンの分別沈殿によく用いられる硫化物の沈殿平衡がある．具体例として，硫化マンガン(MnS)の沈殿平衡を考えよう．硫化マンガンの pK_{sp} を 16 とする[*5]．また，硫化水素(H_2S)の酸解離定数は，pK_1 = 7.0，pK_2 = 14 である．沈殿平衡は

$$\text{Mn}^{2+} + \text{S}^{2-} \rightleftarrows \text{MnS} \tag{9.12}$$

であり，硫化水素の化学種のうち S^{2-} のみを考えればよい．

$$[\text{S}^{2-}] = \frac{K_1 K_2 c_{H_2S}}{[\text{H}^+]^2 + [\text{H}^+]K_1 + K_1 K_2} \tag{9.13}$$

$c_{Mn^{2+}} = 1 \times 10^{-3}$ mol dm^{-3} とすると，硫化マンガンの沈殿を生じることなく水中に存在できる S^{2-} の濃度は，$[\text{S}^{2-}] = 1.0 \times 10^{-13}$ mol dm^{-3} である．したがって，硫化水素濃度 c_{H_2S} = 0.1 mol dm^{-3} と仮定すると，式(9.13)から $[\text{H}^+] = 3.2 \times 10^{-5}$ mol dm^{-3} が得られる．図 9.3 に $[\text{S}^{2-}]$ の pH 依存性を示す．この場合，$[\text{S}^{2-}] = 1.0 \times 10^{-13}$ mol dm^{-3} の線と交わる点を境に，高 pH 側で沈殿が生じ，低 pH 側では沈殿が生じない．図 9.3 には，MnS と同じ方法で求めた PbS(pK_{sp} 27.5)，NiS(pK_{sp} 20.7)に関する境界も示す[*6]．

図 9.3 に示したように，pH の影響を利用すると複数の金属イオンを分別沈殿で分離できる．ここでは，一方の 99% 以上が沈殿していて他方が 1% 以下

[*5] 簡単のために活量による影響は無視できるものとする．

[*6] 酸性で硫化物を沈殿させ，沈殿を除いた後，塩基性で再び硫化物を沈殿させる手順は，金属イオンの系統的分離として定性分析の実験で用いられる．

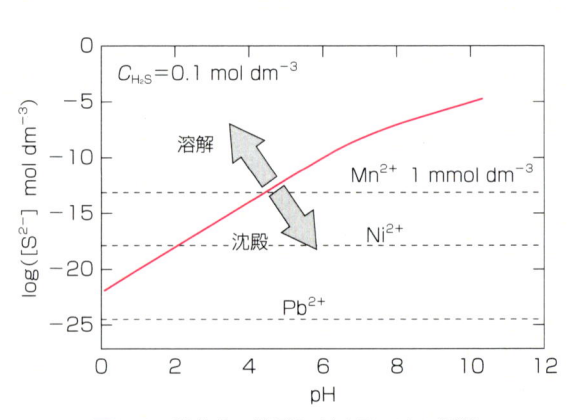

図 9.3　硫化物の沈殿に対する pH の影響

C_{H_2S} = 0.1 mol dm^{-3}，金属イオン濃度 1×10^{-3} mol dm^{-3} と仮定．赤線を境に下側では沈殿が起こり，上側では溶解する．

しか沈殿していないときに，両者の分別が可能であるということにする．金属イオンによって硫化物を沈殿する pH（直接的には $[S^{2-}]$）が異なる．

金属イオン濃度が $1.0 \times 10^{-3} \, \text{mol dm}^{-3}$ の場合，マンガンイオンは pH = 4.5 以下では沈殿しないが，ニッケルイオンはもう少し低い pH でも硫化物を沈殿し，鉛イオンはほとんど pH に無関係に硫化物イオンを沈殿することがわかる．これらの金属イオンが混在していても同じことが起きるのだろうか．

鉛イオンとマンガンイオンがともに $2.0 \times 10^{-5} \, \text{mol dm}^{-3}$ 含まれている溶液から，これらを硫化物イオンとして分別沈殿して分離することを考える．PbS の pK_{sp} は 27.5 である．上と同様，$c_{H_2S} = 0.1 \, \text{mol dm}^{-3}$ とし，pH = 1 に保ったと仮定すると，式 (9.13) から $[S^{2-}] = 1.0 \times 10^{-20} \, \text{mol dm}^{-3}$ であることがわかる．したがって，溶存できる鉛イオンの濃度は $[Pb^{2+}] = 3.2 \times 10^{-8} \, \text{mol dm}^{-3}$ であり，ほぼすべてが沈殿してしまう．一方，硫化鉛として溶液から除かれた硫化水素はごくわずかであり，硫化水素濃度の変化は無視できる．この溶液にはマンガンイオンは事実上いくらでも溶けることができ，硫化マンガンは沈殿しない．

このように，硫化物の沈殿平衡を利用して金属イオンを分別できる．この場合，c_{H_2S} を直接変化させるのではなく，溶液中の水素イオン濃度を変化させることにより，$[S^{2-}]$ を変化させている．つまり，沈殿平衡が水素イオン濃度の影響を受けることを巧みに利用して両者を区別できることがポイントである．

金属イオン濃度が等しいとき，化学量論比が 1:1 の沈殿ができるものどうしを分別するためには，pK_{sp} にどれだけの違いがあればよいのだろうか．pK_{sp} が大きいほうの金属イオンが 99% 沈殿するときに小さいほうの金属イオンが 99% 以上溶存しているためには，pK_{sp} が 2 以上違う必要があることは明らかだろう[*7]．

これらの他には，沈殿平衡は錯生成，溶媒組成により影響を受ける．このうち，錯生成の影響については第 10 章で述べる．また，沈殿平衡への溶媒の影響に直接言及していないが，第 14 章と第 15 章が関係しているので参照されたい．

[*7] 当然，分別の基準を厳しくすれば，pK_{sp} の差も大きくなければならない．

9.4 複数のイオンを含む水溶液からの沈殿生成

塩化物イオンとヨウ化物イオンをそれぞれ $0.1 \, \text{mol dm}^{-3}$ ずつ含む溶液に Ag^+ を加えるとする．AgCl と AgI の pK_{sp} はそれぞれ 9.74, 16.1 である．より溶けにくい AgI が先に沈殿すると推測できるので，AgI が沈殿してヨウ化物イオン濃度が $1 \times 10^{-6} \, \text{mol dm}^{-3}$ まで減少したとしよう．このとき，$[Ag^+] = 10^{-16.1}/10^{-6} = 7.9 \times 10^{-11} \, \text{mol dm}^{-3}$ であり，AgCl の沈殿は全く生じない．AgCl が沈殿し始めるのは，$[Ag^+] = 1 \times 10^{-9} \, \text{mol dm}^{-3}$ を超えてからであり，このとき $[I^-]$ はすでに $7.9 \times 10^{-8} \, \text{mol dm}^{-3}$ まで減少している．

同様に，化学量論が異なる 2 種類の沈殿について見てみよう．塩化銀（AgCl）の pK_{sp} が 9.74 であるのに対し，クロム酸銀（Ag_2CrO_4）の pK_{sp} は 11.92 である．

pK_{sp} の大きさだけを考えると後者が先に沈殿するように思える.

　塩化物イオンとクロム酸イオンをそれぞれ 1×10^{-3} mol dm^{-3} 含む水溶液に銀イオンを加えていったとする. 銀イオン濃度が $[Ag^+] = K_{sp}/[Cl^-] = 10^{-9.74}/10^{-3} = 1.82\times10^{-7}$ mol dm^{-3} に達すると, 塩化銀が沈殿しはじめる. それに対して Ag_2CrO_4 は, 銀イオン濃度が $[Ag^+] = (K_{sp}/[CrO_4^{2-}])^{1/2} = 3.47\times10^{-5}$ mol dm^{-3} に達するまでは沈殿しない. 塩化物イオンが塩化銀として 99% 沈殿するとき, 溶液中の銀イオン濃度は $[Ag^+] = 10^{-9.74}/10^{-5} = 1.82\times10^{-5}$ mol dm^{-3} なので, クロム酸イオンは沈殿していない. この原理は以下で述べる沈殿滴定の当量点の検出に利用されている[*8].

*8　9.5 節を参照.

例題 9.4

　Cl^- と X^{2-} を含む水溶液から, それぞれを銀の塩として分別沈殿により分離したい. 塩化銀と分別沈殿が可能な Ag_2X の pK_{sp} の範囲はいくらか. ただし, Cl^- と X^{2-} の濃度はいずれも 1×10^{-3} mol dm^{-3} とする.

解き方

　二つの場合に分けて考える必要がある.

① 塩化銀が先に沈殿する場合

　塩化物イオンの 99% が沈殿したときに溶液中に残る銀イオンの濃度は, $[Ag^+] = 1.82\times10^{-5}$ mol dm^{-3} であった. この銀イオン濃度で, Ag_2X が沈殿しないためには次の条件が満たされなければならない.

$$[X^{2-}] = 1\times10^{-3} \leq K_{sp}(Ag_2X)/(1.82\times10^{-5})^2$$
$$K_{sp}(Ag_2X) \geq 3.31\times10^{-13}$$

② Ag_2X が先に沈殿する場合

　Ag_2X の 99% が沈殿しても AgCl は沈殿しない. つまり, $[Ag^+] \leq 1.82\times10^{-7}$ mol dm^{-3} である. このとき, $[X^{2-}] = 1\times10^{-5}$ mol dm^{-3} なので

$$K_{sp}(Ag_2X) \leq (1.82\times10^{-7})^2 \times 10^{-5} = 3.31\times10^{-19}$$

つまり, $pK_{sp} \leq 12.5$ または $pK_{sp} \geq 18.5$ であればよい.

9.5　沈殿滴定

9.5.1　沈殿滴定の例

　沈殿平衡を利用する定量法に**沈殿滴定**がある. 最もよく知られたものの一つは, ハロゲン化物イオンの銀イオンによる滴定である. 塩化物イオンを例にとって考えてみよう.

　0.100 mol dm^{-3} の塩化物ナトリウム水溶液 50.0 cm^3 を 0.100 mol dm^{-3} の硝

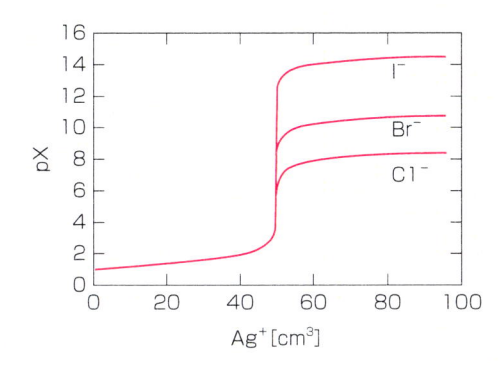

図 9.4　ハロゲン化物イオンの Ag$^+$ による滴定曲線の比較
pX = $-\log[\text{Cl}^-]$，$-\log[\text{Br}^-]$，または $-\log[\text{I}^-]$．

*9　比較のため，Br$^-$ と I$^-$ の滴定曲線をあわせて示す．

酸銀水溶液で滴定したことを想定する．図 9.4 に滴定曲線を示す*9．縦軸には pX（X = Cl$^-$，Br$^-$，または I$^-$）をとった．実験的には，銀線や銀／塩化銀電極を用いて pCl を測定することが可能である．塩化銀の溶解度積 pK_{sp} = 9.74 なので，当量点では

$$[\text{Cl}^-]_{\text{当量点}} = [\text{Ag}^+] = K_{sp}^{1/2}$$
$$\text{pCl} = 4.87$$

である．当量点に達するのに必要な量の 3 倍に相当する硝酸銀水溶液を加えると，$[\text{Ag}^+]$ = 0.05 mol dm^{-3} より，$[\text{Cl}^-] = K_{sp}/[\text{Ag}^+] = 3.63 \times 10^{-9}$ mol dm^{-3}，pCl = 8.44 にまで変化する．

同様に，臭化ナトリウム，ヨウ化ナトリウムを用いて硝酸銀水溶液で滴定すると，当量点は AgBr と AgI の pK_{sp} より，pBr = 6.7，pI = 8.1 となる．また，当量点の 3 倍量に相当する Ag$^+$ を加えると，それぞれ pBr = 11.0，pI = 14.8 となる．つまり，同じ原理による沈殿滴定であるが，pK_{sp} が大きな沈殿平衡を利用すると滴定曲線の当量点前後でのジャンプが大きくなる．このことは付録 A からも明かだろう．

9.5.2　指示薬の利用

変色を利用する指示薬を用いても沈殿滴定の当量点を検出できる．いくつかの原理が知られているが，このうち Mohr 法はクロム酸イオンを添加しておくもので，上述の通り沈殿平衡に基づいてその原理を理解することができる．すなわち，塩化銀の沈殿が生じてもクロム酸銀の沈殿は生じないが，塩化銀の沈殿が生成し終わり，溶液中の銀イオン濃度が高くなると赤褐色のクロム酸銀が沈殿し，当量点を知ることができる．

フルオレセインを指示薬とする Fajans 法もよく知られている．この方法は塩化銀沈殿の表面電位の変化を利用するもので，塩化物イオンが過剰の条件下では塩化銀の表面には塩化物イオンが吸着しており沈殿は負に帯電している．当量点を過ぎると今度は過剰の銀イオンが吸着し沈殿の表面電位は正に転じ

---

one point

クロム酸イオン

酸性では以下の反応で重(二)クロム酸イオンを生じる．

$$2\text{CrO}_4^{2-} + 2\text{H}^+ \rightleftharpoons \text{Cr}_2\text{O}_7^{2-} + \text{H}_2\text{O}$$

6 価のクロムイオンの d 軌道には電子がないので酸素からの LMCT（第 8 章参照）により着色する．

one point

表面電位

荷電コロイドは電気二重層間の静電的斥力により凝集することなく安定に分散できる．沈殿の場合，溶液中に過剰に存在するイオンが沈殿表面に吸着し，その表面電位を決定する．AgCl の場合，Ag$^+$ 過剰では正に，Cl$^-$ 過剰では負に帯電している（古澤邦夫，ぶんせき，247 (2004)）．

る．このとき陰イオンのフルオレセインが沈殿表面に吸着し，沈殿が赤くなる．当量点を境に沈殿が凝集することからも，表面電位の変化を知ることができる．

章末問題

基本問題

1. クロム酸銀（Ag_2CrO_4, $pK_{sp} = 11.6$）とクロム酸バリウム（$BaCrO_4$, $pK_{sp} = 9.92$）の溶解度をそれぞれ求め，比較せよ．

2. AgCl に関する以下の問いに答えよ．
   (1) AgCl の溶解ギブズエネルギーが $55.0\ kJ\ mol^{-1}$ であることを用いて，298 K での AgCl の K_{sp} を計算せよ．
   (2) AgCl 固体が共存している水溶液中の $[Ag^+]$（AgCl の溶解度）を求めよ．
   (3) (2)の水溶液に $NaNO_3$ を加えて，$I_c = 1\ mol\ dm^{-3}$ とした．$[Ag^+]$ を求めよ．
   (4) (2)の水溶液に $NaCl$ を加えて，$I_c = 2\ mol\ dm^{-3}$ とした．$[Ag^+]$ を求めよ．

3. Pb^{2+} と Mn^{2+} の濃度がともに $1.0 \times 10^{-3}\ mol\ dm^{-3}$ で硫化水素の全濃度が 0.10 M のとき，pH = 1 では分別沈殿が可能であることを示せ．また，pH = 5 ではどうなるかを議論せよ．

4. $0.100\ mol\ dm^{-3}$ の Cl^- の水溶液 $25.00\ cm^3$ を $0.100\ mol\ dm^{-3}$ の $AgNO_3$ 水溶液を用いて滴定した．以下の問いに答えよ．
   (1) 当量点における Ag^+ の濃度はいくらか．
   (2) Cl^- の水溶液に指示薬としてクロム酸イオンを加えて滴定した．クロム酸イオンの初濃度が $1.00 \times 10^{-3}\ mol\ dm^{-3}$ のとき，当量点でクロム酸銀は沈殿するか．
   (3) クロム酸銀の 10% が沈殿すれば，色の変化で当量点を知ることができる．このときの Ag^+ の濃度はいくらか．

発展問題

1. Mn^{2+} の濃度が $1.0 \times 10^{-4}\ mol\ dm^{-3}$，硫化水素の全濃度が $0.10\ mol\ dm^{-3}$ のとき，MnS の沈殿を生じない溶液の最大 pH を求めよ．また，この pH の値は Mn^{2+} 濃度とともにどのように変化すると考えられるかを述べよ．

2. Cl^-, Br^-, I^- を含む溶液に Ag^+ を加えて，それぞれを分別沈殿する．Br^- の濃度が $0.01\ mol\ dm^{-3}$ のとき定量的に分別沈殿できる Cl^- と I^- それぞれの濃度範囲を求めよ．Ag^+ の添加による希釈は考慮しなくてよい．

第9章の Keywords

イオン結晶(ionic crystal)，溶解(dissolution)，溶解度(solubility)，溶解度積(solubility product)，イオンの溶媒和(solvation of ion)，分別沈殿(fractional precipitation)，沈殿滴定(precipitation titration)

第10章 複雑な平衡系

　第8章の錯生成平衡では，基本的な平衡関係の取り扱いを学ぶために，pHが既知の系や，配位子の平衡濃度がわかっている系を取り扱った．しかし，ルイス塩基である配位子の多くはブレンステズ塩基としても働くので，錯生成反応だけでなく酸－塩基平衡にも関与する．したがって，配位子と金属イオンの間の平衡だけを考えるのではなく，配位子が関与する酸－塩基平衡や，それに伴う溶液のpHや配位子の平衡濃度も考慮しなければならない．また，第9章の沈殿平衡では，沈殿平衡に酸－塩基平衡が関与する場合について学習した．これに加えて錯生成反応が関与すると，沈殿の溶解が促進される場合がある．

　第9章の冒頭で述べた$CaCO_3$の溶解平衡は，単なる沈殿平衡だけでなく，二酸化炭素の水への溶解，炭酸の解離，Ca^{2+}の錯生成などがすべて沈殿平衡にかかわる系である．大気への二酸化炭素の蓄積により$CaCO_3$の溶解平衡がどのような影響を受けるのかを議論するには，このような複雑な平衡系へのアプローチを知っておく必要がある．

　この章では複数の平衡が関与している系の取り扱いを学ぶ．多くの場合，解析的な解を得ることは難しいが，図をうまく用いると近似解を容易に見つけることができる．また，パソコンと表計算ソフトはこのような複雑な系の理解と計算に非常に役に立つ．

10.1　pHと配位子の平衡濃度が未知の錯形成平衡

　第8章では銅アンミン錯体生成の系を扱った．しかし，簡単のために平衡アンモニア濃度が既知，またはアンモニアが大過剰の系のみについて述べた．アンモニアの全濃度が銅イオンの全濃度の数倍程度以下の場合には，錯生成によるアンモニアの消費を無視できなくなり，平衡アンモニア濃度やpHを簡単に知ることができなくなる．ここではこのような系の計算を行う．

10.1.1 銀アンミン錯体生成の系

まず，錯生成反応が比較的単純な銀アンミン錯体生成の系について見てみよう．ただし，銀イオンは水和錯体またはアンミン錯体でのみ存在するものとし，水酸化物や酸化物の沈殿は生じないと仮定する．

銀イオンとアンモニアの錯生成反応は以下の式で表される．

$$Ag^+ + NH_3 \underset{}{\overset{K_1}{\rightleftharpoons}} Ag(NH_3)^+ \tag{10.1}$$

$$Ag(NH_3)^+ + NH_3 \underset{}{\overset{K_2}{\rightleftharpoons}} Ag(NH_3)_2^+ \tag{10.2}$$

ここで，$\log K_1 = 3.31$，$\log K_2 = 3.92$ である．また，硝酸銀の仕込み濃度(c_{Ag})とアンモニアの仕込み濃度(c_{NH_3})は次の式で表される．

$$c_{Ag} = [Ag^+] + [Ag(NH_3)^+] + [Ag(NH_3)_2^+] \tag{10.3}$$

$$c_{NH_3} = [NH_3] + [NH_4^+] + [Ag(NH_3)^+] + 2[Ag(NH_3)_2^+] \tag{10.4}$$

第8章では銅イオンとアンモニアの系に関する化学種の計算について述べた．同様に，アンモニアの平衡濃度 $[NH_3]$ が既知であればすべての化学種の濃度が次の式からただちに計算できる．

$$[Ag^+] = c_{Ag}/f_{(NH_3)} \tag{10.5}$$

$$[Ag(NH_3)^+] = c_{Ag} K_1 [NH_3]/f_{(NH_3)} \tag{10.6}$$

$$[Ag(NH_3)_2^+] = c_{Ag} \beta_2 [NH_3]^2/f_{(NH_3)} \tag{10.7}$$

$$f_{(NH_3)} = 1 + K_1[NH_3] + \beta_2[NH_3]^2 \tag{10.8}$$

$$[NH_4^+] = \sqrt{\frac{[NH_3] K_W}{K_a}} \tag{8.26}$$

$c_{Ag} = 0.01$ mol dm^{-3} のときを考えよう．アンモニアの平衡濃度 $[NH_3]$ を与えると，その値を上の式に代入することで，関係する化学種の濃度を計算できる．その結果を図10.1(a)に示す．$[Ag^+]$ の線と $[Ag(NH_3)^+]$ の線との交点の横軸 $\log[NH_3]$ の値は $\log K_1 = 3.31$ に相当し，同様に $[Ag(NH_3)^+]$ の線と $[Ag(NH_3)_2^+]$ の線との交点の $\log[NH_3]$ は $\log K_2 = 3.92$ に相当する．

式(10.3)～(10.8)および式(8.26)から $[NH_3]$ を解析的に得ることはできないが，以下に示すように近似解を求めることはできる．硝酸銀の仕込み濃度が 1.00×10^{-2} mol dm^{-3}，アンモニアの仕込み濃度が 2.50×10^{-2} mol dm^{-3} のときを例に，溶液中に存在するすべての化学種の濃度を求めてみよう．アンモニアが銀イオンに比べて過剰なので，実質的にほとんどの銀イオンは $Ag(NH_3)_2^+$ であると仮定する．また，塩基性なので $[NH_3]$ に比べて $[NH_4^+]$ は無視できる．つまり，式(10.3)と式(10.4)を以下のように書くことができる．

---

one point

銀アンミン錯体

銀イオンは電子が満たされた 4d 軌道と空の 5s 軌道のエネルギーが近く，d_{z^2} 軌道と 5s 軌道が混成しやすいために直線型の 2 配位錯体が生じやすいと考えられている．

$H_3N - Ag^+ - NH_3$

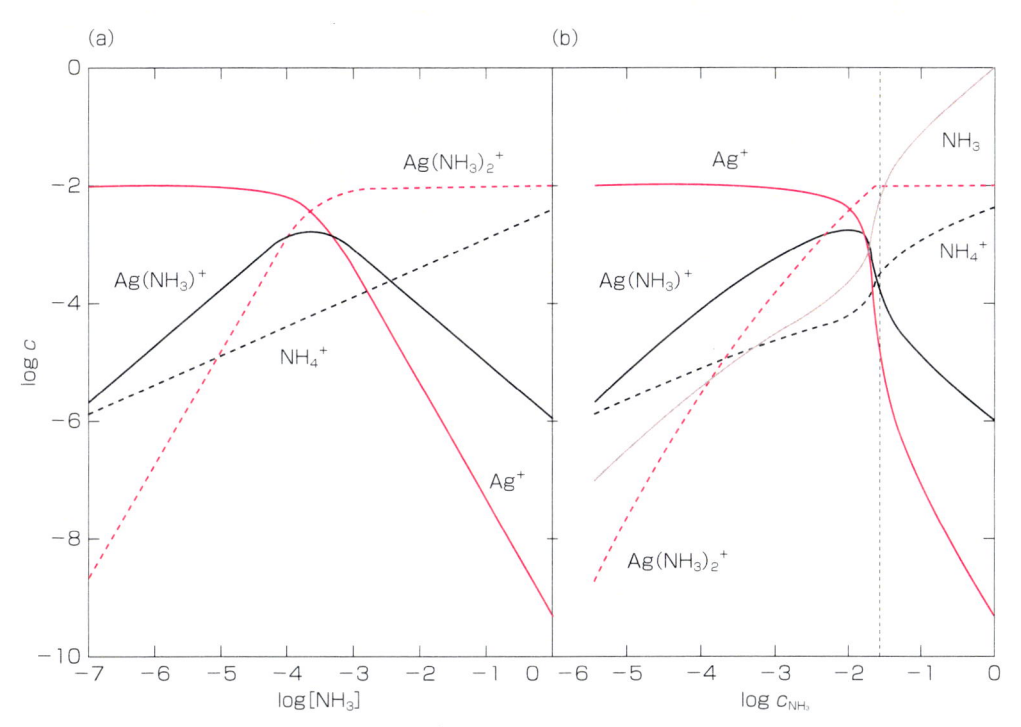

図 10.1　$c_{Ag}=0.01\ mol\ dm^{-3}$ のときの銀-アンモニア系の化学種の濃度変化

$$c_{Ag} = [Ag(NH_3)_2^+] \tag{10.9}$$
$$c_{NH_3} = [NH_3] + 2[Ag(NH_3)_2^+] \tag{10.10}$$

したがって，アンモニアの平衡濃度は

$$[NH_3] = 2.50 \times 10^{-2} - 2 \times 1.00 \times 10^{-2} = 5.00 \times 10^{-3}\ mol\ dm^{-3}$$

と仮定できる．この $[NH_3]$ を用いて銀イオンの化学種濃度を求めると，次のようになる．

$$[Ag^+] = 1.92 \times 10^{-5}\ mol\ dm^{-3}$$
$$[Ag(NH_3)^+] = 2.00 \times 10^{-4}\ mol\ dm^{-3}$$
$$[Ag(NH_3)_2^+] = 9.78 \times 10^{-3}\ mol\ dm^{-3}$$

第8章でも述べた通り，Ag^+ の化学種の全濃度（式10.3）と $[NO_3^-]$ はいずれも c_{Ag} なので，電荷均衡式は次式になる．

$$[H^+] + [NH_4^+] = [OH^-] \tag{10.11}$$

式(10.11)を NH_4^+ の酸解離定数（K_a）に代入すると以下の式が得られる．

$$[\mathrm{H}^+] = \sqrt{\frac{K_a K_\mathrm{W}}{[\mathrm{NH}_3] + K_a}} \tag{10.12}$$

溶液が塩基性で $[\mathrm{H}^+]$ が無視できるとき，式(10.12)は

$$[\mathrm{H}^+] = \sqrt{\frac{K_a K_\mathrm{W}}{[\mathrm{NH}_3]}} \tag{10.13}$$

と簡略化できる．これに，$[\mathrm{NH}_3] = 5.00 \times 10^{-3}\ \mathrm{mol\ dm^{-3}}$，$K_a = 10^{-9.25}$ を代入すると，次の値が得られる．

$[\mathrm{H}^+] = 1.89 \times 10^{-11}\ \mathrm{mol\ dm^{-3}}$
$[\mathrm{OH}^-] = [\mathrm{NH}_4^+] = 5.03 \times 10^{-4}\ \mathrm{mol\ dm^{-3}}$

10.1.2　結果の検証

次に，計算結果が正しいかどうかを検証してみよう．計算結果から全アンモニア濃度を計算してみる．初めの仮定[*1]が正しければ，このアンモニア濃度はアンモニアの仕込み濃度に一致するはずである．しかし，計算結果からは全アンモニア濃度は

$[\mathrm{NH}_3] + [\mathrm{NH}_4^+] + [\mathrm{Ag(NH}_3)^+] + 2[\mathrm{Ag(NH}_3)_2^+] = 2.529 \times 10^{-2}\ \mathrm{mol\ dm^{-3}}$

となり，仕込み濃度 $2.50 \times 10^{-2}\ \mathrm{mol\ dm^{-3}}$ より大きい．これはスタートの仮定が完全には成り立たないことを示唆している．この結果を以下のように計算に反映させてみる．つまり

$[\mathrm{NH}_3] = 5.00 \times 10^{-3} - (2.529 \times 10^{-2} - 2.50 \times 10^{-2}) = 4.71 \times 10^{-3}\ \mathrm{mol\ dm^{-3}}$

として再計算してみると，

$[\mathrm{Ag}^+] = 2.16 \times 10^{-5}\ \mathrm{mol\ dm^{-3}}$
$[\mathrm{Ag(NH}_3)^+] = 2.12 \times 10^{-4}\ \mathrm{mol\ dm^{-3}}$
$[\mathrm{Ag(NH}_3)_2^+] = 9.77 \times 10^{-3}\ \mathrm{mol\ dm^{-3}}$
$[\mathrm{H}^+] = 1.94 \times 10^{-11}\ \mathrm{mol\ dm^{-3}}$
$[\mathrm{OH}^-] = [\mathrm{NH}_4^+] = 5.15 \times 10^{-4}\ \mathrm{mol\ dm^{-3}}$

これらから計算されるアンモニアの全濃度は $2.498 \times 10^{-2}\ \mathrm{mol\ dm^{-3}}$ となり，仕込み濃度にほぼ等しくなる．再度同様の計算を行うと

$[\mathrm{NH}_3] = 4.74 \times 10^{-3}\ \mathrm{mol\ dm^{-3}}$
$[\mathrm{Ag}^+] = 2.13 \times 10^{-5}\ \mathrm{mol\ dm^{-3}}$

[*1] 銀イオンはすべて $\mathrm{Ag(NH_3)_2^+}$ であるという仮定．

$[\text{Ag(NH}_3)^+] = 2.11 \times 10^{-4}\ \text{mol dm}^{-3}$

$[\text{Ag(NH}_3)_2^+] = 9.77 \times 10^{-3}\ \text{mol dm}^{-3}$

$[\text{H}^+] = 1.94 \times 10^{-11}\ \text{mol dm}^{-3}$

$[\text{OH}^-] = [\text{NH}_4^+] = 5.16 \times 10^{-4}\ \text{mol dm}^{-3}$

となり，今度はアンモニアの全濃度と仕込み濃度が一致する．付録Bに示すようにExcel®のソルバーを用いると，目的とする解を容易に見つけることができる[*2]．

[*2] 具体的な方法はコラムに示す．

例題 10.1

銀イオンの仕込み濃度が $0.0100\ \text{mol dm}^{-3}$，アンモニアの仕込み濃度が $0.0150\ \text{mol dm}^{-3}$ のとき，溶存化学種の濃度はいくらか．

解き方

アンモニアはすべて銀イオンと錯体を形成していると考えると，式(10.4)は次のように書ける．

$$c_{\text{NH}_3} = [\text{Ag(NH}_3)^+] + 2[\text{Ag(NH}_3)_2^+] = \frac{c_{\text{Ag}}K_1[\text{NH}_3] + 2c_{\text{Ag}}\beta_2[\text{NH}_3]^2}{1 + K_1[\text{NH}_3] + \beta_2[\text{NH}_3]^2} \quad (10.9)$$

この式は，$[\text{NH}_3]$ に関する二次方程式なので，容易に解くことができる．

$[\text{NH}_3] = 4.38 \times 10^{-4}\ \text{mol dm}^{-3}$

この値を $[\text{NH}_3]$ の近似値として他の化学種濃度を計算し，計算で求められたアンモニアの全濃度と仕込み濃度との差がなくなるように計算を繰り返すと以下の結果を得る．

$[\text{NH}_3] = 4.04 \times 10^{-4}\ \text{mol dm}^{-3}$

$[\text{Ag}^+] = 1.93 \times 10^{-3}\ \text{mol dm}^{-3}$

$[\text{Ag(NH}_3)^+] = 1.63 \times 10^{-3}\ \text{mol dm}^{-3}$

$[\text{Ag(NH}_3)_2^+] = 6.44 \times 10^{-3}\ \text{mol dm}^{-3}$

$[\text{H}^+] = 1.18 \times 10^{-10}\ \text{mol dm}^{-3}$

$[\text{OH}^-] = [\text{NH}_4^+] = 8.48 \times 10^{-5}\ \text{mol dm}^{-3}$

10.1.3 図を用いる解法

錯生成反応では，配位子の平衡濃度がわかれば，すべての化学種濃度を容易に計算できる．上述の計算やExcel®のソルバーを利用する方法は，適当な平衡配位子濃度を仮定して，繰り返し計算により，全体を説明できる平衡配位子

濃度を探り当てるものである．

一方，図を用いて概算することもできる．たとえば，図10.1(a)の横軸をc_{NH_3}に描き直すと，図10.1(b)が得られる．この図中に，$c_{NH_3} = 2.50 \times 10^{-2}$ mol dm^{-3}に相当する（$\log c_{NH_3} = -1.60$）ところに縦線を書き入れてみよう（図中の破線）．この直線とそれぞれの曲線との交点は，各化学種の濃度に相当する．図から読み取るのでは精密な値はわからないが，図10.1(b)のような図をあらかじめ作成しておけば，各化学種濃度を概算することは可能である．

10.2 複数の配位子が混在する系

8.4節で述べた金属指示薬を用いるEDTA滴定の終点検出は，複数の配位子が混在する系であった．この場合は金属指示薬濃度が微量であったが，複数

プラスアルファ

Excel®を用いた複雑な平衡系の解の求め方

例題10.1を題材に，銀／アンモニア系を例にExcel®のソルバー機能を用いた解の求め方の一例を示す．

《計算開始》

	$\log K_1 =$	3.32		c_{Ag}	0.01	mol dm^{-3}	
	$\log K_2 =$	3.99		c_{NH_3}	0.015	mol dm^{-3}	
	$\log K_a =$	9.25					

[NH$_3$]	f	[Ag$^+$]	[AgNH$_3$]	[Ag(NH$_3$)$_2$]	[H$^+$]	[OH$^-$]	[NH$_4^+$]	total NH$_3$
3.00E−04	3.46E+00	2.89E−03	1.81E−03	5.30E−03	1.37E−10	7.30E−05	7.30E−05	1.28E−02

$f = 1 + K_1[NH_3] + K_1 K_2[NH_3]^2$

適当な初期値を入れる．うまく計算できないことがあるのでそのときは初期値を変える．

NH$_3$を含む化学種の計算値合計．

- [NH$_3$]のセルに適当な数値を入れる．
- f〜[NH$_4^+$]の各セルには[NH$_3$]に基づいて計算した値が入るように計算式を入れておく．
- 最後のtotal NH$_3$セルには[NH$_3$][AgNH$_3$][Ag(NH$_3$)$_2$][NH$_4^+$]から求めたアンモニアの合計濃度を入れる．

total NH$_3$セルを「目的セル」に，また[NH$_3$]のセルを「変化させるセル」に設定し，total NH$_3$が仕込み濃度である$c_{NH_3} = 0.015$ mol dm^{-3}に等しくなるような最適[NH$_3$]を見つけさせる．

このようにソルバーを動かすと，以下の結果を得る．

《計算後》

[NH$_3$]	f	[Ag$^+$]	[AgNH$_3$]	[Ag(NH$_3$)$_2$]	[H$^+$]	[OH$^-$]	[NH$_4^+$]	total NH$_3$
4.04E−04	5.18E+00	1.93E−03	1.63E−03	6.44E−03	1.18E−10	8.48E−05	8.48E−05	1.50E−02

の配位子がともに無視できない程度の濃度で混在するときはどうだろうか．銅イオンとEDTA，アンモニアの系を例にとって考えることにする．

具体的には，銅イオン，EDTA，アンモニアそれぞれの仕込み濃度が，$c_{Cu} = 1.00 \times 10^{-3}$ mol dm^{-3}，$c_{EDTA} = 2.00 \times 10^{-3}$ mol dm^{-3}，$c_{NH_3} = 0.100$ mol dm^{-3} でpH 10の溶液中に存在する場合を考える．

複数の配位子が混在しているとき，それぞれの配位子が錯生成に対して与える影響の大きさは，錯生成定数と配位子の平衡濃度から知ることができる．アンモニアとEDTAの場合それぞれ

$$\text{アンモニア}: K_1[NH_3] + \beta_2[NH_3]^2 + \beta_3[NH_3]^3 + \beta_4[NH_3]^4 \tag{10.10}$$

$$\text{EDTA}: K_f' c_{EDTA}^* \tag{10.11}$$

と書ける[*3]．アンモニアは銅イオンに比べて過剰なので，錯生成してもアンモニアはほとんど消費されないと考えることができる．pH 10におけるNH$_3$の割合は$\alpha_0 = 0.85$なので，平衡濃度は$[NH_3] = 0.100 \times 0.85 = 8.50 \times 10^{-2}$ mol dm^{-3}と求められる．式(10.10)にこの値と平衡定数を代入すると，与えられた条件では次式になる．

$$K_1[NH_3] + \beta_2[NH_3]^2 + \beta_3[NH_3]^3 + \beta_4[NH_3]^4 = 6.31 \times 10^7 \tag{10.12}$$

一方，EDTAがすべて銅イオンと錯生成したと仮定すると，$[EDTA] = 1.00 \times 10^{-3}$ mol dm^{-3}となる．実際にはすべてのEDTAが錯生成するわけではないので，c_{EDTA}^*はこの値より大きいはずであり

$$K_f' c_{EDTA}^* \geq 2.10 \times 10^{15} \tag{10.13}$$

と書ける．式(10.12)と(10.13)の値を比べると，EDTAによる錯生成が圧倒的に大きいことがわかる．そこで，この条件下で銅イオンはほぼすべてEDTA錯体を形成していると近似する．EDTA錯体を形成していない銅イオンのうちアンモニアとも錯形成していないものの割合をω_0とすると

$$\omega_0 = \frac{[Cu^{2+}]}{c_{Cu} - [CuY^{2-}]} \tag{10.14}$$

と書ける．この値は，$[NH_3]$を用いて次のように計算できる．

$$\omega_0 = 1/(1 + K_1[NH_3] + \beta_2[NH_3]^2 + \beta_3[NH_3]^3 + \beta_4[NH_3]^4)$$
$$= 1.58 \times 10^{-8} \tag{10.15}$$

したがって，NH$_3$が共存するときのEDTAの錯生成定数は

[*3] pH 10におけるEDTAのY^{4-}の割合は$\alpha_4 = 0.31$なので，式(10.11)ではこれを考慮した条件つき生成定数を用いている．

$$K_f = \frac{[CuY^{2-}]}{[Cu^{2+}][Y^{4-}]} = \frac{[CuY^{2-}]}{\omega_0(c_{Cu}-[CuY^{2-}])\alpha_4[c_{EDTA}^{未}]} \quad (10.16)$$

と書ける．アンモニア存在下での銅イオン–EDTA の条件つき錯生成定数は

$$K_f' = K_f\omega_0\alpha_4 = \frac{[CuY^{2-}]}{(c_{Cu}-[CuY^{2-}])c_{EDTA}^{未}} \quad (10.17)$$

と表せる．したがって

$$\log K_f' = \log K_f + \log \alpha_4 + \log \omega_0 = 10.5$$

となり，EDTA と錯生成していない銅イオンの濃度は

$$c_{Cu} - [CuY^{2-}] = \frac{[CuY^{2-}]}{c_{EDTA}^{未} K_f'} = 3.01 \times 10^{-11} \text{ mol dm}^{-3}$$

となる．つまり，ほとんどすべての銅イオンが EDTA 錯体を形成しているという近似は正しいことがわかる．EDTA ともアンモニアとも錯体を生成していない水和銅イオン濃度は次の値になる．

$$[Cu^{2+}] = \omega_0(c_{Cu} - [CuY^{2-}]) = 4.77 \times 10^{-19} \text{ mol dm}^{-3}$$

EDTA のように圧倒的に強い錯生成能をもつ配位子があるときには，式(10.17)の関係を考えればよく，共存する配位子の錯生成による影響で条件つき錯生成定数が小さくなるだけで，他はこれまでの計算と同じである．上の例は，EDTA の滴定でいえば，当量の 2 倍に相当する EDTA が加えられた EDTA 大過剰の状態であるが，0.1% 過剰 ($c_{EDTA}^{未} = 1 \times 10^{-6}$ mol dm^{-3}) でも EDTA と錯生成していない銅イオン濃度は 2.14×10^{-7} mol dm^{-3} であり，c_{Cu} の 2% 程度に過ぎない．つまり，式(10.17)はかなりよい近似である．

例題 10.2

Cu^{2+} とトリエチレンテトラミン(trien)の錯生成定数は，$\log K_1 = 20.32$ である．以下の溶液中の水和銅イオン濃度を求めよ．ただし，trien の pK_{b1} は 3.32 であり，pK_{b2} 以降の平衡は考慮しなくてもよいものとする．

(1) $c_{Cu} = 1.00 \times 10^{-3}$ mol dm^{-3}，未錯化の trien 濃度が 1.00×10^{-3} mol dm^{-3}，$c_{NH_3} = 0.100$ mol dm^{-3} で pH が 10 の溶液．

(2) $c_{Cu} = 1.00 \times 10^{-3}$ mol dm^{-3}，未錯化の trien 濃度が 1.00×10^{-3} mol dm^{-3}，未錯化の EDTA 濃度が 1.00×10^{-5} mol dm^{-3}，pH が 10 の溶液[*4]．

解き方

(1) pH 10 でプロトネーションしていない trien の割合は，$\alpha_0 = 0.17$ なので，

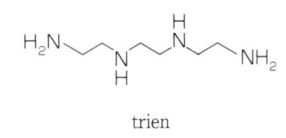

*4　未錯化の配位子濃度を知ることはできないが，ここでは計算を簡単にするために，これらを知り得たと仮定した．

$Cu^{2+}-NH_3$ 錯体に比べて $Cu^{2+}-trien$ の錯生成が優先すると考えることができる．したがって，trien の条件つき錯生成定数は

$$\log K_1' = \log K_1 + \log \alpha_0 + \log \omega_0 = 20.32 - 0.77 - 8.53 = 11.02$$

である．また

$$c_{Cu} - [Cu(trien)^{2+}] = \frac{[Cu(trien)^{2+}]}{c_{trien}^{未} K_1'} = 9.55 \times 10^{-12}\ \text{mol dm}^{-3}$$

よって，水和イオンとして存在する銅イオンは

$$9.55 \times 10^{-12} \times 2.98 \times 10^{-9} = 2.85 \times 10^{-20}\ \text{mol dm}^{-3}$$

(2) (1)同様，平衡時における未錯化 trien 濃度のほうが EDTA 濃度より大きく，また前者のほうが生成定数も大きいので，大部分が trien 錯体であると考えられる．EDTA による ω_0 への寄与は

$$\omega_0 = 1/(1 + K_{f\ (EDTA)}'\, c_{EDTA}^{未}) = 2.53 \times 10^{-14}$$

trien の条件つき生成定数は

$$\log K_1' = \log K_1 + \log \alpha_0 + \log \omega_0 = 20.32 - 0.77 - 13.60 = 5.95$$

となり，また

$$c_{Cu} - [Cu(trien)^{2+}] = \frac{[Cu(trien)^{2+}]}{c_{trien}^{未} K_1'} = 1.12 \times 10^{-6}\ \text{mol dm}^{-3}$$

よって水和銅イオンは

$$1.12 \times 10^{-6} \times 2.53 \times 10^{-14} = 2.84 \times 10^{-20}\ \text{mol dm}^{-3}$$

となる．この場合は，EDTA のほうが補助錯化剤となっており，大部分が trien 錯体である．

(1)と(2)の答えが同じである(有効数字のとり方による違いを除けば)ことは，どちらの溶液も同じ濃度の未錯化銅イオンを含んでいることを示している．これは，未錯化銅イオン濃度は主な配位子である trien 濃度によって決まっており，共存する補助錯化剤によらないことを意味している．計算上は，ω_0 のかけ算と割り算をしており，ω_0(補助錯化剤の影響)が未錯化銅イオン濃度には寄与しないことを反映している．このことは，主な錯体を形成する配位子を含む溶液は常に一定の未錯化金属イオンを含んでおり，その濃度は他の配位子の影響を受けない，つまり一種の緩衝溶液として機能していることを示している．

これを金属緩衝溶液という*5.

*5 8.5節参照.

10.3 沈殿平衡と錯生成平衡が同時に起きる系

10.3.1 アンモニア存在下でのAgClの溶解

第9章では沈殿平衡に対する溶液のpHの影響について述べた．これは，沈殿平衡に関与する物質がブレンステズ酸や塩基の場合である．沈殿平衡にかかわる物質がルイス酸・塩基の場合には，溶液中に存在する配位子による影響を受ける．塩化銀の沈殿平衡を例にとって，錯生成平衡の影響を検討してみよう．

塩化銀が沈殿している水溶液にアンモニアを加えたとする．この場合，銀アンミン錯体が生じるので，以下の平衡を考慮に入れなければならない．

$$AgCl \rightleftharpoons Ag^+ + Cl^- \quad (pK_{sp} = 9.74)$$
$$Ag^+ + NH_3 \rightleftharpoons Ag(NH_3)^+$$
$$Ag(NH_3)^+ + NH_3 \rightleftharpoons Ag(NH_3)_2^+$$
$$K_{sp} = [Ag^+][Cl^-]$$

また，溶存している銀の全濃度c_{Ag}は次式で与えられる．

$$c_{Ag} = [Ag^+] + [Ag(NH_3)^+] + [Ag(NH_3)_2^+] \tag{10.18}$$

溶存しているすべての化学種を考慮した見かけの溶解度積K_{sp}'は次の式で表

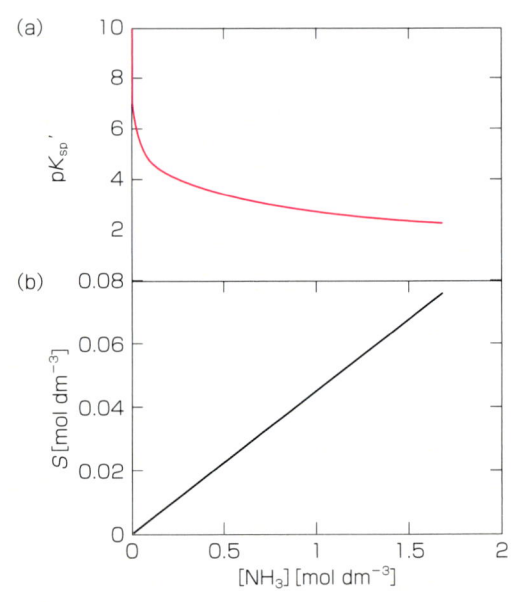

図10.2 AgClの溶解平衡に対するアンモニアの影響
(a) pK_{sp}'のアンモニア濃度による変化，(b) 溶解度のアンモニア濃度による変化．

される*6.

$$K_{sp}' = c_{Ag}[Cl^-]$$
$$= ([Ag^+] + [Ag(NH_3)^+] + [Ag(NH_3)_2^+])[Cl^-])$$
$$= (1 + K_1[NH_3] + \beta_2[NH_3]^2)[Ag^+][Cl^-]$$
$$= (1 + K_1[NH_3] + \beta_2[NH_3]^2)K_{sp} \quad (10.19)$$

つまり，このような系では K_{sp} の代わりにアンミン錯体生成を考慮した K_{sp}' を用いて沈殿の溶解を考えると都合がよい．図10.2(a)に平衡時のアンモニア濃度に対する pK_{sp}' の変化を示す．[NH$_3$] = 0.1 mol dm^{-3} で5桁程度，AgClの溶解度積が見かけ上大きくなっていることがわかる*7．また，AgClの溶解度 S は

$$S = K_{sp}'^{1/2} \quad (10.20)$$

なので，図10.2(b)のように直線的に増加する．これは，アンモニア存在下では Ag(NH$_3$)$_2^+$ が優先化学種*8であるからである（式10.19で β_2[NH$_3$]^2 が他に比べて圧倒的に大きい）．

10.3.2 Cl$^-$ 過剰での AgCl の沈殿平衡

Ag$^+$ は式(10.21)や(10.22)のように，Cl$^-$ とも錯イオンを形成する．つまり，Ag$^+$ を含む溶液から AgCl を沈殿させる際に，過剰の Cl$^-$ を加えるとむしろ溶解度が大きくなり，沈殿が溶解することを意味している．

$$Ag^+ + Cl^- \rightleftharpoons AgCl(錯体)^{*9} \quad (10.21)$$
$$AgCl(錯体) + Cl^- \rightleftharpoons AgCl_2^- \quad (10.22)$$

この平衡定数は，$\log K_1 = 3.23$, $\log \beta_2 = 5.15$ である*10．したがって，過剰の Cl$^-$ を含む溶液では

$$c_{Ag} = [Ag^+] + [AgCl(錯体)] + [AgCl_2^-]$$
$$= (1 + K_1[Cl^-] + \beta_2[Cl^-]^2)[Ag^+]$$
$$K'_{sp} = c_{Ag}[Cl^-]$$
$$= (1 + K_1[Cl^-] + \beta_2[Cl^-]^2)[Ag^+][Cl^-]$$
$$= (1 + K_1[Cl^-] + \beta_2[Cl^-]^2)K_{sp} \quad (10.23)$$

AgCl の溶解度 S は

$$S = c_{Ag} = \frac{K_{sp}}{[Cl^-]}(1 + K_1[Cl^-] + \beta_2[Cl^-]^2) \quad (10.24)$$

となる．

---

*6 AgCl の溶解度積が変わるわけではないが，アンモニアが存在すると AgCl の溶解度（積）が増加する．

*7 [NH$_3$] = 0.1 mol dm^{-3} では $(1 + K_1[NH_3] + \beta_2[NH_3]^2) = 10^{5.23}$

*8 [NH$_3$] = 0.1 mol dm^{-3} で
$\frac{[Ag^+]}{C_{Ag}} = 10^{-5.23}$,
$\frac{[Ag(NH_3)^+]}{C_{Ag}} = 10^{-2.92}$
であるのに対し
$\frac{[Ag(NH_3)_2^+]}{C_{Ag}} = 0.999$ である．
[NH$_3$] が大きくなるとさらに Ag(NH$_3$)$_2^+$ の割合は大きくなる．したがって
$S = K_{sp}'^{1/2} \fallingdotseq (\beta_2[NH_3]^2 K_{sp})^{1/2}$
$= (\beta_2 K_{sp})^{1/2}[NH_3]$ となり S は [NH$_3$] に対して直線的に変化する．

*9 この AgCl は溶存化学種であり沈殿の AgCl ではない．

*10 AgCl$_3^{2-}$, AgCl$_4^{3-}$ が生じる錯生成平衡定数は，それぞれ $\log \beta_3 = 5.04$, $\log \beta_4 = 3.64$ である．[Cl$^-$] が 0.01 mol dm^{-3} より小さいときにはこれらの高次錯体は無視できる（付表2参照）．

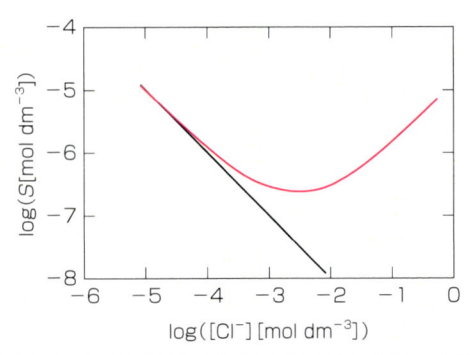

図 10.3 AgCl の溶解度に対する塩化物イオンの効果
赤線：$AgCl_2^-$ までの錯生成と共通イオン効果を考慮，黒線：共通イオン効果のみを考慮．

　AgCl の溶解度の $[Cl^-]$ に対する依存性を図 10.3 に示す．ここでは AgCl の沈殿を含む水溶液に，NaCl を加えて Cl^- 濃度を高くしたことを想定した．黒線は塩化物イオンとの錯生成を考慮しないときの溶解度の値であり，直線的に溶解度が減少している．これに対し，錯生成を考慮すると，$[Cl^-]$ の増加に対してはじめは溶解度が減少するが，最小値を経て再び増加に転じる．この増加が錯生成によることは明らかだろう．式 (10.24) の微分 $(dS/d[Cl^-] = 0)$ から，$[Cl^-] = \sqrt{1/2\beta_2} = 1.9 \times 10^{-3}$ mol dm^{-3} で溶解度が最小になる．

例題 10.3

1.00×10^{-2} mol dm^{-3} のアンモニアと 1.00×10^{-2} mol dm^{-3} の塩化アンモニウムからなる溶液における AgCl の溶解度を求めよ．

解き方

　この場合，銀イオンはアンモニアと塩化物イオンの両方と錯イオンを形成する．したがって

$$K_{sp}' = c_{Ag}[Cl^-] = ([Ag^+] + [AgCl(錯体)] \\
\qquad + [AgCl_2^-] + [Ag(NH_3)^+] + [Ag(NH_3)_2^+])[Cl^-] \\
= (1 + K_{1Cl}[Cl^-] + \beta_{2Cl}[Cl^-]^2 + K_{1N}[NH_3] + \beta_{2N}[NH_3]^2)K_{sp}$$

上の式では，クロロ錯体とアンミン錯体を区別するために，生成定数のあとに Cl と N をつけた．

　アンモニアとアンモニウムの 1:1 混合溶液ではアンモニアの解離度 $\alpha_0 = 0.5$ であり，$[NH_3] = 1.00 \times 10^{-3}$ mol dm^{-3} であることを考慮に入れて計算すると

$$S = c_{Ag} = \frac{1}{[Cl^-]}(1 + K_{1Cl}[Cl^-] + \beta_{2Cl}[Cl^-]^2 + K_{1N}[NH_3] + \beta_{2N}[NH_3]^2)K_{sp}$$
$$= 6.07 \times 10^{-5}\,\mathrm{mol\,dm^{-3}}$$

となる．この計算では，式(9.8)に従ってイオン強度補正した K_{sp} ($I_c = 0.01$ mol dm^{-3} で p$K_{sp} = 9.46$)を用いた．

10.4　沈殿平衡へのブレンステズ酸－塩基平衡の影響

　沈殿を構成する少なくとも一つのイオンがブレンステズ酸または塩基であるとき，沈殿平衡は水溶液のpHに影響を受ける．一つの例として，硫化物の沈殿平衡が溶液のpHの影響を受けることを第9章で述べた．ここでは，沈殿平衡へのpHの影響について，炭酸カルシウムを例にとりもう少し詳細に考える[*11]．

　炭酸カルシウム (p$K_{sp} = 8.22$)[*12] の溶解平衡は以下の通りである．

$$CaCO_3 \rightleftarrows Ca^{2+} + CO_3^{2-} \quad (10.25)$$

溶解により生じた CO_3^{2-} は，ブレンステズ塩基としてただちに水と反応する．

$$CO_3^{2-} + H_2O \rightleftarrows HCO_3^- + OH^- \quad (10.26)$$
$$HCO_3^- + H_2O \rightleftarrows H_2CO_3 + OH^- \quad (10.27)$$

さらに，溶解により生じた Ca^{2+} は水中で以下の錯体およびイオン対を生成する．

$$Ca^{2+} + HCO_3^- \rightleftarrows CaHCO_3^+ \quad (\log K = 1.26) \quad (10.28)$$

[*11] 炭酸カルシウムの酸性溶液への溶解は，酸性雨による土壌などへの影響の点からも興味深い．

[*12] 炭酸カルシウムには結晶構造の違いで方解石(calcite, 三方晶系)とアラレ石(aragonite, 斜方晶系)があり，溶解度積が異なる．ここでは，二枚貝の殻の主成分であるアラレ石の値を用いた．

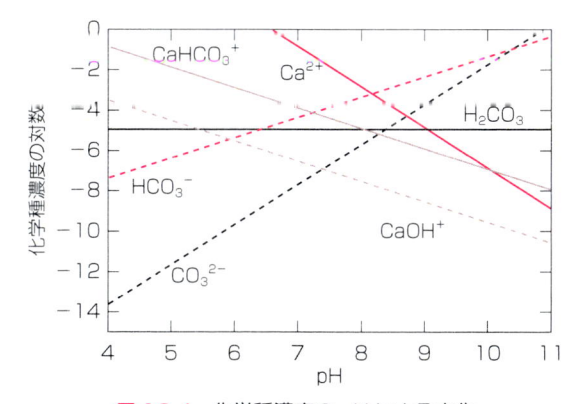

図 10.4　化学種濃度のpHによる変化

炭酸カルシウムの飽和水溶液における化学種濃度のpHによる変化．この水溶液は，通常は大気との間で二酸化炭素の溶解平衡にある．

$$\mathrm{Ca^{2+} + OH^- \rightleftharpoons CaOH^+} \qquad (\log K = 1.30) \tag{10.29}$$

したがって，電荷均衡式は以下のように書くことができる．

$$2[\mathrm{Ca^{2+}}] + [\mathrm{H^+}] + [\mathrm{CaHCO_3^+}] + [\mathrm{CaOH^+}] = [\mathrm{OH^-}] + [\mathrm{HCO_3^-}] + 2[\mathrm{CO_3^{2-}}] \tag{10.30}$$

また，気相中の二酸化炭素と $\mathrm{H_2CO_3}$（水和 $\mathrm{CO_2}$）間には溶解平衡が成り立っており，$\mathrm{H_2CO_3}$ の濃度はヘンリーの法則により与えられる．

$$[\mathrm{H_2CO_3}] = K_\mathrm{H} p_{\mathrm{CO_2}} \tag{10.31}$$

ここで，K_H は二酸化炭素のヘンリー定数（$10^{-1.464}$），$p_{\mathrm{CO_2}}$ は二酸化炭素の分圧である．近年，大気中の二酸化炭素濃度が増加しているが，通常の大気では 3.8×10^{-4} 気圧程度である[*13]．

*13 大気中の $\mathrm{CO_2}$ と平衡にある水溶液中の酸塩基平衡の詳細は 4.2 節参照．

このような大気と平衡にある水溶液では，式(10.31)から，$[\mathrm{H_2CO_3}] = 1.3 \times 10^{-5}\,\mathrm{mol\,dm^{-3}}$ であることがわかる．$[\mathrm{H_2CO_3}]$ は炭酸カルシウムの溶解には無関係に一定である．式(10.30)に式(10.25)〜(10.29)の平衡定数を代入すると，$[\mathrm{H^+}]$ の関数として表すことができる．通常大気との間で二酸化炭素の溶解平衡にある炭酸カルシウムの飽和水溶液における各化学種の濃度を計算すると，図 10.4 のようになる．酸性になると炭酸カルシウムの溶解度は増加し，その大部分は $\mathrm{Ca^{2+}}$ からのものであり，$\mathrm{Ca^{2+}}$ の錯体の寄与は小さい．一方，塩基性領域では $\mathrm{Ca^{2+}}$ 錯体の相対的な寄与が大きくなる．

炭酸カルシウムの溶解平衡だけが起きると仮定すると，溶解度積から $[\mathrm{CO_3^{2-}}]$ は約 $8 \times 10^{-5}\,\mathrm{mol\,dm^{-3}}$（$= K_\mathrm{sp}^{1/2}$）であることがわかる．この溶液の pH は約 9.7 であり，$\mathrm{CO_3^{2-}}$ の大部分は $\mathrm{HCO_3^-}$ になっている．実際には，大気中の二酸化炭素が溶解するために溶液の pH はもう少し酸性になっており，$\mathrm{CO_3^{2-}}$ はほとんど存在しないと考えてよい．さらに，図 10.4 から $\mathrm{Ca^{2+}}$ の錯体の濃度も低いと予想されるので，式(10.30)を以下のように簡略化できそうである．

$$2[\mathrm{Ca^{2+}}] = [\mathrm{HCO_3^-}] \tag{10.32}$$

$$\frac{2K_\mathrm{sp}[\mathrm{H^+}]^2}{K_1 K_2 K_\mathrm{H} p_{\mathrm{CO_2}}} = \frac{K_1 K_\mathrm{H} p_{\mathrm{CO_2}}}{[\mathrm{H^+}]} \tag{10.33}$$

この二式より，$[\mathrm{H^+}] = 10^{-8.27}$ を得る．図 10.4 から，pH 8.27 では式(10.32)の近似がほぼ正しいことがわかる．

章末問題

基本問題

1. 銀イオンの仕込み濃度 0.0100 mol dm^{-3}，アンモニアの仕込み濃度が (1) 0.0100 mol dm^{-3} および (2) 0.0200 mol dm^{-3} における，溶液内の化学種の濃度を求めよ（図 10.1 を参照）．

2. 銅イオンの仕込み濃度が 1.00×10^{-3} mol dm^{-3} のときのアンモニアの平衡濃度（$[NH_3]$）および全濃度（c_{NH_3}）による化学種の変化を表す図を作成せよ．また，この図を利用してアンモニアの仕込み濃度が 0.0100 M および 1.00×10^{-3} mol dm^{-3} のときの $[NH_3]$ を求めよ．

3. 銅イオンの仕込み濃度が 0.0100 mol dm^{-3}，アンモニアの仕込み濃度が 0.100 mol dm^{-3} の pH 10 の水溶液について，以下の問いに答えよ．

   (1) 仕込み濃度が 0.00500 mol dm^{-3} の EDTA を含むとき，錯体を形成していない銅イオンの濃度はいくらか．

   (2) 仕込み濃度が 0.0100 mol dm^{-3} の EDTA を含むとき，錯体を形成していない銅イオンの濃度はいくらか．

4. 2 mol dm^{-3} の NaCl 水溶液への AgCl の溶解度と，0.01 mol dm^{-3} アンモニアへの AgCl の溶解度をそれぞれ求めよ．

発展問題

1. AgCl 結晶 143.5 mg（1.00×10^{-3} mol）を完全に溶解するのに必要な水溶液の量を，以下のそれぞれの場合について求めよ．

   (1) 0.100 mol dm^{-3} アンモニア水溶液の場合．

   (2) 0.100 mol dm^{-3} 塩化アンモニウムと 0.100 mol dm^{-3} アンモニアの両方を含む水溶液の場合．

2. CaF_2 を飽和させた水溶液における各化学種の濃度を求めよ．ただし，以下の平衡を考慮する必要があるものとする．

   $CaF_2 \rightleftharpoons Ca^{2+} + 2F^-$ ($pK_{sp} = 10.5$)
   $Ca^{2+} + F^- \rightleftharpoons CaF^+$ ($K_{f(CaF)} = 4.3$)
   $Ca^{2+} + OH^- \rightleftharpoons CaOH^+$ ($K_{f(CaOH)} = 20$)
   $HF \rightleftharpoons H^+ + F^-$ ($pK_a = 3.17$)

第 10 章の **Keywords**

錯生成 (complex formation)，沈殿生成 (precipitation)，pH，図を用いる解法 (graphical analysis)
Excel® のソルバー機能 (Excel solver)

第 11 章

酸化還元平衡

酸化還元反応は，ある物質から別の物質に電子が移動して，一方は酸化され，他方は還元される電子授受反応である．酸化還元反応は二つの半電池反応からなり，その電子は二つの電極と外部回路を通じてやりとりすることができる．このとき，酸化反応と還元反応は異なる電極上で別々に生じる．この関係を利用すれば，反応の進行の方向や平衡の予測が容易になる．

11.1 酸化還元反応と電池

11.1.1 酸化還元反応とは

酸化還元反応は物質の酸化状態が変わる反応であり，反応にかかわる元素の**酸化数**(oxidation number)[*1]が増減する．酸化数の増加をともなう変化は**酸化**(oxidation)，酸化数の減少をともなう変化は**還元**(reduction)である．たとえば，Fe から Fe^{2+} への変化は，Fe の酸化数が 0 から +2 へと増加するので酸化である．MnO_4^- から Mn^{2+} の変化は，Mn の酸化数が +7 から +2 へと減少するので還元である．酸化あるいは還元の前後で，相対的に酸化数が高い状態を**酸化体**(oxidized form)，酸化数が低い状態を**還元体**(reduced form)といい，これらの対を**酸化還元対**(redox couple)という．

ある還元体 Red1 が，式(11.1)のように，別の物質の酸化体 Ox2 を還元することができる．とする．

$$\text{Red1} + \text{Ox2} \rightleftarrows \text{Ox1} + \text{Red2} \tag{11.1}$$

正反応では，Red1 は酸化されて Ox1 になり，Ox2 は還元されて Red2 になる．Ox2 は Red1 を酸化できる試薬という意味で**酸化剤**(oxidant)と呼ばれ，Red1 は Ox2 を還元できる試薬という意味で**還元剤**(reductant)と呼ばれる．電子授受の観点から見ると，酸化剤は電子を受け入れる(受容する)ことのできる物質であり，還元剤は電子を与える(供与する)ことのできる物質である．

[*1] 単体の元素の酸化数はゼロ，単元素のイオンの酸化数はイオン価に等しい．原子団の場合は，各原子の酸化数の和は原子団のイオン価に等しい．一般に，化合物中の酸素は −2(過酸化物では −1)，水素は +1(水素化物では −1)をとる．有機化合物は酸化数を定めるのが難しい場合もあるが，簡単な化合物の場合には炭素の酸化数で酸化状態が判別できる．CO_2 の C は +4，HCOOH の C は +2 となる．

11.1.2 基本的な電池の仕組み

図 11.1 のように，イオンが通過できる隔膜で仕切られた二つの槽の一方に Red1 の溶液を，他方に Ox2 の溶液を加えて，それぞれに電極を浸す．電極どうしを導線でつなぐと，Red1 と接する電極では式(11.2)の酸化反応が，Ox2 と接する電極では式(11.3)の還元反応が生じる．電池の中で還元反応が生じる電極を**正極**(positive electrode)，酸化反応が生じる電極を**負極**(negative electrode)という．Ox1 一分子あたり n 個の電子が導線を通って負極から正極に移動し，電流が流れる．

$$\text{Red1} \rightleftarrows \text{Ox1} + ne^- \tag{11.2}$$

$$\text{Ox2} + ne^- \rightleftarrows \text{Red2} \tag{11.3}$$

式(11.2)，式(11.3)を**半電池反応**(half-cell reaction)といい，この式から一組の酸化還元対 Ox1 と Red1 の間，あるいは Ox2 と Red2 の間の電子のやりとりがわかる．半電池反応の各辺を足し合わせて電子 e^- を消去すれば，全体の酸化還元反応，式(11.1)が得られる．

異なる種類の半電池反応が生じる金属電極を接続して電流を取り出す装置を一般に**ガルヴァーニ電池**(Galvanic cell)という．ガルヴァーニ(L. Galvani)は異種金属で挟んだカエルの脚の収縮を見て電流を発見したが，電流がカエルではなく金属での反応により生じていることを証明したのは論争の相手だったヴォルタ(A. Volta)であった．

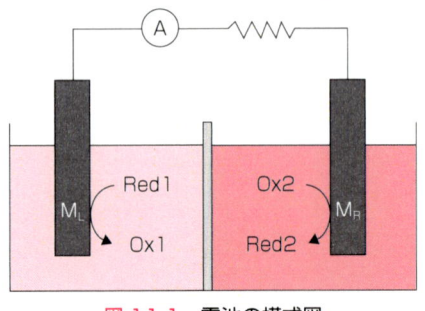

図 11.1 電池の模式図

11.1.3 電池図式と起電力

式(11.1)の酸化還元反応が生じる電池の組成を次のような**電池図式**(cell diagram)で表す．

$$\text{金属 } M_L \mid \text{Ox1, Red1} \parallel \text{Ox2, Red2} \mid \text{金属 } M_R \tag{Cell 1}$$

ここで，｜は固液界面を，‖は溶液を仕切る隔膜を表す．M_L，M_R の金属電極表面では，金属そのものの酸化反応や水素・酸素発生など副反応は生じず，式

---

one point

隔膜

二つの槽の溶液は混ざらないようにしつつ，イオンが通過して電流は流れるようにする半透膜として働く膜のこと．電極が浸された二つの槽の溶液が，拡散や対流により混合しないようなものである必要がある．素焼き板やセラミックスからできた多孔質膜や，高分子からなるイオン交換膜が用いられる．

one point

正極・負極と陽極・陰極

反応が生じるときの電極電位を比較して，他方より正電位にある電極の方を正極という．二次電池では，放電においては正極で還元反応が，負極で酸化反応が生じる．一方，充電においては逆の反応が生じるが，正極が負極より常に正電位にある．充電時の外部電源による酸化は陽極反応，還元は陰極反応とも呼ぶ．

(11.2)，式(11.3)の電子移動が速やかに生じるものとする[*2]．二つの金属間に電位差があるとき，電極どうしを導線で短絡すれば，各電極で酸化反応または還元反応が生じ，電流が流れる．

式(11.1)の酸化還元反応の進行方向を調べるには，両電極間の電圧，すなわち端子間電圧 E_{cell} を測定する．国際純正・応用化学連合(IUPAC)の規約[*3] では，電池の端子間電圧は，(右側の M_R の電極電位，E_R[*4]) − (左側の M_L の電極電位，E_L)で定義されている．

$$E_{cell} = E_R - E_L \tag{11.4}$$

E_{cell} が正の場合は，M_R の電位が M_L のそれより高いので，短絡した導線中を電子が M_L から M_R に移動する．すなわち，M_R 上では還元反応が，M_L 上では酸化反応が生じ，式(11.1)の正反応が進行する．ここで，酸化還元が進行する前の状態を評価するために，電池内を電流が流れない条件下[*5] で E_{cell} を測定する．この条件での E_{cell} を電池の**起電力**(electromotive force, emf)E_{emf} という．測定される E_{emf} には，電極電位の他に，電解液が接したときに発生する**液間電位差**(liquid junction potential)が含まれるが，**塩橋**(salt bridge)を用いて，液間電位差の影響を数 mV 以下に小さくすることができる．

酸化還元反応の化学的エネルギーを電気的エネルギーに変換する装置が電池なので，式(11.1)の化学反応のギブズエネルギー変化 ΔG [J mol^{-1}] は定温・定圧下で 1 mol の Red1 と Ox2 が反応したとき，すなわち nF [C] の電子がやりとりされたとき電池が失ったギブズエネルギー変化である(n は式(11.1)に関与する電子数，F はファラデー定数(96485 C mol^{-1})である)．一方，起電力 E_{emf} [V] の電池に nF [C] の電子が流れたとき，電池が行った電気的仕事は nFE_{emf} [J] に等しい[*6]．よって，ΔG と E_{emf} の間には次の関係が成り立つ．

$$\Delta G = -nFE_{emf} \tag{11.5}$$

E_{emf} が正であれば ΔG は負なので，式(11.1)の正反応が自然に進行する．E_{emf} がゼロであれば，電池反応は回路を短絡しても電流が流れない平衡状態にあり，式(11.1)の反応は正方向にも逆方向にも見かけ上は進行しない．E_{emf} が負であれば電流は逆に流れ，式(11.1)の逆反応が自然に進行する．このように，電池の起電力 E_{emf} は酸化還元反応が自発的に生じる向きを判断するための指標となる．

11.1.4 半電池反応の電子数が等しくない場合

酸化と還元の半電池反応の電子数が等しくないときは

$$\text{Red1} \rightleftarrows \text{Ox1} + n_1 e^- \tag{11.2'}$$

[*2] 電極が酸化されやすい金属の場合は，Red1，Red2 は金属そのものとなり，Ox1，Ox2 はその酸化体．代表例は，Zn | Zn^{2+} ‖ Cu^{2+} | Cu で表されるダニエル電池(Daniell cell)である．

[*3] "Quantities, Units and Symbols in Physical Chemistry 3rd ed.," 国際純正・応用化学連合(IUPAC)(2007).

[*4] 一つの電極系を端子｜金属｜溶液とすると，電極電位は端子相の内部電位と溶液相の内部電位の差に等しい．

[*5] 入力抵抗がきわめて大きい場合．

one point

液間電位差

濃度や種類の異なる塩の溶液が接するときに発生する界面電位差のこと．塩を構成するカチオンとアニオンの移動度が異なることにより，界面付近でカチオンとアニオンの濃度に差が生じるので，電位差が発生する

one point

塩橋

移動度が同程度であるカチオンとアニオンからなる高濃度の塩(たとえば KCl)を含む水溶液からなる寒天を充てんしたガラス管で構成される．正極槽と負極槽を塩橋で連絡することにより，各槽の溶液と塩橋間の液間電位差は，高濃度の KCl により数 mV 以下となり，電解溶液の組成変化に影響を受けにくくなる．

[*6] 電位(V)の定義は「1 C の電荷を電位勾配にしたがって移動させるのに要する仕事が 1 J となるような電位差」である．

$$\text{Ox2} + n_2 e^- \rightleftharpoons \text{Red2} \tag{11.3'}$$

全反応は,

$$n_2\text{Red1} + n_1\text{Ox2} \rightleftharpoons n_2\text{Ox1} + n_1\text{Red2} \tag{11.1'}$$

となり,式(11.1′)の反応に関与する電子数は,$n_1 \times n_2$ である.

例題 11.1

硫酸銅水溶液に金属亜鉛を浸すと,亜鉛の表面に金属銅が析出した.この変化を化学反応式で示せ.また,半電池反応に分けて,酸化剤と還元剤を答えよ.

解き方 $Cu^{2+} + Zn \longrightarrow Cu + Zn^{2+}$(酸化剤 Cu^{2+},還元剤 Zn)

$Cu^{2+} + 2e^- \longrightarrow Cu$, $Zn \longrightarrow Zn^{2+} + 2e^-$

例題 11.2

過酸化水素は,酸化剤として働くとき水に還元されるが,還元剤として働くとき酸素に酸化される.それぞれの半電池反応を示せ[*7].

解き方 酸化剤　$H_2O_2 + 2H^+ + 2e^- \longrightarrow 2H_2O$

還元剤　$H_2O_2 \longrightarrow O_2 + 2H^+ + 2e^-$

[*7] ル・シャトリエの法則にしたがって,半電池反応を見てわかるように,過酸化水素は,pH が低いほど強い酸化剤として働き,pH が高いほど強い還元剤として働く.

11.2 平衡電位と参照電極

11.2.1 平衡電位,参照電極とは

起電力の測定時は,各電極に電流が流れないので,電極電位は**平衡電位**(equilibrium potential)[*8]と呼ばれる(平衡電極電位ともいう).

正極槽と負極槽の溶液間の**液間電位差**(liquid junction potential)が無視できるほど小さいなら,電池の起電力は,式(11.4)にしたがって,正極と負極の平衡電位の差に等しい.

単独の電極の電極電位を知ることができれば,二つの電極を組み合わせて作った電池の起電力や二つの酸化還元対の間での酸化還元反応の方向を知ることができる.しかし単独の電極電位の絶対値を測定することはできないので,基準となる共通の電極を一方に据えて電池を構成し,その起電力を測定することにより電極電位の相対値を得る.基準となる電極は,安定性や再現性にすぐれたものである必要があり,**参照電極**(reference electrode)あるいは基準電極と呼ばれる.共通の参照電極を用いて測定すれば,種々の半電池反応の平衡電位を一つのスケールの上に並べることができる.

[*8] この場合の「平衡」は単独の電極反応における平衡であって,溶液内の酸化還元平衡とは異なることに注意.酸化還元反応の平衡は電池の回路を閉じたときに電流が流れない状態,すなわち起電力ゼロに対応する.

11.2.2 標準水素電極を用いた電極電位の測定

IUPAC の規約では,「ある半電池反応の電極電位は, **標準水素電極**(standard hydrogen electrode)を参照電極(左側の電極)として測定した電池の起電力とする」と定義されている(図 11.2). 標準水素電極は, SHE(standard hydrogen electrode)あるいは NHE(normal hydrogen electrode)と略記され, 次のような半電池を形成する.

$$\text{Pt} \mid \text{白金黒} \mid \text{H}_2(10^5\,\text{Pa}),\ \text{H}^+(a=1)$$

SHE の Pt 電極の表面には**白金黒**(はっきんこく, platinum black)と呼ばれる Pt 微粒子がメッキされ, 表面積を拡大し, 電極反応の速度を速める役割をもつ. 白金黒つき Pt 電極を H^+ の活量が 1 となる酸の水溶液[*9]に浸し, $1\times10^5\,\text{Pa}$ の水素を通気したものが SHE である[*10]. SHE を参照電極として測定された起電力をもって, ある半電池反応の電極電位とみなす.

SHE を参照電極にして測定される**標準状態**(standard condition; 25 ℃, $10^5\,\text{Pa}$ で, 電極反応にかかわるすべての化学種の活量が 1 に等しい状態)での起電力をその半電池反応の**標準電極電位**(standard electrode potential)と呼び, $E°$ と表記する[*11]. 付表 4 には, 298.15 K における $E°$ がまとめられている. SHE と同じ $2\text{H}^+ + 2\text{e}^- \rightleftarrows \text{H}_2$ の $E°$ は 0 V となる. 金属 M とその陽イオン M^{n+} からなる半電池反応の $E°$ は, 金属の**イオン化傾向**(ionization tendency)の定量的な尺度である.

半電池反応(Ox/Red)において, 標準電極電位が正であるほど, Ox が強い酸化剤として働くこと, あるいは Red が弱い還元剤として働くことを意味する.

[*9] HCl なら約 $2\,\text{mol kg}^{-1}$ で平均活量係数はほぼ 1 となる(第 2 章参照).

[*10] IUPAC が勧告している水素の標準圧 $p°(=10^5\,\text{Pa})$ は厳密には 1 気圧($=101{,}325\,\text{Pa}$)に等しくない. 1 気圧の水素で測定した場合の平衡電位は, SHE 基準の電位よりで $0.169\,\text{mV}$ だけ低い値となる (298.15 K).

[*11] イープリムソルあるいはイーゼロと読む.

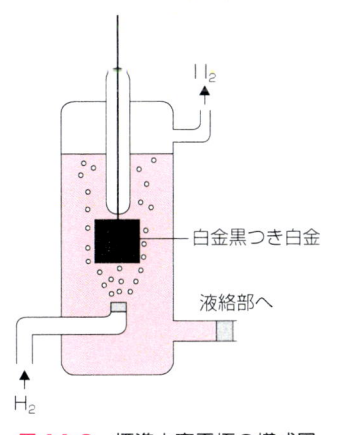

図 11.2 標準水素電極の模式図

11.2.3 銀－塩化銀電極

通常の電気化学的測定では，SHE に比べて取り扱いが容易な**銀－塩化銀電極**(silver-silver chloride electrode)が用いられる．

$$\text{Ag} \mid \text{AgCl} \mid \text{KCl 水溶液}$$

銀を塩酸中あるいは KCl 水溶液中で定電流を通じて酸化すれば表面が AgCl で被覆される．それを KCl などの塩化物塩を含む水溶液に浸せばよい．電極電位は，次節で述べるネルンスト式で表され，式(11.6)のように塩化物イオンの活量に依存する[*12]．KCl の濃度が高いときは，$[\text{AgCl}_2]^-$ や $[\text{AgCl}_3]^{2-}$ の錯生成も電極電位に影響する(第9，10章参照)．

$$E = E° - \frac{RT}{F}\ln\frac{a_{\text{Ag}^+} a_{\text{Cl}^-}}{a_{\text{AgCl}}} = E° - \frac{RT}{F}\ln a_{\text{Cl}^-} \tag{11.6}$$

参照電極として銀－塩化銀電極(飽和 KCl 使用)を用いて，ある半電池反応の電極電位を測定した場合には，測定電位に 0.197 V を加えれば，SHE 基準の電位に換算できる．

11.3 平衡電位の活量依存性とネルンスト式

11.3.1 ネルンスト式

半電池反応 $\text{Ox} + ne^- \rightleftharpoons \text{Red}$ の電極電位 E は，酸化体 Ox と還元体 Red の活量の比，$a_{\text{Red}}/a_{\text{Ox}}$ に依存する．

$$E = E° - \frac{RT}{nF}\ln\frac{a_{\text{Red}}}{a_{\text{Ox}}} \tag{11.7}$$

ここで，R は気体定数($8.3145\ \text{J mol}^{-1}\text{K}^{-1}$)，$T$ は熱力学的温度(K)である．298.15 K では

$$E = E° - \frac{0.05916}{n}\log_{10}\frac{a_{\text{Red}}}{a_{\text{Ox}}} \quad (単位は V) \tag{11.8}$$

すなわち，一つの半電池反応の電極電位は，標準電極電位と酸化還元対の活量 a_{Ox}，a_{Red} を用いて，式(11.7)あるいは式(11.8)のように表される．この式を**ネルンスト式**(Nernst equation)[*13] という．

11.3.2 ネルンスト式を用いて起電力を表現

式(11.1)の酸化還元反応が生じる電池(Cell 1，11.1.3 参照)について，起電力 E_{emf} をネルンスト式を用いて表してみよう．

---

one point

カロメル電極

「Hg｜Hg$_2$Cl$_2$｜KCl‖測定される半電池」で表されるカロメル電極(calomel electrode)も難溶性塩化物塩を用いる参照電極である．Hg 層に Hg と Hg$_2$Cl$_2$(カロメル)が混合した相が接し，さらに KCl 水溶液が接している．KCl の飽和水溶液を用いたものは飽和カロメル電極(SCE)と呼ばれる．SCE の電位は +0.241 V(対 SHE，25℃)である．

[*12] 種々の濃度の KCl での銀－塩化銀電極の電位(25℃，対 SHE)

0.10 mol dm^{-3} KCl	0.289 V
1.0 mol dm^{-3} KCl	0.236 V
飽和(4.2 mol dm^{-3})KCl	0.197 V

[*13] 本書では，ギブズエネルギー，起電力，標準電極電位などとの関係がわかるように，ネルンスト式を導入した．歴史的には，ネルンスト式は W. Nernst により，単極電位の濃度依存性を表す式として 1891 年に提唱されたものであり，SHE に対して定義されたものでも，また起電力の式として定義されたものでもない．

$$\text{金属 } M_L \mid Ox1, Red1 \parallel Ox2, Red2 \mid \text{金属 } M_R \qquad (\text{Cell 1})$$

左側の電極 E_L の電極電位のネルンスト式は

$$E_L = E_1^\circ - \frac{RT}{nF} \ln \frac{a_{Red1}}{a_{Ox1}} \tag{11.9}$$

右側の電極 E_R の電極電位のネルンスト式は

$$E_R = E_2^\circ - \frac{RT}{nF} \ln \frac{a_{Red2}}{a_{Ox2}} \tag{11.10}$$

ここで，E_1°，E_2° は，それぞれ酸化還元対 Ox1/Red1，Ox2/Red2 の標準電極電位である．したがって，起電力[14]は

$$E_{emf} = E_R - E_L = (E_2^\circ - E_1^\circ) - \frac{RT}{nF} \ln \frac{a_{Ox1} a_{Red2}}{a_{Red1} a_{Ox2}} \tag{11.11}$$

[14] 以後，とくに断らなければ，起電力 E_{emf} に与える液間電位の影響は無視できるものとする．

式(11.1)の平衡定数を

$$K = \frac{a_{Ox1} a_{Red2}}{a_{Red1} a_{Ox2}} \tag{11.12}$$

と定義すると，式(11.11)は次のように書ける．

$$E_{emf} = (E_2^\circ - E_1^\circ) - \frac{RT}{nF} \ln K \tag{11.13}$$

式(11.1)の反応が平衡状態にあるとき，$E_{emf} = 0$ だから

$$E_2^\circ - E_1^\circ = \frac{RT}{nF} \ln K \tag{11.14}$$

以上のように，酸化還元反応を構成する半電池反応の標準電極電位がわかれば，溶液内酸化還元反応の平衡定数を知ることができる．また第13章で示すように，酸化還元滴定における酸化剤と還元剤の適切な組み合わせを決める際にも，標準電極電位は有用となる．

例題 11.3

反応(11.1′)において，$n_1 \neq n_2$ の場合に，標準酸化還元電位 E_1°，E_2° と平衡定数 K の関係を示せ．

解き方

$$n_2\text{Red1} + n_1\text{Ox2} \rightleftharpoons n_2\text{Ox1} + n_1\text{Red2} \tag{11.1'}$$

$$E_{\text{emf}} = E_R - E_L = (E_2° - E_1°) - \frac{RT}{n_1 n_2 F}\ln\frac{a_{\text{Ox1}}{}^{n_2} a_{\text{Red2}}{}^{n_1}}{a_{\text{Red1}}{}^{n_2} a_{\text{Ox2}}{}^{n_1}} \tag{11.11'}$$

$$K = \frac{a_{\text{Ox1}}{}^{n_2} a_{\text{Red2}}{}^{n_1}}{a_{\text{Red1}}{}^{n_2} a_{\text{Ox2}}{}^{n_1}}, \quad E_{\text{emf}} = 0 \text{ より}$$

$$E_2° - E_1° = \frac{RT}{n_1 n_2 F}\ln K \tag{11.13'}$$

例題 11.4

前問において，298.15 K，$n_1 = n_2 = 1$ のとき，標準状態での起電力が 0.10 V の電池反応と 1.0 V の電池反応とでは，対応する酸化還元反応の平衡定数はどれほど異なるか．

解き方

$n_1 = n_2 = 1$，298.15 K では $\quad E_{\text{emf}}° = 0.05916 \times \log K$

$E_{\text{emf}}° = 0.10$ V のとき $\quad K = 10^{(0.10/0.05916)} = 49$

$E_{\text{emf}}° = 1.0$ V のとき $\quad K = 10^{(1.0/0.05916)} = 8.0 \times 10^{16}$

例題 11.5

$2\text{Ag}^+ + \text{Cd} \rightleftharpoons 2\text{Ag} + \text{Cd}^{2+}$ の 298.15 K での平衡定数を求めよ．

解き方

酸化反応：$\text{Cd} \rightleftharpoons \text{Cd}^{2+} + 2\text{e}^-$ $\quad E_1° = -0.40$ V，$n_2 = 2$

還元反応：$\text{Ag}^+ + \text{e}^- \rightleftharpoons \text{Ag}$ $\quad E_2° = +0.80$ V，$n_1 = 1$

式 (11.13') より $\quad \log K = 2(E_2° - E_1°)/0.05916 = 40.58$

∴ $K = 10^{40.58} = 3.8 \times 10^{40}$

例題 11.6 〈金属－金属イオン反応〉

次の半電池反応の電極電位を表す式を書け．

$$\text{Zn}^{2+} + 2\text{e}^- \rightleftharpoons \text{Zn} \quad (E° = -0.76 \text{ V})$$

解き方

$$E = E° - \frac{RT}{nF}\ln\frac{a_{\text{Zn}}}{a_{\text{Zn}^{2+}}} = E° + \frac{RT}{nF}\ln a_{\text{Zn}^{2+}}$$

固体である Zn の活量は 1 なので，酸化体（亜鉛イオン）の活量だけで電位が決まる．

例題 11.7 〈気体－イオン反応〉

次の半電池反応の 298.15 K における電極電位を表す式を書け．

$$Cl_2(気体) + 2e^- \rightleftharpoons 2Cl^- \quad (E° = 1.36 \text{ V})$$

解き方

$$E = E° - \frac{0.05916}{2} \log \frac{a_{Cl^-}^2}{a_{Cl_2}} = E° - 0.02958 \log \frac{a_{Cl^-}^2}{a_{Cl_2}} \quad (a)$$

Cl_2 の活量は，標準圧 10^5 Pa に対する Cl_2 の分圧の比で定義される．半電池反応を $1/2\, Cl_2 + e^- \rightleftharpoons Cl^-$ と考えれば，電子数は 1 となり[*15]

$$E = E° - 0.05916 \log \frac{a_{Cl^-}}{a_{Cl_2}^{1/2}} \quad (b)$$

[*15] この例題では，式(a)を変形するだけでも式(b)が得られるので，二つのネルンスト式は同じ式である．一般に，半電池反応の表記によって電子数 n が変わっても，標準電位や平衡電位は変化しない．

ネルンスト式の対数項には直接酸化還元にかかわらない化学種の活量を含む場合もある．たとえば，式(11.15)の半電池反応の平衡電位は式(11.16)のように表される[*16]．

$$aA + bB + ne^- \rightleftharpoons pP + qQ \quad (11.15)$$

$$E = E° - \frac{RT}{nF} \ln \frac{a_P^p a_Q^q}{a_A^a a_B^b} \quad (11.16)$$

[*16] このときの標準電極電位は，酸化還元を受ける化学種だけでなく，反応に関与するすべての化学種の活量が 1 のときの平衡電位である．

例題 11.8 〈金属－難溶性塩反応〉

次の半電池反応の 298.15 K における電極電位を表す式を書け．

$$AgCl + e^- \rightleftharpoons Ag + Cl^- \quad (E° = 0.22 \text{ V})$$

解き方

$$E = E° - 0.05916 \log \frac{a_{Ag} a_{Cl^-}}{a_{AgCl}} = E° - 0.05916 \log a_{Cl^-}$$

Ag や AgCl の固体の活量は 1 なので，直接酸化還元を受けない Cl^- の活量だけが残る．

章末問題

基本問題

1. H_2O_2 が $KMnO_4$ と反応して，O_2 に酸化される場合の酸化と還元の半電池反応を記せ．また，全反応式を記せ．また，それらの半電池反応で電池を構成したときの起電力を表す式を書け．

2. 標準電極電位を参考にして，各種金属のイオン化傾向を作れ．

3. 次に示す酸化還元反応について，酸化と還元の半電池反応を記せ．また，298.15 K における平衡定数を計算せよ．

   (1) $2Cr^{2+} + Sn^{4+} \rightleftharpoons 2Cr^{3+} + Sn^{2+}$

   ($E°_{Cr^{2+}/Cr^{3+}} = -0.42$ V, $E°_{Sn^{2+}/Sn^{4+}} = +0.15$ V)

   (2) $2Fe^{3+} + 2I^- \rightleftharpoons 2Fe^{2+} + I_2$

   ($E°_{I_2/I^-} = +0.54$ V, $E°_{Fe^{2+}/Fe^{3+}} = +0.77$ V)

   (3) $6Fe^{2+} + Cr_2O_7^{2-} + 14H^+ \rightleftharpoons 6Fe^{3+} + 2Cr^{3+} + 7H_2O$

   ($E°_{Fe^{2+}/Fe^{3+}} = +0.77$ V, $E°_{Cr^{3+}/Cr_2O_7^{2-}} = +1.36$ V)

   (4) $I_2 + H_2AsO_3^- + H_2O \rightleftharpoons 2I^- + HAsO_4^{2-} + 3H^+$

   ($E°_{I_2/I^-} = +0.54$ V, $E°_{HAsO_4^{2-}/H_2AsO_3^-} = +0.56$ V)

4. 次の電池の 298.15 K における起電力を計算せよ．

   (1) SHE ∥ $AgNO_3(a_{Ag^+} = 0.10)$ | Ag ($E° = +0.799$ V)

   (2) SHE ∥ $KCl(a_{Cl^-} = 0.10)$ | AgCl | Ag ($E° = +0.222$ V)

   (3) SHE ∥ $[PtCl_4]^{2-}(a = 0.0020), Cl^-(a = 0.10)$ | Pt ($E° = +0.758$ V)

5. 次の電池式で示される電池について答えよ．

   Cu | $Cu^{2+}(a = 0.10)$ ∥ $Ag^+(a = 0.010)$ | Ag (298.15 K)

   $E°_{Cu/Cu^{2+}} = +0.34$ V, $E°_{Ag/Ag^+} = +0.80$ V

   (1) 電池反応式を書け．
   (2) 起電力を求めよ．
   (3) 回路をつないだとき，反応がどの向きに進むか答えよ．
   (4) 電池反応の平衡定数を求めよ．

発展問題

1. 0.20 mol dm^{-3} の一塩基酸 HA を含む次の電池の起電力は 298.15 K で $+0.441$ V であった．

   Pt | $H_2(10^5$ Pa$)$, H^+, HA ∥ 飽和 KCl, Hg_2Cl_2 | Hg

   (1) 正極の SCE の電位が $+0.241$ V（対 SHE）であるとして，負極（左側の電極）の電位を求めよ．
   (2) 活量係数を 1 として，負極の水素イオン濃度を求めよ．

(3) HA の酸解離定数を求めよ．

2 MnO_4^- ($a=0.1$)，Mn^{2+} ($a=0.01$)，Cl^- ($a=0.1$)，Cl_2 ($p=0.1$ 気圧) の条件で，これらを 298.15 K で水溶液内で混合する．

(1) 平衡状態を保つには pH はいくらにすればよいか．
(2) そのときの平衡電極電位 (対 SHE) はいくらか．

3 Hg^{2+} ($a=0.01$)，Hg_2^{2+} ($a=0.1$)，Fe^{3+} ($a=0.1$)，Fe^{2+} ($a=0.1$) を混合すると，どちらの向きに酸化還元反応が進行するか．また，反応を進行させないで平衡状態を作るには，酸化還元対の活量比を保ったまま希釈すればよい．何倍に希釈すればよいか．温度は 298.15 K とする．

4 I_2 は，過剰の I^- 存在下では I_3^- として存在する．I_3^-/I^- の標準電極電位は $+0.545$ V である．温度は 298.15 K とする．簡単のため，活量係数は 1 とする．

(1) 10^{-2} mol dm^{-3} KI と，10^{-3} mol dm^{-3} I_2 が混合している溶液の平衡電極電位 (対 SHE) を求めよ．
(2) 上記の溶液を 10 倍に希釈したときの平衡電極電位 (対 SHE) を求めよ．

第 11 章の Keywords

酸化還元対 (redox couple)，半電池反応 (half-cell reaction)，起電力 (electromotive force)，平衡電極電位 (equilibrium potential)，標準水素電極 (standard hydrogen electrode)，標準電極電位 (standard electrode potential)，ネルンスト式 (Nernst equation)

第12章 複雑な酸化還元平衡

前章では，標準電極電位 $E°$ と酸化還元反応の平衡定数の関係を示した．しかし自然の中や実際の反応系での酸化還元反応は単純ではなく，pH や共存塩の影響を受けたり，酸塩基平衡や錯生成平衡などとの同時平衡が関与することも多い．その場合は，条件に応じた「みかけの標準電極電位」で平衡状態を予測あるいは比較すると便利である．

本章では，電極電位が影響を受ける要因を挙げて，みかけの標準電位の取り扱い方について学ぶ．

12.1 活量係数に依存する条件標準電位

12.1.1 みかけの標準電位

平衡電位を表すネルンスト式は活量の比の対数を含む．したがって，電位は溶液に共存する塩の種類や濃度によって変化する．活量 a_i を活量係数 γ_i とモル濃度 $[i]$ の積で表すと，式(11.12)のネルンスト式は，式(12.1)のように書ける．

$$E = E° - \frac{RT}{nF}\ln\frac{\gamma_{\text{Red}}}{\gamma_{\text{Ox}}} - \frac{RT}{nF}\ln\frac{[\text{Red}]}{[\text{Ox}]} \tag{12.1}$$

ここで活量係数は，共存する塩の種類と全体のイオン強度によって決まる．式(12.1)の第1項と第2項をまとめて「みかけの標準電位」($E°'$)[*1] とおけば，式(12.2)のように，電位は酸化体，還元体の濃度を用いて表現される．濃度を用いると，他の平衡などと関連させるときに取り扱いが容易になる．

$$E = E°' - \frac{RT}{nF}\ln\frac{[\text{Red}]}{[\text{Ox}]} \tag{12.2}$$

[*1] イーゼロプライムと読む．

$$E^{\circ\prime} = E^\circ - \frac{RT}{nF}\ln\frac{\gamma_{\text{Red}}}{\gamma_{\text{Ox}}} \tag{12.3}$$

この「みかけの標準電位」$E^{\circ\prime}$ は，**条件標準電位**(conditional potential)あるいは**式量電位**(formal potential)といい，溶液の組成が一定であれば定数となる．表 12.1 に E° と $E^{\circ\prime}$ の例を示す．

表 12.1 電極反応に関係しない塩による式量電位の変化の例(25℃)

半電池反応	E° [V](対 SHE)	$E^{\circ\prime}$ [V](対 SHE)
$Ag^+ + e^- \rightleftarrows Ag$	+0.799	+0.792 (1M $HClO_4$ 中)
$Fe^{3+} + e^- \rightleftarrows Fe^{2+}$	+0.771	+0.770 (1M H_2SO_4 中)
		+0.710 (0.5 M HCl 中)
		+0.680 (1M H_2SO_4 中)

(M = mol dm^{-3})

12.2　pH に依存する条件標準電位

12.2.1　プロトンが関与する無機反応

プロトンが関与する半電池反応は，無機反応でも有機反応でもよく見られる．無機反応では，付表 4 に挙げた下記のような例がある．

$$MnO_4^- + 8H^+ + 5e^- \rightleftarrows 2Mn^{2+} + 4H_2O$$
$$H_3PO_3(aq) + 2H^+ + 2e^- \rightleftarrows H_3PO_2(aq) + H_2O$$

いずれの場合も，酸化数が変化する原子(Mn あるいは P)に直接プロトンは付加しないが，電極電位はプロトン濃度に依存する．

一般に，$a\text{Ox} + m\text{H}^+ + ne^- \rightleftarrows b\text{Red} + c\text{H}_2\text{O}$ で表される反応のネルンスト式は，次式で表される[*2]．

*2 ここではプロトンを含む半電池反応で標準電位 E° を定義しているので，12.2.3 での取り扱いとは異なる．

$$E = E^\circ - \frac{RT}{nF}\ln\left(\frac{(a_{\text{Red}})^b}{(a_{\text{Ox}})^a (a_{\text{H}^+})^m}\right) \tag{12.4}$$

反応式には H_2O がしばしば現れる．H_2O は溶媒として存在するため，反応の前後で H_2O の活量にほとんど差はないので，ネルンスト式には H_2O の活量は含まないのが普通である．$\text{pH} = -\log a_{\text{H}^+}$ を代入すれば，pH との関係が導かれる．

*3 $\ln x = \ln(10) \times \log_{10} x$
　　　$= 2.3026 \log_{10} x$

$$E = E^\circ - 2.3026\frac{RT}{nF}\log_{10}\left(\frac{(a_{\text{Red}})^b}{(a_{\text{Ox}})^a}\right) - 2.3026\frac{RT}{F}\frac{m}{n}\text{pH} \tag{12.5}^{*3}$$

n 個の電子と m 個の H^+ が関与する半電池反応の電極電位は，pH が 1 増える

と，$2.3026 \times \dfrac{RT}{F} \times (m/n)$ V ずつ負に移行する（25 ℃なら，$0.05916 \times (m/n)$ V）．

例題 12.1

次の半電池反応の 298.15 K における電極電位の pH 依存性を表す式を書け．

$$Cr_2O_7^{2-} + 14H^+ + 6e^- \rightleftharpoons 2Cr^{3+} + 7H_2O \quad (E° = 1.33 \text{ V})$$

解き方

$$E = E° - \frac{0.05916}{6} \log \frac{(a_{Cr^{3+}})^2}{a_{Cr_2O_7^{2-}}(a_{H^+})^{14}}$$

$$= E° - \frac{0.05916}{6} \log \frac{(a_{Cr^{3+}})^2}{a_{Cr_2O_7^{2-}}} - \frac{14 \times 0.05916}{6} \text{pH}$$

12.2.2 生化学反応での条件標準電位

生化学における酸化還元反応では，表 12.2 に示すように，プロトンが関与するものが多い．

$$Ox + mH^+ + ne^- \rightleftharpoons Red \tag{12.6}$$

$$E = E° - \frac{RT}{nF} \ln\left(\frac{a_{Red}}{a_{Ox}(a_{H^+})^m}\right) \tag{12.7}$$

標準電極電位 $E°$ は $a_{H^+} = 1$（pH = 0）における値であるが，生化学反応の生じる pH 領域は pH = 7 付近である．生化学では，とくに pH = 7 のときの条件標準電位 $E°'_{(pH=7)}$ を用いて，種々の反応を相互に比較する．

表 12.2 生体関連物質の条件標準電位 $E°'_{(pH=7)}$（25 ℃）

半電池反応	$E°'_{(pH=7)}$ [V]
$O_2 + 4H^+ + 4e^- = 2H_2O$	+0.816
$O_2 + 2H^+ + 2e^- = H_2O_2$	+0.281
シトクロム c（酸化体）+ e^- = チトクロム c（還元体）	+0.256
デヒドロアスコルビン酸 + $2H^+ + 2e^-$ = アスコルビン酸 + H_2O	+0.058
ピルビン酸 + $2H^+ + 2e^-$ = 乳酸	−0.190
$NAD^+ + H^+ + 2e^-$ = NADH	−0.320
$NADP^+ + H^+ + 2e^-$ = NADPH	−0.324
シスチン + $2H^+ + 2e^-$ = 2 システイン	−0.340
$2H^+ + 2e^-$ = H_2	−0.414
グルコン酸 + $2H^+ + 2e^-$ = グルコース + H_2O	−0.44

P. A. Loach, "Handbook of Biochemistry and Molecular Biology", ed. by G. D. Fasman, 3rd ed., Physical and Chemical Data, Vol. I., pp.123–130, CRC Press (1976) から抜粋．

アスコルビン酸

デヒドロアスコルビン酸

L-シスチン

L-システイン

グルコン酸

グルコース

NAD$^+$

$$\text{Ox} \underset{}{\overset{+ne^-(E°)}{\rightleftarrows}} \text{Red}$$
$$\updownarrow +\text{H}^+$$
$$\text{HRed}$$

*4 厳密には，式(12.3)のように，活量係数を考慮した場合の条件標準電位は，次のようになる．

$$E°' = E° - \frac{RT}{nF}\ln\frac{\gamma_{\text{Red}}}{\gamma_{\text{Ox}}} + \frac{RT}{nF}\ln\left(1 + \frac{\gamma_{\text{H}^+}\cdot\gamma_{\text{Red}}}{\gamma_{\text{HRed}}}\frac{[\text{H}^+]}{K_\text{a}}\right)$$

$$E°'_{(\text{pH}=7)} = E° - 2.3026\frac{RT}{F}\left(\frac{m}{n}\times 7\right) \tag{12.8}$$

298.15 K では

$$E°'_{(\text{pH}=7)} = E° - 0.41412\times(m/n) \tag{12.9}$$

代表的な生体関連酸化還元反応の $E°'_{(\text{pH}=7)}$ を表 12.2 に示す．

12.2.3 酸解離平衡が影響する条件標準電位

加水分解を受けやすい金属イオンや生化学関連物質の酸化還元反応は，同時に酸解離平衡をともなう．とくに表 12.2 に示したように，還元体にはプロトンが付加することが多い．ここでは，還元体がプロトン付加反応によって複数の存在形態をとる場合を考える．この場合，標準電極電位 $E°$ と活量係数だけでなく，平衡定数やプロトン濃度を含む項の和により，**条件標準電位**（式量電位）$E°'$ を定義する．この $E°'$ は同時平衡が関与する酸化還元平衡の pH 依存性を予測するときに便利である．

(1) 酸化体あるいは還元体にプロトンが付加する場合

還元体 Red にプロトンが付加して HRed の間で酸解離平衡が成り立つ場合，Ox/Red 系の $E°$ で条件標準電位 $E°'$ を表すことにする．HRed の酸解離定数は K_a とする．

$$E = E° - \frac{RT}{nF}\ln\frac{a_{\text{Red}}}{a_{\text{Ox}}} \tag{12.10}$$

$$K_\text{a} = \frac{a_{\text{H}^+}a_{\text{Red}}}{a_{\text{HRed}}} \tag{12.11}$$

ここで，簡潔に示すため，すべての化学種の活量係数は 1 と仮定する．還元体の濃度の総和を $[\text{Red}]_t = [\text{Red}] + [\text{HRed}]$ とすると，式(12.10)のネルンスト式は

$$E = E° + \frac{RT}{nF}\ln\left(1 + \frac{[\text{H}^+]}{K_\text{a}}\right) - \frac{RT}{nF}\ln\frac{[\text{Red}]_t}{[\text{Ox}]} \tag{12.12}$$

と変形される．第 1 項と第 2 項の和は，プロトン活量（pH）が一定であれば定数とみなせるので，条件標準電位 $E°'$ について

$$E°' = E° + \frac{RT}{nF}\ln\left(1 + \frac{[\text{H}^+]}{K_\text{a}}\right) \tag{12.13}^{*4}$$

とすると，式(12.12)は式(12.14)のように表せる．

$$E = E^{\circ\prime} - \frac{RT}{nF} \ln \frac{[\text{Red}]_t}{[\text{Ox}]} \tag{12.14}$$

このように，pH 一定の条件では，酸化還元平衡をネルンスト式と同じように表すことができ，$E^{\circ\prime}$ がみかけの標準電位となる．式(12.13)の条件標準電位を pH に対して図示すると，図 12.1 のように変化する．

pH ≫ pK_a ($a_{H^+} \ll K_a$) のときは，プロトン付加は関与せず $E^{\circ\prime} = E^\circ$ となり，平衡電位は pH に依存せず一定であり，式(12.12)で表される．

一方，pH ≪ pK_a ($a_{H^+} \gg K_a$) のとき，すなわち還元体がほとんど HRed で存在する場合は

$$E^{\circ\prime} = E^\circ + \frac{RT}{nF} \ln \frac{[\text{H}^+]}{K_a} = E^\circ - \frac{RT}{nF} \ln K_a - 2.3026 \frac{RT}{nF} \text{pH} \tag{12.15}$$

となり，みかけの標準電位は pH の低下とともに正に移行する．このとき，$(a_\text{Red})_t = a_\text{HRed}$ とみなせるので，式(12.10)のネルンスト式は

$$E = E^\circ - \frac{RT}{nF} \ln K_a - 2.3026 \frac{RT}{nF} \text{pH} - \frac{RT}{nF} \ln \frac{[\text{Hred}]}{[\text{Ox}]} \tag{12.16}$$

となり，酸化体 Ox と還元体 HRed の割合は pH と K_a で決まる．

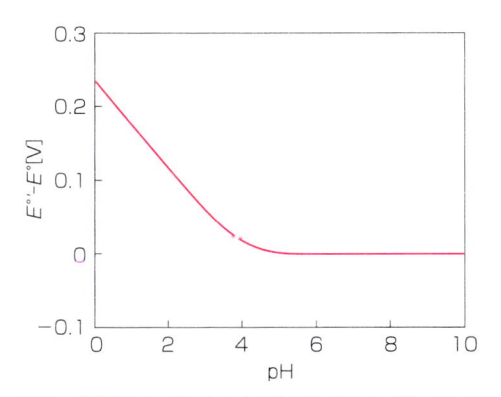

図 12.1 還元体にプロトン付加する場合の $E^{\circ\prime} - E^\circ$ の変化
$n = 1$，p$K_a = 4$ の場合．

(2) **酸化体あるいは還元体がプロトン解離する場合**

式(12.17)の半電池反応において，還元体を H_pRed と表し，最大 p 個のプロトンを解離する場合を考える．p 段階の酸解離定数をそれぞれ K_1，K_2，…，K_p とする．すべての化学種の活量係数は 1 とする．

$$\text{Ox} + m\text{H}^+ + ne^- \rightleftharpoons \text{H}_p\text{Red} \tag{12.17}$$

$$E = E^\circ - \frac{RT}{nF}\ln\frac{[\text{H}_p\text{Red}]}{[\text{Ox}][\text{H}^+]^m} \tag{12.18}$$

H_pRed, $\text{H}_{p-1}\text{Red}^+$, $\cdots$, HRed^{1-p}, Red^{p-} の総濃度を $[\text{Red}]_t$ とすると

$$[\text{Red}]_t = [\text{H}_p\text{Red}]\left(1 + \frac{K_1}{[\text{H}^+]} + \frac{K_1K_2}{[\text{H}^+]^2} + \cdots + \frac{K_1K_2\cdots K_p}{[\text{H}^+]^p}\right) \tag{12.19}$$

これを式(12.18)に代入して

$$\begin{aligned}
E &= E^\circ + \frac{RT}{nF}\ln\left(1 + \frac{K_1}{[\text{H}^+]} + \frac{K_1K_2}{[\text{H}^+]^2} + \cdots + \frac{K_1K_2\cdots K_p}{[\text{H}^+]^p}\right) - \frac{RT}{nF}\ln\frac{[\text{Red}]_t}{[\text{Ox}][\text{H}^+]^m} \\
&= E^\circ + \frac{RT}{nF}\ln([\text{H}^+]^m + K_1[\text{H}^+]^{m-1} + K_1K_2[\text{H}^+]^{m-2} + \cdots + K_1K_2\cdots K_p[\text{H}^+]^{m-p}) \\
&\quad - \frac{RT}{nF}\ln\frac{[\text{Red}]_t}{[\text{Ox}]}
\end{aligned} \tag{12.20}$$

したがって,条件標準電位は

$$E^{\circ\prime} = E^\circ + \frac{RT}{nF}\ln([\text{H}^+]^m + K_1[\text{H}^+]^{m-1} + K_1K_2[\text{H}^+]^{m-2} + \cdots + K_1K_2\cdots K_p[\text{H}^+]^{m-p}) \tag{12.21}$$

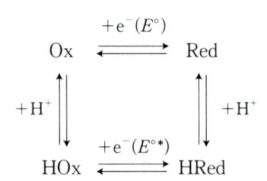

例題 12.2

$\text{Ox} + e^- \rightleftharpoons \text{Red}$ (標準電極電位 E°) において,酸化体 Ox,還元体 Red の両方がプロトン付加を受けて HOx,HRed を生成する場合を考える.酸化体,還元体の濃度の総和を $[\text{Ox}]_t = [\text{Ox}] + [\text{HOx}]$,$[\text{Red}]_t = [\text{Red}] + [\text{HRed}]$ を用いて,$E = E^{\circ\prime} - (RT/F)\ln\{[\text{Red}]_t/[\text{Ox}]_t\}$ で平衡電位を表す場合の条件標準電位 $E^{\circ\prime}$ と pH の関係を図示せよ.すべての活量係数は 1 とし,温度は 25 ℃,HOx,HRed の酸解離平衡定数はそれぞれ $K_{a,O} = 10^{-3}$,$K_{a,R} = 10^{-5}$ とする.また,$\text{HOx} + e^- \rightleftharpoons \text{HRed}$ の標準電極電位 $E^{\circ *}$ を E° を用いて表せ.

解き方

式(12.3)のネルンスト式は,次式に変形できる.

$$E = E^\circ - \frac{RT}{F}\ln\left(\frac{1 + [\text{H}^+]/K_{a,O}}{1 + [\text{H}^+]/K_{a,R}}\right) - \frac{RT}{F}\ln\frac{[\text{Red}]_t}{[\text{Ox}]_t}$$

$$E^{\circ\prime} = E^\circ - \frac{RT}{F}\ln\left(\frac{1 + [\text{H}^+]/K_{a,O}}{1 + [\text{H}^+]/K_{a,R}}\right)$$

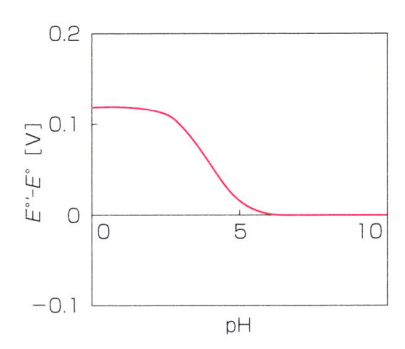

図12.2 酸化体および還元体にプロトン付加する場合の
みかけの標準電位の変化
HOx の $pK_a = 3$, HRed の $pK_a = 5$, $n = 1$.

縦軸に $E^{\circ\prime}$ と E° の差をとって図示すると，図12.2となる．

pH > 6 ではプロトン付加は無視でき，$E^{\circ\prime} = E^\circ$ となる．pH < 1 においても pH に依存しなくなるが，この場合は

$$E^{\circ\prime} = E^\circ - \frac{RT}{F}\ln\frac{K_{a,R}}{K_{a,O}} = E^\circ + 0.05916 \times \log 10^2 = E^\circ + 0.1183\ \text{V}$$

これは，HOx + e$^-$ $\rightleftarrows$ HRed の標準電極電位 $E^{\circ*}$ であるが，Ox + e$^-$ $\rightleftarrows$ Red から見れば条件標準電位の一つでもある．

例題 12.3

p-ベンゾキノン (Q) とその2電子還元体ヒドロキノン (H$_2$Q) の 1:1 混合物はキンヒドロンと呼ばれる．キンヒドロンの飽和水溶液に浸した白金電極をpH 測定に用いることができることを示し，その適用限界となる pH 領域を示せ．ただし，ヒドロキノンの $pK_{a1} = 9.9$ とする．すべての化学種の活量係数は1とする．

解き方

$$Q + 2H^+ + 2e^- \rightleftarrows H_2Q$$

$$E = E^\circ - \frac{RT}{2F}\ln\frac{[H_2Q]}{[Q][H^+]^2}$$

$$E = E^\circ + (RT/F)\ln[H^+] = E^\circ - 2.3026(RT/F)\text{pH}$$

$$\therefore\ E = E^\circ - 0.05915 \times \text{pH} \quad (298.15\ \text{K})$$

したがって，キンヒドロン電極は，pH 1 あたり約 59 mV の変化を示すので，pH 標準溶液中で電位を測れば検量線を作成できる．ただし，ヒドロキノンの $pK_{a1} = 9.9$ なので，pH > 8 になると，式 (12.21) の $K_1[H^+]^{m-1}$ に対応するキンヒドロンの酸解離が無視できなくなり，電位と pH の間に直線関係が成り立た

p-ベンゾキノン

1,4-ヒドロキノン

なくなる．

例題 12.4

NO_3^-/HNO_2 の標準電極電位 $E°$ は 0.940 V であり，HNO_2 の pK_a は 2.95 である．このとき，NO_3^-/HNO_2 の条件標準電位 $E°'_{(pH=7)}$ を求めよ．活量係数は 1 とする．

解き方

$$NO_3^- + 3H^+ + 2e^- \rightleftharpoons HNO_2 + H_2O \quad (E° = 0.940 \text{ V})$$

$$HNO_2 \rightleftharpoons H^+ + NO_2^- \quad (pK_a = 2.95)$$

$$E = E° - \frac{RT}{2F} \ln\left(\frac{[HNO_2]}{[NO_3^-][H^+]^3}\right)$$

酸解離平衡を考慮すると，式 (12.20)，(12.21) より

$$E = E° + \frac{RT}{2F} \ln([H^+]^3 + K_a[H^+]^2) - \frac{RT}{2F} \ln \frac{[HNO_2] + [NO_2^-]}{[NO_3^-]}$$

$$E°'_{(pH=7)} = 0.940 + 0.05916/2 \times \log(10^{-21} + 10^{-2.95} \times 10^{-14}) = 0.439 \text{ V}$$

12.3　沈殿反応，錯形成反応をともなう場合の条件標準電位

金属が酸化されると，生成した金属イオンは共存アニオンと沈殿を生じたり，配位子と錯形成したりする場合が多い．このときも，沈殿の溶解平衡や錯形成平衡を反映した条件標準電位により，酸化還元の進行の度合いを予測できる．

12.3.1　沈殿反応をともなう場合

単体の金属と金属イオンの間の半電池反応において，金属イオン M^{z+} が 1 価アニオンと沈殿生成する場合を考える．

$$M^{z+} + ne^- \rightleftharpoons M \tag{12.22}$$

$$E = E°_{M^z/M} - \frac{RT}{nF} \ln \frac{a_M}{a_{M^z}} \tag{12.23}$$

固体 M（純物質）の活量は 1 に等しいので，式 (12.21) は

$$E = E°_{M^z/M} + \frac{RT}{nF} \ln a_{M^z} \tag{12.24}$$

となり，電極電位は金属イオンの活量だけで決まる．

12.3 沈殿反応, 錯形成反応をともなう場合の条件標準電位

沈殿の溶解度積 K_{sp} は下記のように定義される.

$$\mathrm{MA}_z \rightleftharpoons \mathrm{M}^{z+} + z\mathrm{A}^- \tag{12.25}$$

$$K_{\mathrm{sp}} = a_{\mathrm{M}^{z+}} (a_{\mathrm{A}^-})^z \tag{12.26}$$

式(12.24)と(12.26)より

$$E = E^\circ_{\mathrm{M}^{z+}/\mathrm{M}} + \frac{RT}{nF} \ln \frac{K_{\mathrm{sp}}}{a_{\mathrm{A}^-}^z}$$

$$E = E^\circ_{\mathrm{M}^{z+}/\mathrm{M}} + \frac{RT}{nF} \ln K_{\mathrm{sp}} - \frac{RT}{nF} \ln a_{\mathrm{A}^-}^z \tag{12.27}$$

このように,沈殿生成をともなう場合の電極電位は,K_{sp}とアニオンの活量に依存する.

一方,式(12.22)と式(12.25)の全反応式は

$$\mathrm{MA}_z + ne^- \rightleftharpoons \mathrm{M} + z\mathrm{A}^- \tag{12.28}$$

$a_\mathrm{M} = a_{\mathrm{MA}_z} = 1$ なので,この半電池反応のネルンスト式は,標準電極電位 $E^\circ_{\mathrm{MA}_z/\mathrm{M}}$ を用いて

$$E = E^\circ_{\mathrm{MA}_z/\mathrm{M}} - \frac{RT}{nF} \ln a_{\mathrm{A}^-}^z \tag{12.29}$$

式(12.27)と(12.29)は同じ電位になるはずなので,両者を比べて

$$E^\circ_{\mathrm{MA}_z/\mathrm{M}} = E^\circ_{\mathrm{M}^{z+}/\mathrm{M}} + \frac{RT}{nF} \ln K_{\mathrm{sp}} \tag{12.30}$$

通常は付表4のように,標準電極電位の表では,全反応の標準電極電位 $E^\circ_{\mathrm{MA}_z/\mathrm{M}}$ が示されるが,K_{sp} が既知であれば,式(12.28)の関係から $E^\circ_{\mathrm{MA}_z/\mathrm{M}}$ を求めることもできる.

式(12.27)や(12.29)は前節で示したカロメル電極や銀–塩化銀電極の平衡電位を表し,参照電極電位が塩化物イオンの濃度に依存することを裏づけている.同時に,金属電極を用いるアニオン定量の原理も示している.

例題 12.5

次の二つの標準電極電位から,$\mathrm{Hg_2Cl_2}$ の溶解度積(298.15 K)を求めよ.

$$\mathrm{Hg}^{2+} + 2e^- \rightleftharpoons 2\mathrm{Hg} \quad (E^\circ_{\mathrm{Hg}^{2+}/\mathrm{Hg}} = +0.789\ \mathrm{V}) \quad \text{①}$$

$$\mathrm{Hg_2Cl_2} + 2e^- \rightleftharpoons 2\mathrm{Hg} + 2\mathrm{Cl}^- \quad (E^\circ_{\mathrm{Hg_2Cl_2/Hg}} = +0.268\ \mathrm{V}) \quad \text{②}$$

$$\mathrm{Hg_2Cl_2} \rightleftharpoons 2\mathrm{Hg}^{2+} + 2\mathrm{Cl}^- \quad (K_{\mathrm{sp}})$$

解き方 式①のネルンスト式は

$$E = E^\circ_{\text{Hg}_2^{2+}/\text{Hg}} + \frac{RT}{2F}\ln K_{\text{sp}} - \frac{RT}{2F}\ln a^2_{\text{Cl}^-}$$

式②のネルンスト式は

$$E = E^\circ_{\text{Hg}_2\text{Cl}_2/\text{Hg}} - \frac{RT}{2F}\ln a^2_{\text{Cl}^-}$$

両式より

$$E^\circ_{\text{Hg}_2^{2+}/\text{Hg}} + \frac{RT}{2F}\ln K_{\text{sp}} = E^\circ_{\text{Hg}_2\text{Cl}_2/\text{Hg}}$$

298.15 K では

$$\log K_{\text{sp}} = 2/0.05916 \times (0.268 - 0.789) = -17.61$$
$$\therefore\quad K_{\text{sp}} = 2.45 \times 10^{-18}$$

12.3.2 錯形成反応をともなう場合

次に, M^{z+} が配位子 L と錯形成する場合を考える. 第 8 章で学んだように, 錯形成平衡の場合, 逐次生成を考慮しなければならない場合が多い. 一例として, M^{z+} と L は ML および ML_2 という 2 種類の錯体を形成し, 逐次生成平衡が成り立つ場合を考える. それぞれの逐次生成定数を K_1, K_2 とする. すべての化学種の活量係数は 1 とする.

$$M^{z+} + L \rightleftharpoons [ML]^{z+}$$
$$[ML]^{z+} + L \rightleftharpoons [ML_2]^{z+}$$

$$K_1 = \frac{[ML]}{[M^{z+}][L]} \tag{12.31}$$

$$K_2 = \frac{[ML_2]}{[ML][L]} \tag{12.32}$$

式(12.22)の半電池反応が生じるとして, 酸化体 M^z の総濃度を $[M^{z+}]_t$ とすると

$$[M^{z+}]_t = [M^{z+}] + [ML] + [ML_2] \tag{12.33}$$
$$[M^{z+}] = [M^{z+}]_t \{1 + K_1[L] + K_1 K_2[L]^2\}^{-1} \tag{12.34}$$

式(12.23)に代入すると

$$E = E°_{M^{z+}/M} - \frac{RT}{nF}\ln(1+K_1[L]+K_1K_2[L]^2) + \frac{RT}{nF}\ln[M^{z+}]_t \tag{12.35}$$

条件標準電位 $E°'$ を用いると，電極電位は次式のように表される．

$$E = E°'_{M^{z+}/M} + \frac{RT}{nF}\ln[M^{z+}]_t \tag{12.36}$$

$$E°' = E°_{M^{z+}/M} - \frac{RT}{nF}\ln(1+K_1[L]+K_1K_2[L]^2) \tag{12.37}$$

全生成定数 β_1, β_2 を用いると

$$E°' = E°_{M^{z+}/M} - \frac{RT}{nF}\ln(1+\beta_1[L]+\beta_2[L]^2) \tag{12.37'}$$

式(12.37)の $E°'$ によって，配位子 L の存在下での金属 M の酸化されやすさが表される．また，L が過剰で，$\beta_2[L]^2 \gg \beta_1[L] \gg 1$ となる条件では

$$E°' = E°_{M^{z+}/M} - \frac{RT}{nF}\ln\beta_2[L]^2 \tag{12.38}$$

と簡単になる．

より一般的に，配位数 p の錯体まで逐次生成が生じる場合は，全生成定数 β_m を用いて[*5]

$$E°' = E°_{M^{z+}/M} - \frac{RT}{nF}\ln\left(1+\sum_{m=1}^{p}\beta_m[L]^m\right) \tag{12.39}$$

*5 $M^{z+} + mL \rightleftharpoons [ML_m]^{z+}$

$\beta_m = \dfrac{[ML_m]}{[M^{z+}][L]^m}$

例題 12.6

$1.0\times10^{-3}\,\mathrm{mol\,dm^{-3}}$ の $AgNO_3$ を含む水溶液に銀電極を浸したときの平衡電極電位（対 SHE，25 ℃）を，$0.1\,\mathrm{mol\,dm^{-3}}$ NH_3 が共存する場合と共存しない場合について計算せよ．ただし，Ag^+ の水酸化物の生成は無視できる pH に調整されているものとする．また，Ag^+ の NH_3 錯体について，$\log\beta_1=3.40$，$\log\beta_2=7.40$ とする．活量係数は 1 とする．

解き方

NH_3 が共存しない場合

$$E = E°_{Ag^+/Ag} + \frac{RT}{nF}\ln[Ag^+] = 0.799 + 0.05916\times\log 10^{-3} = 0.622\,\mathrm{V}$$

NH_3 が共存する場合

$$E = E°_{Ag^+/Ag} - \frac{RT}{nF}\ln(1+K_1[L]+K_1K_2[L]^2) + \frac{RT}{nF}\ln[Ag^+]_t$$
$$= 0.799 - 0.05916 \times \log(1+10^{3.4}\times 0.1 + 10^{7.4}\times 0.1^2) + 0.05916 \times \log 10^{-3}$$
$$= 0.142 \text{ V}$$

金属は，単体，水和金属イオン，錯イオン，水酸化物などのように，pHと酸化還元状態によって熱力学的に安定な状態が変化する．pH－電位の二次元図の中に，主要な化学種が分布する領域を示したものを**プールベダイアグラム**(Pourbaix diagram) あるいは単に **pH－電位図**という．とくに断りがなければ，10^5 Pa，298.15 K における関連化学種の活量が 1 の標準状態における状態図である．

一例として，図 12.3 に，鉄のプールベダイアグラムを示す．各区分に示された主要な存在状態は，Fe，Fe^{2+}，Fe^{3+}，$Fe(OH)_2$，$Fe(OH)_3$ とした．実際には鉄の水酸化物，酸化物は多様な化学種に変化するが，ここでは主要な平衡のみを仮定した[*5]．さらに，標準状態での水／酸素，水素／プロトンの条件標準電位も点線で示した．酸素の豊富な表層の湖水(A)，海水(B)では，鉄は $Fe(OH)_3$ として取り除かれ，溶存できないことがわかる．酸素が不足した深層の湖水(C)では Fe^{2+} として溶存することがわかる[*6]．

[*5]
$Fe^{3+} + e^- \rightleftharpoons Fe^{2+}$
$Fe^{2+} + 2e^- \rightleftharpoons Fe$
$Fe(OH)_3 + 3H^+ + e^- \rightleftharpoons Fe^{2+} + 3H_2O$
$Fe(OH)_3 + e^- \rightleftharpoons Fe(OH)_2 + OH^-$
$Fe(OH)_2 + 2H^+ + 2e^- \rightleftharpoons Fe + 2H_2O$
$Fe(OH)_3 \rightleftharpoons Fe^{3+} + 3OH^-$
$Fe(OH)_2 \rightleftharpoons Fe^{2+} + 2OH^-$

[*6] D. F. Shriver, P. W. Atkins, C. H. Langford 著，『無機化学(上)』，玉虫伶太，佐藤弦，垣花眞人 訳，東京化学同人(1996)，p. 423 ～ 426.

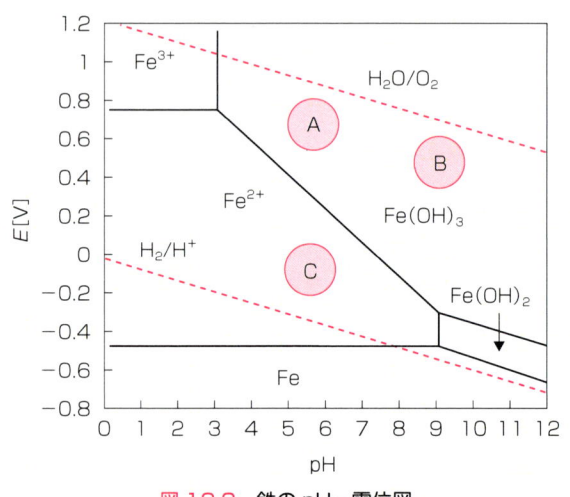

図 12.3　鉄の pH－電位図
溶存する鉄の活量が 10^{-5} の場合．

12.4　多段階酸化還元系のみかけの標準電極電位

実際には，異なる標準電極電位で連続する多段階の酸化還元を受ける物質が

多い．たとえば，次のような1電子二段階の酸化還元を考える．

$$A + e^- \rightleftharpoons B \quad (E_1^\circ) \tag{12.40}$$
$$B + e^- \rightleftharpoons C \quad (E_2^\circ) \tag{12.41}$$

二段階で還元が生じるときは，$E_1^\circ \gg E_2^\circ$ である．すなわち，BはAより還元されにくい．適当な酸化剤と反応すればAはBに還元され，Bが安定に存在しうる．さらに強い酸化剤と反応すればCにまで還元される．このとき，AとCの間の酸化還元に注目すると，半電池反応は次式のようになる．

$$A + 2e^- \rightleftharpoons C \quad (E^{\circ\prime}) \tag{12.42}$$

このとき，みかけの標準電極電位は，$E^{\circ\prime} = (E_1^\circ + E_2^\circ)/2$ で表される．E_1° と E_2° が接近してくると，Bという酸化状態が不安定になり，次のような**不均化反応**(disproportionation reaction)が生じる．

$$2B \rightleftharpoons A + C \tag{12.43}$$

$E_1^\circ \ll E_2^\circ$ のように完全に逆転すると，不均化反応の平衡定数が大きくなり，酸化還元反応は次のように一段階で2電子還元が生じ，Aは直接Cにまで還元される．このとき，不均化反応のギブズエネルギー ΔG_{disp} および平衡定数 K_{disp} は標準電極電位を用いて次式のように表される．

$$\Delta G_{disp} = -\frac{RT}{F} \ln K_{disp} = E_1^\circ - E_2^\circ \tag{12.44}$$

$E_1^\circ \gg E_2^\circ$ なら ΔG_{disp} は正であり，不均化反応は自発的には生じないが，pH条件や溶媒環境が変わって $E_1^\circ \ll E_2^\circ$ のようになると，自発的に不均化が生じる．

章末問題

基本問題

1. デヒドロアスコルビン酸(H_2A)とアスコルビン酸の間の半電池反応の標準電極電位は $+0.39$ V である．表12.2のように，pH 7における条件標準電位が $+0.058$ V になることを説明せよ．ただし，H_2A の $pK_{a1} = 4.21$，$pK_{a2} = 11.79$ である．

2. フッ素 F_2 とフッ化物イオン F^- の反応 $F_2 + 2e^- \rightleftharpoons 2F^-$ の標準電極電位(対SHE)は $+2.85$ V である．F^- は比較的強い塩基であり，水中で容易にプロトン付加を受け，HFとなる．HFの pK_a は 3.19 とする．
   (1) pH = 2.0 および pH = 5.0 における条件標準電位を求めよ．
   (2) $F_2 + 2H^+ + 2e^- \rightleftharpoons 2HF$ の標準電極電位を求めよ．

3 次の難溶性塩あるいは錯生成をともなう金属電極の標準電極電位を求めよ．

(1) $AgI + e^- \rightleftharpoons Ag + I^-$
   $Ag^+ + e^- \rightleftharpoons Ag$ ($E° = 0.80$ V)
   $AgI \rightleftharpoons Ag^+ + I^-$ ($K_{sp} = 8.5 \times 10^{-17}$)

(2) $Hg_2SO_4 + 2e^- \rightleftharpoons 2Hg + SO_4^{2-}$
   $Hg_2^{2+} + 2e^- \rightleftharpoons 2Hg$ ($E° = 0.79$ V)
   $Hg_2SO_4 \rightleftharpoons Hg_2^{2+} + SO_4^{2-}$ ($K_{sp} = 1.0 \times 10^{-6}$)

(3) $[Ag(CN)_2]^- + e^- \rightleftharpoons Ag + 2CN^-$
   $Ag^+ + e^- \rightleftharpoons Ag$ ($E° = 0.80$ V)
   $Ag^+ + 2CN^- \rightleftharpoons [Ag(CN)_2]^-$ ($\beta_2 = 1.0 \times 10^{20}$)

4 $Fe^{3+} + e^- \rightleftharpoons Fe^{2+}$ の標準電極電位(対 SHE)は $+0.770$ V である．鉄の濃度に対して十分に過剰である 0.1 mol dm^{-3} KCN 水溶液中での，25 ℃における条件標準電位を考える．

(1) Fe^{3+} だけがシアノ錯体 $[Fe(CN)_6]^{3-}$ を形成するとした場合，$E°'$ は何 V になるか．ただし，$[Fe(CN)_6]^{3-}$ の全安定度定数 β_6 は 1.00×10^{42} である．

(2) $[Fe(CN)_6]^{3-} + e^- \rightleftharpoons [Fe(CN)_6]^{4-}$ の標準電極電位(対 SHE)は $+0.356$ V である．$[Fe(CN)_6]^{4-}$ の全安定度定数 β_6 はいくらか．

発展問題

1 臭素酸イオン BrO_3^- は Br_2 に還元され，Br_2 は Br^- に還元される．前者のみかけの標準電位は pH に依存する．$HBrO_3$ は強酸($pK_a = 0.2$)なので BrO_3^- のプロトン付加は無視する．

$BrO_3^- + 6H^+ + 5e^- \rightleftharpoons 1/2\, Br_2 + 3H_2O$ ($E° = 1.48$ V)
$Br_2 + 2e^- \rightleftharpoons 2Br^-$ ($E° = 1.09$ V)

溶存する化学種の活量はすべて 10^{-2} mol dm^{-3} として，次の問いに答えよ．

(1) 二つの半電池反応の平衡電極電位が等しくなる pH を求めよ．

(2) (1)で求めた pH よりアルカリ側では何が生じるか．その半電池反応とネルンスト式を示せ．

(3) pH−電位図を示せ．

2 過剰の EDTA が存在するときと存在しないときの，Fe^{3+} と Co^{3+} の酸化力あるいは Fe^{2+} と Co^{2+} の還元力を比較せよ．ただし，温度は 25 ℃，Fe^{3+}/Fe^{2+} の標準電極電位は $+0.77$ V，Co^{3+}/Co^{2+} の標準電極電位は $+1.84$ V．また EDTA(Y^{4-})との安定度定数 K_1 の常用対数 $\log_{10} K_1$ は，$Fe^{III}Y^-$：25，$Fe^{II}Y^{2-}$：14，$Co^{III}Y^-$：36，$Co^{II}Y^{2-}$：16 とする．

3 25 ℃ で，Cu^{2+}/Cu^+ の標準電極電位は $+0.16$ V，I_3^-/I^- のそれは

$+0.54\,\mathrm{V}$ なので，I^- で Cu^{2+} を還元できないように見える．しかし実際は，ヨウ素還元滴定法において，過剰の KI 存在下では CuI の沈殿生成により，Cu^{2+} が定量的に還元され，遊離した I_3^- を滴定する．活量 $a_{\mathrm{I}^-} = 1\,\mathrm{mol\,dm^{-3}}$ の KI 溶液中に $10^{-2}\,\mathrm{mol\,dm^{-3}}$ の Cu^{2+} が加えられたとき，Cu^{2+} と Cu^+ の平衡濃度と平衡電極電位を計算せよ．なお，活量係数は 1，CuI の溶解度積定数 K_{sp} を 10^{-12} とする．

4 金属イオンの硫化物を酸化すると，$\mathrm{S}^{2-} \rightleftharpoons \mathrm{S} + 2\mathrm{e}^-$ $(E° = -0.50\,\mathrm{V})$ の反応により，硫化物が溶解する．Ag^+, Cd^{2+}, Cu^{2+}, Hg^{2+}, Zn^{2+} の硫化物のうち，より弱い酸化剤で溶解するものから順に並べよ．硫化物の溶解度積定数は付表を参照せよ．

5 Zn の 298.15 K におけるプールベダイアグラムを書け．ただし，$\mathrm{Zn}^{2+}/\mathrm{Zn}$ の $E°$ は $-0.763\,\mathrm{V}$（対 SHE），$\mathrm{Zn(OH)}_2$ の K_{sp} は 9.1×10^{-18}，溶存している Zn^{2+} の活量は 10^{-4} とする．

第 12 章の Keywords

条件標準電位 (conditional potential)，式量電位 (formal potential)，同時平衡 (simultaneous equilibrium)，プールベダイアグラム (Pourbaix diagram)

第13章 酸化還元滴定

第 11, 12 章では，半電池反応の電極電位から酸化還元平衡を予測できることを学んだ．本章では，酸化還元反応を利用した滴定について述べる．

酸化体と還元体が迅速に反応し，かつ互いに過不足なく反応した点を検出する適当な方法があれば，濃度未知の酸化体あるいは還元体を滴定により定量できる．18 世紀末，フランスのデクロワジェ(F. A. H. Descroizilles)はビュレットの原型となる測容器具を用いた滴定をはじめて実施した[*1]．インジゴによる次亜塩素酸の酸化還元滴定であった．当量点に達するまでは加えたインジゴの藍色が還元とともに消えるが，当量点をわずかに超えると藍色が残留するので，当量点を知ることができる．当量点間際でインジゴの酸化体と還元体の比が急激に変化するためである．

このような変化を視覚化するためには，酸塩基滴定の pH－体積曲線のように，滴定曲線を描けばよい．酸塩基滴定では pH をプロットしたように，酸化還元滴定では電極電位を測定あるいは計算すれば滴定曲線が描ける．滴定曲線をもとに，滴定可能性や指示薬の選択についても学ぶ．

[*1] C. Duval, "Francois Descroizilles, the inventor of volumetric analysis," *J. Chem. Educ.*, 28(10), 508 (1951).

インジゴ (Indigo)

13.1 酸化還元滴定曲線

13.1.1 電極電位と滴定率の解析的取扱い

濃度 c_0 mol dm^{-3} の Red1 を含む溶液 V cm^3 に，濃度 c_0' mol dm^{-3} の Ox2 を V' cm^3 滴下する滴定を例にとる．Red1 と Ox2 は，次のように化学量論比 1：1 で，n 個の電子を授受して反応する．また，濃度平衡定数を K とする．

$$\text{Red1} + \text{Ox2} \rightleftharpoons \text{Ox1} + \text{Red2} \quad K = c_{\text{Ox1}}c_{\text{Red2}}/c_{\text{Red1}}c_{\text{Ox2}} \tag{13.1}$$

$$\text{Red1} \rightleftharpoons \text{Ox1} + n\text{e}^- \quad (E_1^\circ) \tag{13.2}$$

$$\text{Ox2} + n\text{e}^- \rightleftharpoons \text{Red2} \quad (E_2^\circ) \tag{13.3}$$

式(13.1)の平衡定数 K は，第 11 章で導いたように，次式で表される．

$$(RT/nF) \ln K = E_2^\circ - E_1^\circ \tag{13.4}$$

当量点における Ox2 の滴下量を V'_{eq} とすると，$c_0 V = c'_0 V'_{eq}$ が成り立つ．ここで，滴定の進行の度合いを表す滴定率を $x = c'_0 V'/c_0 V$ で定義する．当量点 ($x = 1$) での平衡濃度 $[\mathrm{Red1}](=[\mathrm{Ox2}])$ は，$c_0 V/\{K^{1/2}(V + V'_{eq})\}$ に等しい．$[\mathrm{Red1}](=[\mathrm{Ox2}])$ は K が大きいほど限りなくゼロに近づくので，K が大きいほど正確に滴定できる．この滴定可能性は当量点前後での電位変化の大きさで定量化できる[*2]．

滴定中の Ox1/Red1 あるいは Ox2/Red2 の電極電位を適当な参照電極に対して測定しながら滴定すると，電位が急激に変化し（電位飛躍），滴定の当量点がわかる．これを**電位差滴定法**（potentiometric titration）という．

電位と滴定の進行度 x のより厳密な関係，すなわち滴定曲線は，酸塩基滴定と同様に考えることができる．すなわち，物質量バランス，電荷バランス，平衡条件（ここではネルンスト式）を考えれば，初期条件から x に対応した電極電位がわかり，式(13.5)一つで滴定曲線の全体を表すことができる（$n = 1$ の場合）．解析的な式で滴定曲線が描ければ，当量点付近での電位飛躍の大きさが正確に予測でき，滴定可能な条件を設定するのに有用である（詳しくは付録 A.6 を参照）．

$$\exp\left(\frac{EF}{RT}\right) = \frac{Y(X + \sqrt{X^2 + 1})}{2} \tag{13.5}$$

あるいは

$$\frac{EF}{RT} = \ln \frac{Y}{2} + \sinh^{-1} X \tag{13.6}$$

ただし

$$X = (x - 1) \frac{\exp\left(E_1^\circ \dfrac{F}{RT}\right)}{Y} \tag{13.7}$$

$$Y = 2\left\{x \exp\left(E_1^\circ \frac{F}{RT}\right) \exp\left(E_2^\circ \frac{F}{RT}\right)\right\}^{1/2} \tag{13.8}$$

であり，当量点（$x = 1$）の電位 E_{eq} は式(13.6)－(13.8)より次式で与えられる．

$$E_{eq} = \frac{E_1^\circ + E_2^\circ}{2} \tag{13.9}$$

式(13.5)～(13.7)より，図13.1のような滴定曲線（E-x プロット）が得られる．

---

one point

滴定率

式(13.1)のように化学量論比に1で反応する場合は，被滴定剤（この場合は還元剤）の物質量に対する，加えた滴定剤（酸化剤）の物質量の比を表し，$x = 1$ が当量点に対応する．半電池反応の電子数が異なる場合には，$x = n_2 c'_0 V'/(n_1 c_0 V)$ となる．

[*2] 具体的には，式(13.5)において，滴定率 x の 1 前後の微小変化を調べれば厳密に評価できる．

ここで，○印は各条件での当量点の電位である．また，$n=1$，$E_1^\circ = 0\,\mathrm{V}$として，$E_2^\circ = 0.5,\ 1.0,\ 1.5\,\mathrm{V}$の値を用いた．滴定率50%$(x=0.5)$のとき，$E = E_1^\circ$となる．当量点の電位は，それぞれ$0.25,\ 0.50,\ 0.75\,\mathrm{V}$である．$E_1^\circ$と$E_2^\circ$の差が小さくなるほど，当量点前後の電位の飛躍が小さくなり，当量点の見極めが難しくなることがわかる．指示薬の選択の幅も小さくなる*3．

*3 13.2節を参照．

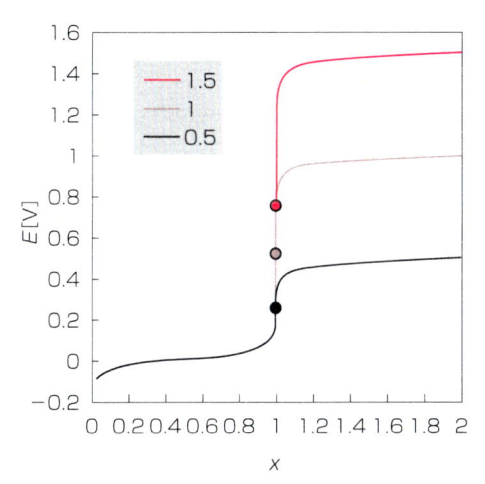

図13.1 モル比1:1($n=1$)で反応する場合の酸化還元滴定曲線
○は当量点．$n=1$，$E_1^\circ = 0\,\mathrm{V}$，$E_2^\circ = 0.5,\ 1.0,\ 1.5\,\mathrm{V}$．

13.1.2 当量点電位とネルンスト式の関係

式(13.1)の反応について，濃度$c_0\,\mathrm{mol\,dm^{-3}}$のRed1を含む溶液$V\,\mathrm{cm^3}$に，濃度$c_0'\,\mathrm{mol\,dm^{-3}}$のOx2を$V'\,\mathrm{cm^3}$滴下する滴定を考える．滴定率$x$が0のとき，$0<x<1$のとき，$x=1$のとき，$x>1$のときに分けて，各化学種の平衡濃度は表13.1で表される．ただし，当量点までは加えたOx2のすべてが還元されると近似できるほど，平衡定数Kが十分に大きいとする．すなわち，

$$[\mathrm{Ox1}] = [\mathrm{Red2}] = \frac{V}{V+V'} c_0 x \quad (0 < x < 1)$$

と近似される．

滴定中の溶液の電極電位においては，次の二つのネルンスト式が成立してい

表13.1 化学量論比1:1で反応するときの酸化体・還元体の濃度変化

(各式に$V/(V+V')$を乗じる)

	[Red1]	[Ox2]	[Ox1]	[Red2]
$x=0$	c_0	0	0	0
$0<x<1$	$c_0(1-x)$	$c_0 x^2/K(1-x)$	$c_0 x$	$c_0 x$
$x=1$	$c_0/K^{1/2}$	$c_0/K^{1/2}$	c_0	c_0
$x>1$	$c_0/\{K(x-1)\}$	$c_0(x-1)$	c_0	c_0

る．簡単のため，活量係数は1とする．

$$E = E_1^\circ - \frac{RT}{nF} \ln \frac{[\text{Red1}]}{[\text{Ox1}]} \tag{13.10}$$

$$E = E_2^\circ - \frac{RT}{nF} \ln \frac{[\text{Red2}]}{[\text{Ox2}]} \tag{13.11}$$

当量点前は，式(13.10)に，表13.1の当量点前($0 < x < 1$)の[Ox1]と[Red1]の式を代入して，次式が得られる[*4].

*4 式(13.11)と式(13.4)からも同じ式が得られる．

$$E = E_1^\circ - \frac{RT}{nF} \ln \frac{1-x}{x} \quad (0 < x < 1) \tag{13.12}$$

当量点後は，式(13.11)に，表13.1の当量点後($x > 1$)の[Ox2]と[Red2]の式を代入して，次式が得られる[*5].

*5 式(13.10)と式(13.4)からも同じ式が得られる．

$$E = E_2^\circ - \frac{RT}{nF} \ln \frac{1}{x-1} \quad (x > 1) \tag{13.13}$$

当量点($x = 1$)では，式(13.10)と(13.11)から次の二つの式が得られる．

$$E_\text{eq} = E_1^\circ + \frac{RT}{nF} \ln \sqrt{K} \tag{13.14}$$

$$E_\text{eq} = E_2^\circ - \frac{RT}{nF} \ln \sqrt{K} \tag{13.15}$$

両式より，化学量論比1:1で反応する場合の当量点の電位E_eqとして式(13.9)と同じ式が得られる．

$$E_\text{eq} = \frac{E_1^\circ + E_2^\circ}{2} \tag{13.16}$$

例題 13.1

電子数の異なる半電池反応からなる下記の酸化還元反応について，当量点の電位を求めよ．

解き方

$$\text{Red1} \rightleftharpoons \text{Ox1} + n_1 \text{e}^- \tag{13.17}$$

$$\text{Ox2} + n_2 \text{e}^- \rightleftharpoons \text{Red2} \tag{13.18}$$

式(13.17) × n_2 + 式(13.18) × n_1 より

$$n_2 \text{Red1} + n_1 \text{Ox2} \rightleftharpoons n_2 \text{Ox1} + n_1 \text{Red2} \tag{13.19}$$

式(13.17),(13.18)のネルンスト式は

$$E = E_1^\circ - \frac{RT}{n_1 F} \ln \frac{[\text{Red1}]}{[\text{Ox1}]} \tag{13.20}$$

$$E = E_2^\circ - \frac{RT}{n_2 F} \ln \frac{[\text{Red2}]}{[\text{Ox2}]} \tag{13.21}$$

式(13.20)×n_1+ 式(13.21)×n_2 より

$$(n_1+n_2)E = n_1 E_1^\circ + n_2 E_2^\circ - \frac{RT}{F} \ln \frac{[\text{Red1}][\text{Red2}]}{[\text{Ox1}][\text{Ox2}]} \tag{13.22}$$

当量点では

$$n_1[\text{Ox1}] = n_2[\text{Red2}] \text{ より} \quad \frac{[\text{Red2}]}{[\text{Ox1}]} = \frac{n_1}{n_2}$$

$$n_1[\text{Red1}] = n_2[\text{Ox2}] \text{ より} \quad \frac{[\text{Red1}]}{[\text{Ox2}]} = \frac{n_2}{n_1}$$

したがって式(13.22)より,当量点の電位 E_{eq} は

$$E_{\text{eq}} = \frac{n_1 E_1^\circ + n_2 E_2^\circ}{n_1 + n_2} \tag{13.23}$$

ここで,$I_2 + 2e^- \rightleftharpoons 2I^-$ のように,Ox1 と Red1 あるいは Ox2 と Red2 の係数が異なる場合には,当量点の電位は反応物の濃度に依存し,定数にならないことに注意する(基本問題②(2)参照).

例題 13.2

式(13.12),(13.13)において,濃度 c_0 mol dm^{-3} の Red1 を含む溶液 V cm^3 に,濃度 c_0' mol dm^{-3} の Ox2 を V' cm^3 滴下する.$n_1=1$,$n_2=n$,$E_1^\circ=0$ V,$E_2^\circ=1.5$ V として,例題 13.1 にならって,滴定中の酸化還元対の平衡濃度を表す式を求めよ.$[\text{Ox1}] = \frac{V}{V+V'} c_0 x$,$[\text{Red2}] = \frac{V}{n(V+V')} c_0 x$ $(0 < x < 1)$ の近似が成り立つとする.

解き方 当量点における Ox2 の滴下量を V_{eq}' とすると,$c_0 V = n c_0' V_{\text{eq}}'$ が成り立つ.当量点の電位は,$1.5n/(1+n)$ V である(式 13.23).表 13.1 にならって,滴定率 $x (= n c_0' V'/c_0 V)$ に応じた各酸化還元対の濃度変化を求めると,表 13.2 のようになる.

ここで,当量点前の Red1/Ox1 の濃度比,および当量点後の Red2/Ox2 の濃度比は,化学量論比 1:1 のときと同じく,$(1-x)/x$ および $1/(x-1)$ となるので,滴定曲線の形状に大きな変化はない.しかし当量点の電位は,式

表 13.2 $n\text{Red1} + \text{Ox2} \rightleftharpoons n\text{Ox1} + \text{Red2}$ の滴定における酸化体・還元体の濃度変化

(各式に $V/(V+V')$ を乗じる)

	[Red1]	[Ox2]	[Ox1]	[Red2]
$x = 0$	c_0	0	0	0
$0 < x < 1$	$c_0(1-x)$	$c_0 x^2/\{nK(1-x)\}$	$c_0 x$	$c_0 x/n$
$x = 1$	$c_0/\{K^{1/(n+1)}\}$	$c_0/\{nK^{1/(n+1)}\}$	c_0	c_0/n
$x > 1$	$c_0/\{nK(x-1)\}$	$c_0(x-1)/n$	c_0	c_0/n

(13.23)にしたがって電子数で大きく変化する. 一例として, n_1 が 1, n_2 が 1, 2, 3 のときの滴定曲線を図 13.2 に示す. このように $n_1 \neq n_2$ の場合には, 滴定曲線は当量点の電位に対して非対称となる. 滴定の終点を決定するときにはこの点を考慮する必要がある.

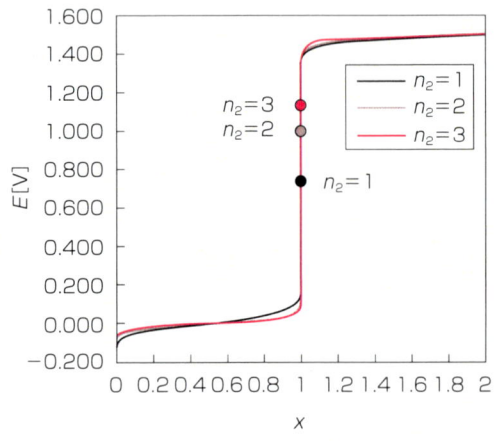

図 13.2 モル比 $n:1 (n_1=1, n_2=n)$ で反応する場合の酸化還元滴定曲線
○は当量点.

13.1.3 標準電極電位と滴定可能性

ある酸化還元反応を滴定で使えるかどうかは(他の滴定と同様に), 当量点に達したときに, 反応が完結したとみなせるほど, 平衡定数が大きいかどうかによる. 第 11 章で学んだように, 酸化還元反応の平衡定数は二つの標準電極電位の差で決まる. 滴定曲線における電位飛躍が大きいほど適用しうる指示薬の種類も増え, また電位差滴定でも当量点が簡単に判定できる.

0.10 mol dm^{-3} の Fe^{2+} 20.0 cm^3 を, ある酸化剤 Ox の 0.10 mol dm^{-3} 溶液で滴定する場合を考える. 簡単のため, Ox の還元電子数 n は 1 とする. このとき, 半電池反応と条件標準電位は次のように表される.

$$\text{Ox} + \text{e}^- \rightleftharpoons \text{Red} \quad (E_1^{\circ\prime})$$

$$\text{Fe}^{3+} + \text{e}^- \rightleftharpoons \text{Fe}^{2+} \quad (E_2^{\circ\prime} = 0.68 \text{ V})$$

Fe^{2+} を定量するためには，$E_2^{\circ\prime}$ は何 V 以上でなければならないかを検討する．

いま，0.1％の精度が要求されるとする．この精度では，当量点での滴下量が 20.0 cm^3 の場合，ビュレットからの滴下体積 0.02 cm^3 の間に，指示薬の色変化が完結する，あるいは明確な電位飛躍が生じる必要がある．後述するように，指示薬の色変化が視認できる電位飛躍が $\pm 0.06 \text{ V}$ だとすると，当量点の前後の1滴，すなわち滴定率にして $0.9995 \sim 1.0005$（$100\% \pm 0.05\%$）の間で 0.12 V 程度の電位飛躍があれば，理論上は滴定可能だということになる．

$n = 1$ の酸化剤の場合には，図 13.1 を利用すると，標準電位の間に 0.5 V の差があれば，$x = 0.9995 \sim 1.0005$ の範囲の電位変化が 0.11 V となる．したがって，Fe^{2+} を滴定するためには，1.1 V 程度の条件標準電位をもつ酸化剤を選ぶ必要がある．

ただし，実際には電位飛躍に一致する変色域をもつ指示薬が存在するとは限らず，さらに広い電位飛躍をもつことが望ましい．

> **one point**
>
> **滴定の精度（precision）**
>
> ここでは，当量点の見極めが可能な最小の滴下体積（1滴の体積）と全滴定量の比を指す．滴定は標準試薬の純度決定にも用いられており，そういう場合にはとくに精度の高さが要求される．酸化還元滴定の第一次標準物質としては亜ヒ酸，二クロム酸カリウム，シュウ酸，ヨウ素酸カリウムのような安定で秤量可能な物質が知られている．

例題 13.3

298.15 K で，0.10 mol dm^{-3} の Fe^{2+} 20.0 cm^3 をある 2 電子酸化剤 Ox の $0.025 \text{ mol dm}^{-3}$ 溶液で滴定するとき，1 滴の体積 0.02 cm^3 の間の電位飛躍が 0.12 V 以上となる酸化剤の条件を調べよ．

$$\text{Ox} + 2\text{e}^- \rightleftharpoons \text{Red} \quad (E_1^{\circ\prime})$$
$$\text{Fe}^{3+} + \text{e}^- \rightleftharpoons \text{Fe}^{2+} \quad (E_2^{\circ\prime} = 0.68 \text{ V})$$

解き方 当量点の Ox の滴下量は 40.0 cm^3 であるので，終点に至る 1 滴の前後の滴定率は，$100 \pm 0.025\%$ である．当量点前および当量点後の電位は，それぞれ $\text{Fe}^{3+}/\text{Fe}^{2+}$ および Ox/Red のネルンスト式で表される．表 13.2 を酸化剤 Ox1 が被滴定剤である場合に置き換えて考えれば

当量点前 $\quad E = E_2^{\circ\prime} - \dfrac{RT}{F} \ln \dfrac{1-x}{x} = 0.68 + 0.213 \quad (x = 0.99975)$

$\quad\quad\quad\quad E = E_1^{\circ\prime} - \dfrac{RT}{2F} \ln \dfrac{1}{x-1} = E_1^{\circ\prime} + 0.107 \quad (x = 1.00025)$

この差 $(E_1^{\circ\prime} - 0.786)$ V が 0.12 V を上回るためには，$E_1^{\circ\prime}$ が 0.91 V 以上であればよい．

例題 13.4

希硫酸において，0.10 mol dm^{-3} の Sn^{2+} 25 cm^3 を 0.10 mol dm^{-3} の Fe^{3+}

で適当な触媒を用いて滴定する．温度は 298.15 K とする．Sn^{4+}/Sn^{2+} の条件標準電位は 0.05 V（対 SHE），Fe^{3+}/Fe^{2+} の条件標準電位は 0.68 V（対 SHE）とする．当量点での Fe^{3+} の滴下量に対して，(1) 滴定率 0.99，(2) 滴定率 1（当量点），(3) 滴定率 1.01 の電位を求めよ．また，(4) 当量点における Sn^{2+} と Fe^{3+} の濃度を求めよ．

解き方 当量点前および当量点後の電位は，それぞれ $[Sn^{4+}]/[Sn^{2+}]$ および $[Fe^{3+}]/[Fe^{2+}]$ で計算されるネルンスト式で表される．

$$E = E_1^\circ - \frac{RT}{2F} \ln \frac{[Sn^{2+}]}{[Sn^{4+}]} = E_1^\circ - \frac{RT}{2F} \ln \frac{1-x}{x}$$

$$E = E_2^\circ - \frac{RT}{F} \ln \frac{[Fe^{2+}]}{[Fe^{3+}]} = E_2^\circ - \frac{RT}{F} \ln \frac{1}{x-1}$$

表 13.2 を参照すれば，当量点前および当量点後の電位は

(1) $x = 0.99$：$E = 0.05 - 0.05916/2 \log(0.99/0.01) = 0.09$ V

(2) $x = 1$：$E = (0.68 + 2 \times 0.05)/3 = 0.26$ V

(3) $x = 1.01$：$E = 0.68 + 0.05916 \log(0.01) = 0.56$ V

(4) 式 (11.23)，すなわち $0.05916 \log K = n_1 n_2 (E_2^\circ - E_1^\circ)$ より，$K = 2.0 \times 10^{21}$ である．当量点の滴下量は 50 cm³，全量は 75 cm³ だから

$$[Fe^{3+}]_{eq} = 0.10 \times 50/\{(2.0 \times 10^{21})^{1/3} \times 75\} = 5.3 \times 10^{-9} \text{ mol dm}^{-3}$$

$$[Sn^{2+}]_{eq} = [Fe^{3+}]_{eq}/2 = 2.6 \times 10^{-9} \text{ mol dm}^{-3}$$

【別解】 $[Fe^{2+}]_{eq} = 0.10 \times 50/75 = 0.0667$ mol dm⁻³

$E = 0.68 - 0.05916 \log([Fe^{2+}]/[Fe^{3+}])$

$E_{eq} = 0.68 - 0.05916 \log(0.0667/[Fe^{3+}]_{eq}) = 0.26$ V

を解いてもよい．

酸化体と還元体のモル比が異なる場合やプロトンが関与する場合には，当量点の電位は標準電極電位（式量電位）だけでなく，反応に関与する化学種の濃度項に依存するようになる（基本問題 2 (3) を参照）．

13.2　酸化還元滴定の終点の決定法

酸化還元滴定の終点決定法には，①電位差測定法（電位差滴定），②滴定剤による自己指示法，③特異的な指示薬法，④酸化還元指示薬法がある．

①は，実際に反応溶液に指示電極[6] と参照電極を挿入して電位を測定しながら滴定するものである．滴定曲線における電位飛躍を見出して当量点を決める．

②は，過マンガン酸イオンによる酸化滴定が代表例であり，当量点を過ぎて

[6] 白金電極のように，それ自身酸化還元されない金属が用いられる．

過マンガン酸が過剰になった瞬間，淡桃色を呈することで終点とする．

③は，ヨウ素と結合して青色を呈するデンプンや，鉄(Ⅲ)と結合して血赤色を呈するチオシアン酸イオンが代表例である．

④は，酸塩基滴定のpH指示薬がpH飛躍で変色するのと同様に，電位飛躍で色が変化する指示薬である．pH指示薬はそれ自身が酸塩基物質であったように，酸化還元指示薬もそれ自身が酸化還元を受ける．

指示薬は，酸化体と還元体で異なる色を呈すること，変色する電位領域(変色域)が実際の滴定の電位飛躍の中に存在することが条件となる．

今，指示薬の酸化体をIn_{Ox}，還元体をIn_{Red}とする．

$$In_{Ox} + ne^- \rightleftharpoons In_{Red}$$

条件標準電位を$E^{\circ\prime}$とすると，298.15 K では

$$E = E^{\circ\prime} + 0.05916/n \log([In_{Ox}]/[In_{Red}]) \tag{13.24}$$

電位が$E^{\circ\prime}$付近にあるときは，酸化体と還元体がある程度の割合で混ざり，どちらの色とも判断できない．ここで，$[In_{Ox}]/[In_{Red}]$の比が10以上のとき，酸化体のみの色と判断できるものとすると，その電位は

$$E = E^{\circ\prime} + 0.05916/n \tag{13.25}$$

となる．逆に1/10以下のときは還元体のみの色と判断できるものとすると，その電位は

$$E = E^{\circ\prime} - 0.05916/n \tag{13.26}$$

となる．したがって，この場合の変色域は，$E^{\circ\prime}$を中心に$\pm 0.05916/n$ [V]の範囲となる．nが大きいほど変色域が狭くなり，滴定の精度が向上する．変色域の中心に当量点の電位があることが望ましいので，当量点の電位に近い$E^{\circ\prime}$をもつ指示薬を選択すればよい．

実際には，式(13.25)や(13.26)で変色域が決まるとは限らない．とりわけ，無色系→有色系と色が変化する場合は，有色化学種が少量でも色の変化を認識できるため，(無色が酸化体の場合は)変色域の中心は$E^{\circ\prime}$より正電位となる．

たとえばフェロインの場合，$E^{\circ\prime}$(1 MのH$_2$SO$_4$中)は 1.06 V だが，実際の変色域の中心は 1.11 V である．

Ce^{4+}によるFe^{2+}の滴定の指示薬として，フェロインが適当かどうかを調べてみよう．当量点の前後1滴で滴定率が100 ± 0.1%であるとすれば，1滴前の電位は，式(13.3)を参照すると

$$E = 0.68 + 0.059 \log(0.1/99.9) = 0.86 \text{ V}$$

> **one point**
> 滴定の正確さ(accuracy)
> 精度が高くても，滴定の終点と当量点が一致する，すなわち正確さにすぐれているとは限らない．

> **one point**
> フェロイン
> フェロインは，Fe^{2+}に1,10-フェナントロリンが3分子配位した血赤色の錯体([Fe^{II}(phen)$_3$])であるが，酸化されて生成するFe^{3+}錯体([Fe^{III}(phen)$_3$])は淡い青色である．

表13.3 酸化還元指示薬

指示薬名	還元体色	変色電位 [V]	酸化体色	使用条件
フェノサフラニン	無色	0.28	赤	1 M 酸性
インジゴテトラスルホン酸	無色	0.36	青	1 M 酸性
メチレンブルー	無色	0.53	青	1 M 酸性
ジフェニルアミン	無色	0.76	すみれ	1 M H_2SO_4
N, N'-ジフェニルベンジジン	無色	0.76	すみれ	1 M H_2SO_4
ジフェニルアミンスルホン酸	無色	0.85	赤紫	希酸
5,6-ジメチルフェナントロリン鉄(II)(5,6-ジメチルフェロイン)	赤	0.97	青	1 M H_2SO_4
エリオグラウシン A	黄緑	0.98	青紫	0.5 M H_2SO_4
5-メチルフェナントロリン鉄(II)(5-メチルフェロイン)	赤	1.02	青	1 M H_2SO_4
フェナントロリン鉄(II)(フェロイン)	赤	1.11	青	1 M H_2SO_4
5-ニトロフェナントロリン鉄(II)	赤	1.25	青	1 M H_2SO_4

であり，一方，1滴過ぎた後の電位は，式(13.3)を参照すると

$$E = 1.44 + 0.059 \log(100/0.1) = 1.26 \text{ V}$$

フェロインの変色域は 1.11 ± 0.06 V であり，滴定の電位飛躍，0.86 〜 1.26 V の間に収まっているので，指示薬として使用可能である．

この他，種々の酸化還元指示薬について，その色変化と変色電位(変色域の中心電位)を表13.3 にまとめた．ジフェニルアミンなど，π電子の共役系の酸化還元による色変化もよく利用される．

13.3 酸化還元滴定の実例

13.3.1 酸化還元滴定に用いる代表的酸化剤

代表的な酸化剤として過マンガン酸カリウム $KMnO_4$ が用いられる．酸性溶液中では，次の式に従って強い酸化剤として働く．

$$MnO_4^- + 8H^+ + 5e^- \rightleftharpoons Mn^{2+} + 4H_2O \quad (E° = +1.51 \text{ V})$$

$KMnO_4$ 滴定により定量される還元剤の酸化反応は次の通りである[*7]．

$$Fe^{2+} \rightleftharpoons Fe^{3+} + e^-$$
$$H_2O_2 \rightleftharpoons O_2(g) + 2H^+ + 2e^-$$
$$U^{4+} + 2H_2O \rightleftharpoons UO_2^{2+} + 4H^+ + 2e^-$$
$$Ti^{3+} + 2H_2O \rightleftharpoons TiO^{2+} + 2H^+ + e^-$$

[*7] Fe^{2+} の定量においては，$MnSO_4$，リン酸を含む硫酸溶液を用いる Zimmermann–Reinhard 法が適用される．Mn^{2+} は Cl^- 酸化による誤差を抑え，リン酸イオンの配位は黄色を呈する Fe^{3+} の着色を抑えて終点を識別しやすくする．

$$Mo^{3+} + 2H_2O \rightleftharpoons MoO_2^{2+} + 4H^+ + 3e^-$$

例題 13.5

(1) MnO_4^- を標定する際のシュウ酸 $H_2C_2O_4$ および亜ヒ酸 H_3AsO_3 との反応式を示せ.

(2) 標準物質である $H_2C_2O_4 \cdot 2H_2O$(分子量 126.07)あるいは As_2O_3(分子量 197.84)それぞれ 0.1 g と反応する 0.02 mol dm^{-3} の $KMnO_4$ 標準溶液の体積を計算せよ.

解き方 (1) $2MnO_4^- + 5H_2C_2O_4 + 6H^+ \longrightarrow 2Mn^{2+} + 10CO_2 + 8H_2O$

$2MnO_4^- + 5H_3AsO_3 + 6H^+ \longrightarrow 2Mn^{2+} + 5H_3AsO_4 + 3H_2O$

(2) シュウ酸:$0.1/126.07 \times 2/5 = 0.02 \times V/1000$ ∴ $V = 15.86$ cm^3

亜ヒ酸:$0.1/197.84 \times 2/5 = 0.02 \times V/1000$ ∴ $V = 10.11$ cm^3

$KMnO_4$ 滴定法はこの他に,COD の測定に用いられる.COD の数値は,硫酸酸性下で,試料水中の有機物の酸化に要した $KMnO_4$ の量を,同量の有機物を酸化する酸素の質量に換算して μg cm^{-3}(= mg L^{-1})単位で表す[*8].酸素が次の 4 電子還元を受けると仮定すると

$$O_2 + 4H^+ + 4e^- \rightleftharpoons 2H_2O$$

1 mol の $KMnO_4$ は 5/4 mol の O_2,すなわち 40 g の O_2 に相当する.通常,5×10^{-3} mol dm^{-3}(0.025 規定)の $KMnO_4$ 溶液で滴定するので,試料水 100 cm^3 を滴定するのに V cm^3 を要したとすると,$2V$ μg cm^{-3}(= mg L^{-1})が COD 値となる[*9].

$KMnO_4$ の他に滴定に用いられる酸化剤には,$Cr_2O_7^{2-}$,Ce^{4+},I_2 などがある.

例題 13.6

環境水 200 cm^3 を採取して,硫酸酸性下で $KMnO_4$ 溶液で滴定したところ,6.25 cm^3 を要した.0.02 mol dm^{-3} $KMnO_4$ 標準溶液を 4 倍に希釈して使用した.0.02 mol dm^{-3} 標準溶液は $Na_2C_2O_4$ を用いて標定して,ファクターは $f = 1.025$ と定めてある.調べた環境水の COD 値を求めよ.

解き方 $0.02/4 \times 1.025 \times 6.25/200 = 1.6016 \times 10^{-4}$ mol dm^{-3}($KMnO_4$ 相当モル濃度)

∴ COD $= 1.6016 \times 10^{-4} \times 40 \times 1000 ≒ 6.45$ μg cm^{-3}(= mg L^{-1})

13.3.2 酸化還元滴定に用いる代表的還元剤

ヨウ化物イオン I^- は弱い還元剤なので,比較的強い酸化剤と反応する.I^-

---

one point

標定

秤量により作成した標準物質の一次標準溶液を用いて別の標準溶液の濃度を定めることを標定という.

one point

COD

化学酸素要求量(chemical oxygen demand).環境分析において,有機物による水質汚濁の指標となる数値.

[*8] $K_2Cr_2O_7$ による滴定と区別するため,COD$_{Mn}$ と表記する場合がある.

[*9] 環境基準としては,利用目的に応じて 1~8 μg cm^{-3} の範囲で COD 値が定められている.

one point

酸化剤としての I_2

ヨウ素はある程度強い還元剤に対して直接酸化剤として働く.指示薬としてデンプンを用い,ヨウ素−デンプン反応の青色の着色をもって終点を判断する.I_3^- の酸化力はそれほど強くないので,適用される還元剤は $S_2O_3^{2-}$,SO_3^{2-},Sn^{2+},$H_2AsO_3^-$ のようなものに限られる.亜ヒ酸 As(III)の滴定は I_2 溶液の標定に用いられる.As(V)/As(III)の標準電極電位の差が 0.56 V と近いので,$NaHCO_3$ を添加して弱アルカリ性(pH 8 程度)にしなければ I_2 の還元は定量的に進行しない.

one point
ファクター

表示濃度 c に対して標定した真の濃度が c' のとき，$c'/c=f$ の補正係数をファクター (factor) という．NaOH が CO_2 を吸収するなど，同じ溶液でも濃度が変化するので，使用直前に factor を定めることが大切である．

one point
チオ硫酸ナトリウム

$S_2O_3^{2-}$ は，上にも示したように I_2 によって $S_4O_6^{2-}$ に酸化されるが，試料の酸化剤と直接反応させると，その強さによっては SO_4^{2-} まで酸化されることもある．よって化学量論が定まらないため，$Na_2S_2O_3$ 自身が種々の酸化剤の滴定に使用されることはない．$Na_2S_2O_3$ 標準溶液を標定するためには，KIO_3 あるいは $KBrO_3$ から遊離した I_2 を滴定する．

と反応する酸化剤には次のようなものがある．

$$2MnO_4^- + 10I^- + 16H^+ \rightleftharpoons 2Mn^{2+} + 5I_2 + 8H_2O$$
$$BrO_3^- + 6I^- + 6H^+ \rightleftharpoons Br^- + 3I_2 + 3H_2O$$
$$2Fe^{3+} + 2I^- \rightleftharpoons 2Fe^{2+} + I_2$$
$$H_2O_2 + 2I^- + 2H^+ \rightleftharpoons 2I_2 + 2H_2O \quad (NH_4MoO_3 触媒)$$
$$H_3AsO_4 + 2I^- + 2H^+ \rightleftharpoons H_3AsO_3 + I_2 + H_2O \quad (5\ M\ HCl)$$
$$2Fe^{3+} + 2I^- \rightleftharpoons 2Fe^{2+} + I_2$$
$$Cl_2 + 2I^- \rightleftharpoons 2Cl^- + I_2$$
$$Br_2 + 2I^- \rightleftharpoons 2Br^- + I_2$$

しかし，直接 I^- を滴定剤として使うと，終点を見定める適当な指示薬がない．よって上記の酸化剤を定量する場合には，過剰の I^- を添加して，反応して遊離した I_2 を滴定するという間接的な滴定法が用いられる．このとき，I_2 の滴定剤（還元剤）としてチオ硫酸ナトリウム $Na_2S_2O_3$ が用いられる．また，この滴定法のことを**ヨウ素還元滴定法** (iodometry) という．

ヨウ素還元滴定法では，デンプンを指示薬とするが，遊離した I_2 が被滴定液に存在するため，ヨウ素－デンプン錯体の青色が消失したときが終点となる．デンプン指示薬はヨウ素の褐色が薄くなる終点直前で添加する[*10]．

水中に溶存している酸素の定量にもヨウ素還元滴定法が用いられる．溶存酸素は，$Mn(OH)_2$ と反応して，$MnO(OH)_2$ の褐色沈殿として固定される．

$$Mn(OH)_2 + \frac{1}{2}O_2 \longrightarrow MnO(OH)_2$$

その後，酸性条件下で過剰の KI が添加されると，O_2 の 2 倍の I_2 が遊離するので，これを $Na_2S_2O_3$ 標準溶液で滴定する．この方法は，**ウィンクラー法** (Winkler method) と呼ばれる．

$$MnO(OH)_2 + 2I^- + 4H^+ \longrightarrow Mn^{2+} + I_2 + 3H_2O$$
$$2S_2O_3^{2-} + I_2 \rightleftharpoons S_4O_6^{2-} + 2I^-$$

[*10] ヨウ素－デンプン錯体の解離速度は遅いため，最初からデンプン指示薬を加えておくと終点がはっきりしない．ヨウ素還元滴定法は酸性条件で滴定する場合が多く，デンプンが加水分解してしまうので，迅速に滴定する必要がある．

章末問題

基本問題

1 1 mol dm^{-3} の $HClO_4$ 中で，0.10 mol dm^{-3} の Fe^{2+} 50 cm^3 を 0.10 mol dm^{-3} の Ce^{4+} で滴定する．温度は 298.15 K とする．Fe^{3+}/Fe^{2+} の条件標準電位は 0.77 V（対 SHE），Ce^{4+}/Ce^{3+} の条件標準電位は 1.70 V（対 SHE）とする．当量点での Ce^{4+} の滴下量に対して，(1) 滴定率 99%，(2) 滴定率 100%（当量

点)，(3) 滴定率 101% の電位を求めよ．また，(4) 当量点における Fe^{2+} と Ce^{4+} の濃度を求めよ．

2 次の酸化還元反応を利用する滴定において，滴定率が 50%，95%，99%，100%（当量点），101%，105%，150% のときの平衡電位を求め，滴定曲線を描け．また，(1)については式 (13.5) から得られる曲線と比べよ．

(1) $Fe^{3+} + V^{2+} \rightleftharpoons Fe^{2+} + V^{3+}$ ($E°_{Fe^{3+}/Fe^{2+}} = 0.77$ V, $E°_{V^{3+}/V^{2+}} = -0.26$ V)
0.10 mol dm^{-3} の Fe^{3+} 50 cm^3 を 0.10 mol dm^{-3} の V^{2+} で滴定する場合．

(2) $Sn^{2+} + I_2 \rightleftharpoons Sn^{4+} + 2I^-$ ($E°_{Sn^{4+}/Sn^{2+}} = 0.15$ V, $E°_{I_2/I^-} = +0.54$ V)
0.10 mol dm^{-3} の Sn^{2+} 50 cm^3 を 0.10 mol dm^{-3} の I_2 で滴定する場合．

(3) $6Fe^{2+} + Cr_2O_7^{2-} + 14H^+ \rightleftharpoons 6Fe^{3+} + 2Cr^{3+} + 7H_2O$
[$E°'_{Fe^{3+}/Fe^{2+}} = +0.67$ V, $E°'_{Cr^{VI}/Cr^{III}} = +1.19$ V（pH = 1 における式量電位）]
0.10 mol dm^{-3} の Fe^{2+} 50 cm^3 を 0.10 mol dm^{-3} の $K_2Cr_2O_7$ で滴定する場合．

3 ドロマイト（$CaCO_3$ と $MgCO_3$ が主成分）0.234 g を塩酸に溶かした後，シュウ酸を加えて，Ca 成分を CaC_2O_4 として沈殿させた．沈殿を希硫酸に溶かして 0.0200 mol dm^{-3} の $KMnO_4$ 溶液で滴定したところ，25.32 cm^3 を要した．ドロマイト中の Ca 含量を重量 % で答えよ．

発展問題

1 $H_2AsO_3^- + I_2 + H_2O \rightleftharpoons HAsO_4^{2-} + 2I^- + 3H^+$ の平衡を利用して亜ヒ酸をヨウ素酸化滴定する際，見かけの平衡定数（$K' = [As^V][I^-]^2/([As^{III}][I_2])$）が 10^{10} 以上で滴定が可能だとしたら，pH の条件はどのようになるか．温度は 25 ℃ とする．また，pH 0 のときの As^V/As^{III} の酸化還元反応は次のように表される．

$$H_3AsO_4 + 2H^+ + 2e^- \rightleftharpoons H_3AsO_3 + H_2O$$

$$E = 0.56 - \frac{0.05916}{2} \log \frac{[H_3AsO_3]}{[H_3AsO_4][H^+]^2}$$

ここで，H_3AsO_3 の $pK_{a,As^{III}} = 9.2$，H_3AsO_4 の pK_a は $pK_{a1,As^V} = 2.2$，$pK_{a2,As^V} = 6.9$，$pK_{a3,As^V} = 11.5$ とする．

2 （選択的滴定）$KMnO_4$ の濃度を 0.1 mol dm^{-3} として，0.01 mol dm^{-3} の Cl^- の酸化を 1% 以下に抑えながら，0.01 mol dm^{-3} の Br^- を 99% 以上酸化するための pH 範囲を求めよ．

3 （ヨウ素還元滴定法による強酸の定量）濃度未知の塩酸を正確に 10 cm^3 とり，過剰の KI と KIO_3 を加えたところ，I_2 が遊離した．遊離した I_2 を 0.02 mol dm^{-3} の $Na_2S_2O_3$ 標準溶液（$f = 1.030$）で滴定したところ，5.84 cm^3 を要した．HCl の濃度はいくらか．

4 ウィンクラー法について次の問いに答えよ．

---

one point
ヨウ素還元滴定法
ヨードメトリー（iodometry）とも呼ばれる．これに対して，酸化滴定法はヨージメトリー（iodimetry）と呼ばれる．

one point
ヨウ素－デンプン錯体の青色
デンプンにはさまざまな構造があり，直鎖構造のアミロースを用いると濃い青色が得られるが，分岐構造をもつアミロペクチンが混ざると赤色が増してくる．Cu(II) の定量をする場合，生成する Cu_2I_2 の沈殿により赤みがかってくるので，アミロースの多いデンプンを用いるべきである．

one point
ウィンクラー法
実際の操作では，酸素ビンとよばれる採水と密閉保管を兼ねた容器内で酸素を固定する．フィールドなどでは酸素固定までを行い，実験室でヨウ素滴定を行う．酸素ビンの内容積は通常は 100 cm^3 で，アルカリ性マンガン溶液が一定量（1 cm^3）添加されると，試料溶液があふれて 99 cm^3 中の酸素が定量されることになる．

(1) $0.0100 \text{ mol dm}^{-3}$ の KIO_3 標準溶液 10.00 cm^3 に，過剰の KI を含む硫酸酸性溶液を加えてヨウ素を遊離させた．この化学反応式を書け．

(2) デンプンを指示薬として，(1)で遊離したヨウ素を $0.0250 \text{ mol dm}^{-3}$ のチオ硫酸ナトリウム水溶液で滴定したところ，20.50 cm^3 を要した．チオ硫酸ナトリウム溶液のファクターを求めよ．

(3) 琵琶湖の水を 100 cm^3 酸素ビンに採り，1.0 cm^3 のアルカリ性マンガン溶液をビンの底に静かに加えて溶存酸素を固定した後，過剰の KI を含む硫酸酸性溶液を加えてヨウ素を遊離させた．遊離したヨウ素を(1)で標定したチオ硫酸ナトリウム溶液で滴定したところ，3.50 cm^3 を要した．溶存酸素量 ($\text{ppm} = \mu\text{g cm}^{-3} = \text{mg/L}$) を求めよ．

第13章の Keywords

酸化還元滴定 (redox titration)，酸化還元指示薬 (redox indicator)，化学酸素要求量 COD (chemical oxygen demand)，ヨードメトリー (iodometry)，ヨージメトリー (iodimetry)，ウィンクラー法 (Winkler method)

第14章 分配平衡

酸塩基平衡や錯生成平衡では，溶液という一つの相内での現象を取り扱った．一方，沈殿反応では溶液相と固相を取り扱ったが，固相は溶液相の平衡にはほとんど関係せず，実質的には溶液相だけを考えればよかった．

二つ以上の相が平衡にかかわると，平衡そのものは複雑になるが，分析化学的な観点からは飛躍的に世界が広がる．最先端の分析，計測法は，二つ以上の相やその境目である界面を利用することで成り立っているといっても過言ではない．また，生体反応や環境科学的な現象にも多相系が関与していることが多い．したがって，多相系での物質の挙動を理解することはきわめて重要である．

多相系での物質の分布は基本的に分配平衡で記述できる．この考え方では界面での現象を完全には理解できないが，界面現象を考えるための出発点である．

この章では，二つの液相での物質分布を分配律にしたがって学習する．しかし，ここでの取り扱いは液相に限定されるものではなく，一方が固相や気相であっても全く同じ取り扱いが可能である．

14.1 分配律と分配係数

分配という言葉は，二相以上の多相系における物質分布に関して広く用いられる．ここでは，二相系について述べることにする．ギブズの相律によれば，自由度(f)は以下の式で与えられる．

$$f = c - p + 2 \tag{14.1}$$

ここで，c と p は独立成分と相の数である．二相系においては $p=2$ であり，また二相間でのある物質の分配を扱うことを考えると $c=3$ である．したがって，$f=3$ となり，圧力と温度が一定の場合は自由度が二つ減って，$f=1$ となる．

---

one point

自由度

自由に決めることができる示強性状態量（温度，圧力，濃度など）の数．単一成分の相平衡では，$p=1$ のとき $f=2$ となり温度と圧力の両方が自由に決められるが，$p=3$ では $f=0$ となり，物質固有の値（三重点）になる．

この自由度を二相の一方での物質濃度に対して用いると自由度はなくなり，もう一方の相での物質濃度はおのずと決まることになる．つまり，二相間の濃度の比は分配する物質と二相を構成する物質に固有の値となる．これが**分配律**(partition rule)である．相の数が三つ以上になっても同じことが成り立ち[*1]，一つの相における濃度が決まると他の相での濃度が決まる．

化学ポテンシャルに基づくと，二相間の分配を次のように理解できる．第2章にも述べたように，二つの相ⅠとⅡの間で，ある物質が分配するとする．相Ⅰにおけるこの物質の化学ポテンシャルは

$$\mu^{\mathrm{I}} = \mu^{\mathrm{I},\circ} + RT \ln a^{\mathrm{I}} \tag{14.2}$$

ここで，$\mu^{\mathrm{I},\circ}$とa^{I}は標準化学ポテンシャルと相Ⅰにおける物質の活量である．相Ⅱにおいても同様の式が成り立つ．

$$\mu^{\mathrm{II}} = \mu^{\mathrm{II},\circ} + RT \ln a^{\mathrm{II}} \tag{14.3}$$

分配平衡では，$\mu^{\mathrm{I}} = \mu^{\mathrm{II}}$なので，式(14.2)と(14.3)から次式が得られる．

$$\mu^{\mathrm{I},\circ} + RT \ln a^{\mathrm{I}} = \mu^{\mathrm{II},\circ} + RT \ln a^{\mathrm{II}}$$
$$\mu^{\mathrm{I},\circ} - \mu^{\mathrm{II},\circ} = RT \ln(a^{\mathrm{II}}/a^{\mathrm{I}}) = RT \ln K_{\mathrm{d}} \tag{14.4}$$

ここで，K_{d}は物質の**分配係数**(partition coefficient)と呼ばれ，(一定温度，一定圧力では)二相を構成する物質と二相間に分配される物質に固有の定数である．また，これまでと同様に分配係数を濃度で表せると考えると

$$K_{\mathrm{d}} = \frac{c^{\mathrm{II}}}{c^{\mathrm{I}}} \tag{14.5}$$

となる．

分配平衡は，溶質が中性であるかイオンであるかには無関係に，分配係数により表すことができる．イオンの場合は両相における活量係数による効果が大きくなったり，イオンと溶媒の性質によってイオン対などを生成したりすることが多いので，その効果を考慮する必要がある．イオン対の分配に関しては第15章で述べる[*2]．

14.2 中性物質の分配

中性物質の二相間分配は，K_{d}を用いて議論できる．たとえば，酢酸エチルとアセトンの水／ベンゼン間のK_{d}はそれぞれ12.2と0.94である[*3]．

$$K_{\mathrm{d}(酢酸エチル)} = \frac{c_{\mathrm{B}(酢酸エチル)}}{c_{\mathrm{W}(酢酸エチル)}} = 12.2$$

[*1] 相が三つのとき，$p=3$であり，相を形成する物質数が3，分配される物質が1なので$c=4$である．つまり$f=3$となり，二相系と同じ自由度をもつ．

[*2] ここまでの議論は一般に二つの相間での物質分配に関して成り立つが，分析化学においては二つの溶媒間での物質分配がもっともよく用いられる．また多くの場合，二つの溶媒のうち一方は水である．そこで，相Ⅰを水，相Ⅱを水とは混じらない有機溶媒であると想定することが多い．

[*3] 「化学便覧改訂4版」，丸善(1993)．

$$K_{d(アセトン)} = \frac{c_{B(アセトン)}}{c_{w(アセトン)}} = 0.94$$

ここで，c_w と c_B はそれぞれ水相およびベンゼン相での溶質濃度である．ここでは，上の式のように水中の濃度を分配係数の分母にとった．つまり，酢酸エチルのほうがアセトンに比べて大きな K_d をもつことは，ベンゼンに分配されやすいことを示唆している．

酢酸エチルを含む水から，ベンゼンに酢酸エチルを抽出することを想定しよう．ここでは，水とベンゼンの相互溶解は無視できるものとする．水とベンゼンの体積をそれぞれ V_w と V_B とすると，両相にある酢酸エチルの物質量の比は次式で表される．

$$\frac{n_B}{n_w} = \frac{c_B V_B}{c_w V_w} = \frac{K_d V_B}{V_w} \tag{14.6}$$

したがって，系全体の酢酸エチルの物質量を n_{total} とすると，次の関係が得られる．

$$n_{total} = n_B + n_w = n_B\left(1 + \frac{V_w}{K_d V_B}\right) = c_B\left(V_B + \frac{V_w}{K_d}\right) \tag{14.7}$$

したがって，ベンゼン相への抽出率 (E) は次のように書ける．

$$E = \frac{n_B}{n_{total}} = \frac{c_B V_B}{c_B V_B + c_w V_w} = \frac{1}{1 + \frac{V_w}{K_d V_B}} = \frac{K_d V_B}{K_d V_B + V_w} \tag{14.8}$$

式 (14.8) で $V_w = V_B$ のとき，$E = \dfrac{K_d}{K_d + 1}$ なので，酢酸エチルの水/ベンゼン間の分配では，92.4% が水相からベンゼン相に移動することになる．

> **one point**
>
> **水/オクタノール分配係数**
>
> 有機相としてオクタノールを用いて求めた分配係数は，生体への物質の取り組みなどの指標としてよく使われる．

例題 14.1

一度の抽出で水中の酢酸エチル濃度を抽出前の 1% にするために必要なベンゼンの体積はどれだけか．

解き方

1 回の分配で上の条件を達成するために必要なベンゼンの体積を V_B とし，水相の体積を V_w とする．水の中に酢酸エチルの 1% が残り，99% がベンゼン中に分配される必要があるので，式 (14.6) から次の関係が満たされなければならない．

$$\frac{n_\text{B}}{n_\text{w}} = \frac{c_\text{B}}{c_\text{w}} \frac{V_\text{B}}{V_\text{w}} = K_\text{d} \frac{V_\text{B}}{V_\text{w}} = 99$$

この式に $K_\text{d} = 12.2$ を入れると，水相中の酢酸エチル濃度を1回の分配平衡により1％にするためには，次が満たされる必要があることはすぐにわかる．

$$\frac{V_\text{B}}{V_\text{w}} = 8.11$$

つまり，水相の体積の8.11倍に相当する体積のベンゼンが必要である．

例題14.1では，一度の分配平衡で99％の酢酸エチルをベンゼン相に移動させることを想定した．同じ抽出率を複数回の分配で達成するとどうなるかを考えてみよう．

等量のベンゼンと水を用いると，一度の分配で92.4％の酢酸エチルがベンゼン相に移動することは上に述べた．この分配平衡に達した後，ベンゼン相を取り除き，残った水相と新しいベンゼン相間で再度分配平衡に達する．この操作で水相に残る酢酸エチルは，はじめに水相にあった酢酸エチルに対して，$(0.076)^2 = 0.0058$ となる．つまり，はじめに水相にあった酢酸エチルの0.58％だけが残る．つまり，大量の有機相を用いて1回抽出するよりも，小さな体積で抽出を繰り返す方が，分配されやすいほうの相に物質を効率よく移動させることができそうである．

例題 14.2

体積が水相の半分のベンゼンを用いて抽出を繰り返すことにする．抽出を2回および3回繰り返したときに水中に残る酢酸エチルの割合を求めよ．

解き方

式(14.8)から，ベンゼンの体積が水相の半分のとき ($V_\text{B} = 0.5 V_\text{w}$)，$E = \dfrac{K_\text{d}}{K_\text{d}+2}$

となるので，1回の抽出では85.9％の酢酸エチルがベンゼン相に移動し，14.1％が水相に残る．したがって

2回目の抽出で水相に残る酢酸エチルの割合は　　$(0.141)^2 = 0.0199$
3回目の抽出で水相に残る酢酸エチルの割合は　　$(0.141)^2 = 0.00280$

となる．この結果から，少量の酢酸エチルの体積を用いて抽出を繰り返すほうが効率がよいことが明らかである．

14.2 中性物質の分配

今度は同濃度のアセトンと酢酸エチルが水相にある場合を考えてみよう．酢酸エチルの99％を一度の分配でベンゼン相に移動させるためには，水相の8.81倍のベンゼンが必要であった．この操作でベンゼン相に移動するアセトンは，式(14.6)から

$$E = \frac{K_d V_B}{K_d V_B + V_w} = \frac{0.94 \times 8.81}{0.94 \times 8.81 + 1} = 0.892$$

である．この場合，アセトンも大半がベンゼン相に移動することになる．はじめに水相中に同じ濃度のアセトンと酢酸エチルが含まれていたとすると，分配平衡後の水相には酢酸エチルの約10倍のアセトンが含まれていることになる．

水相に対して同体積のベンゼンを用いて2回の分配を繰り返すと，水相に残るアセトンは，$1/(K_d + 1) = 0.515$，$(0.515)^2 = 0.0266$ となり，水相中の酢酸エチルに対するアセトンの濃度比は約46倍になる．

逆にベンゼン相を取り出して新しい水相を用いて分配させるとベンゼン相中の酢酸エチルはアセトンの3.6倍になる．つまり，分配係数に差がある物質を分離する場合も，少量の有機相を用いて分配を繰り返すほうが，多量の溶媒を用いて一度に分配を行うよりも効率がよい．

一連の分配による結果を図14.1に模式的に示す．

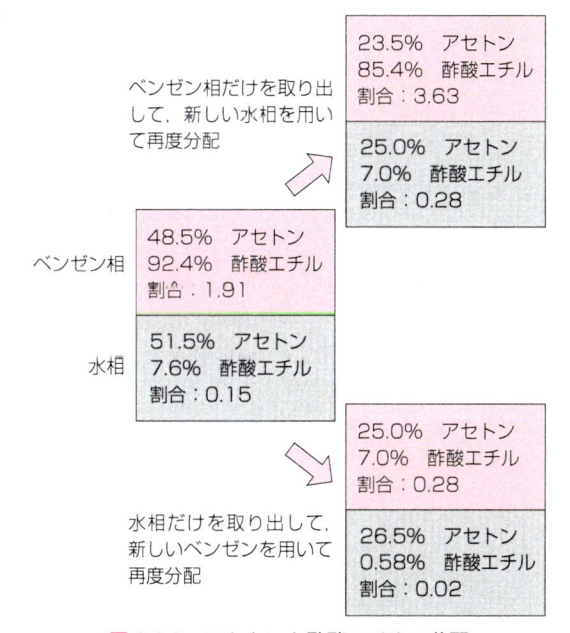

図 14.1 アセトンと酢酸エチルの分配

等量の水相とベンゼン相を用いて，同濃度のアセトンと酢酸エチルを分配．一度分配平衡に達した水相とベンゼン相をそれぞれ新たなベンゼンと水を用いて再度分配平衡に達したときの分率．アセトンに対する酢酸エチルの割合．

14.3 酸や塩基の分配

14.3.1 酸の分配

一塩基酸 HA が水(w)と水に混じり合わない有機相(o)の間で分配平衡にある場合を考える．全体の平衡は図 14.2(a)のように表すことができる．水中で HA は解離し，H^+ と A^- を生じる．これらのイオンもまた w/o 間で分配平衡に達し，有機相中でも新たに酸解離平衡が生じる．HA，H^+，A^- それぞれに対して，分配係数は次式で表される．

$$K_d^{HA} = \frac{[HA]_o}{[HA]_w} \tag{14.7}$$

$$K_d^{H} = \frac{[H^+]_o}{[H^+]_w} \tag{14.8}$$

$$K_d^{A} = \frac{[A^-]_o}{[A^-]_w} \tag{14.9}$$

よって，両相での酸解離定数には以下の関係がある．

$$K_{a(w)} = \frac{[H^+]_w[A^-]_w}{[HA]_w} = \frac{[H^+]_o[A^-]_o}{[HA]_o} \frac{K_d^{HA}}{K_d^{H} K_d^{A}} = \frac{K_{a(o)} K_d^{HA}}{K_d^{H} K_d^{A}} \tag{14.10}$$

有機相の誘電率が低く，イオンがあまり溶解しない場合には，有機相には実質的に H^+，A^- は分配されず，HA のみが存在する(図 14.2b)．このような場合には HA の分配は水中における酸の解離平衡にのみ影響されることになる．

図 14.2(b)の分配平衡において，これまでと同様に活量の代わりに濃度を用いて表せると考える．分配平衡で一つあるいは両方の相に関連する化学種が複数存在する場合，個々の化学種の分配係数に基づいて議論するよりも，全体の分配を用いるほうが便利なことが多い．たとえば，水中では化学種 S_1, S_2, S_3 が存在し互いに平衡関係にあり，また有機相には S_1 と S_2 が存在し平衡関係に

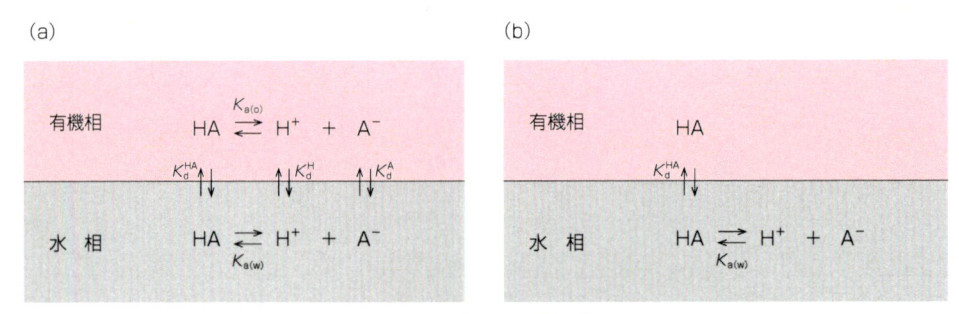

図 14.2 酸 HA の二相分配
(a)イオン種を含めてすべての分配を考える場合．(b)中性化学種の分配のみを考える場合．

14.3 酸や塩基の分配

ある場合，次のように表される分配比(distribution ratio)(D)を定義する．

$$S_{1(w)} \rightleftarrows S_{2(w)} \rightleftarrows S_{3(w)}$$
$$S_{1(o)} \rightleftarrows S_{2(o)} \tag{14.11}$$
$$D = \frac{[S_1]_o + [S_2]_o}{[S_1]_w + [S_2]_w + [S_3]_w}$$

各相内での化学種個々の濃度の測定は難しくても，化学種の総量は測定できる場合は多い．たとえば，S_2 や S_3 が金属イオン S_1 の錯体である場合[*4]，平衡時の個々の錯体濃度は測れないが，金属イオンの総濃度は原子スペクトル分析などで容易に測定できる．このような場合，分配比を考えると便利である．

HA の分配の場合，分配比は次式で与えられる．

$$D = \frac{[HA]_o + [A^-]_o}{[HA]_w + [A^-]_w} \tag{14.12}$$

A^- の有機相への分配が無視できる場合には，次式になる(図14.2b)．

$$D = \frac{[HA]_o}{[HA]_w + [A^-]_w} \tag{14.13}$$

式(14.13)は以下のように書き換えることができる．

$$D = \frac{[HA]_o}{[HA]_w + [A^-]_w} = \frac{[HA]_o}{[HA]_w + \dfrac{K_a[HA]_w}{[H^+]_w}} = \frac{K_d^{HA}[H^+]_w}{[H^+]_w + K_a} \tag{14.14}$$

式(14.14)は，$K_a \gg [H^+]$ のとき

$$D = \frac{K_d^{HA}[H^+]_w}{K_a} \tag{14.15}$$

となり，$K_a \ll [H^+]$ のときには

$$D = K_d^{HA} \tag{14.16}$$

となる．これを図で示すと，図14.3(a)のようになる．この図では，$pK_a = 5$，$K_d^{HA} = 10$ と仮定した．pH が小さいときには，水相中で存在する化学種は HA のみとなるために，分配比は一定でその値は K_d^{HA} に等しい(式14.16)．それに対し，pH が大きくなると HA は次第に解離し有機相への分配が無視できる A^- になる．それに伴い $\log D$ は減少する．式(14.15)から，pH に対して $\log D$ は -1 の傾きの直線に沿って変化することがわかる．

[*4] 錯形成の他，会合や解離平衡が分配に影響する場合も同様である．どの場合でも D は平衡定数，分配係数などの定数と $[H^+]$ のような実験条件で決まる値で表現できる．

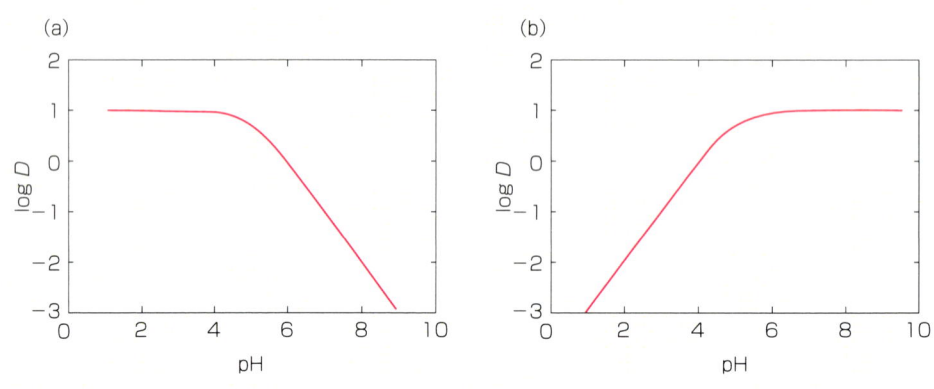

図 14.3 酸と塩基の分配比の pH 依存性
(a)が酸，(b)が塩基．酸と塩基の $K_d = 10$，$pK_a = 5$，$pK_b = 9$ とした．

*5 ベンゼン中の酢酸の二量化定数は，分配実験により 25 ℃ で $\log K_p = 2.39$ と決定されている．A. K. M. S. Huq, S. A. K. Lohdi, *J. Phys. Chem.*, **70**, 1354 (1966)．

例題 14.3

HA が酢酸のようなカルボン酸の場合，酢酸が有機相内で二量化することがある[*5]．二量化反応の平衡定数を K_p として，酢酸の分配比を分配係数(K_d)，水中での酸解離定数(K_a)，および K_p を用いて表せ．

解き方

分配比は以下の式で表される．

$$2HA \rightleftarrows (HA)_2 : 有機相$$

$$D = \frac{[HA]_o + 2[(HA)_2]_o}{[HA]_w + [A^-]_w}$$

この式に，K_a と $K_p = [(HA)_2]_o/[HA]_o^2$ を代入すると，次式になる．

$$D = \frac{[HA]_o + 2K_p[HA]_o^2}{[HA]_w + \dfrac{K_a[HA]_w}{[H^+]_w}} = \frac{K_d(1 + 2K_p[HA]_o)}{1 + \dfrac{K_a}{[H^+]_w}}$$

二量化反応の平衡定数が大きいほど，また有機相中の HA 濃度が高いほど二量化が進み，分配比も大きくなる．

14.3.2 塩基の分配

塩基の分配も全く同様に取り扱うことができる．水中で次の平衡にある塩基の分配の場合を考える．

$$B \rightleftarrows BH^+ + OH^-$$

BH^+ の有機相への分配が無視できるとすると，式(14.14)と同様に次の関係が得られる．

$$D = \frac{[\mathrm{B}]_\mathrm{o}}{[\mathrm{B}]_\mathrm{w}+[\mathrm{BH}^+]_\mathrm{w}} = \frac{[\mathrm{B}]_\mathrm{o}}{[\mathrm{B}]_\mathrm{w}+\dfrac{K_\mathrm{b}[\mathrm{B}]_\mathrm{w}}{[\mathrm{OH}^-]_\mathrm{w}}}$$
$$= \frac{K_\mathrm{d}^\mathrm{B}[\mathrm{OH}^-]_\mathrm{w}}{[\mathrm{OH}^-]_\mathrm{w}+K_\mathrm{b}} = \frac{K_\mathrm{d}^\mathrm{B}K_\mathrm{w}}{K_\mathrm{w}+K_\mathrm{b}[\mathrm{H}^+]_\mathrm{w}} \tag{14.17}$$

この式は，$K_\mathrm{b} \gg [\mathrm{OH}^-]$ のとき，次式になる．

$$D = \frac{K_\mathrm{d}^\mathrm{B}[\mathrm{OH}^-]_\mathrm{w}}{K_\mathrm{b}} = \frac{K_\mathrm{w}K_\mathrm{d}^\mathrm{B}}{[\mathrm{H}^+]_\mathrm{w}K_\mathrm{b}} \tag{14.18}$$

つまり，$\log D$ は pH に対して傾き 1 の直線になる．

一方，$K_\mathrm{b} \ll [\mathrm{OH}^-]$ のときには，$D = K_\mathrm{d}^\mathrm{B}$ となり，D は一定の値をとる．この様子を図 14.3(b) に示す．この図では，$pK_\mathrm{b} = 9$，$K_\mathrm{d}^\mathrm{B} = 10$ と仮定した．

例題 14.4

図 14.3(b) の塩基の分配で，有機相への分配が 1 % 以下になり，ほぼすべてが水相に残っている pH 条件を求めよ．

解き方

有機相への分配が 1 % 以下なので，$\log D \leqq -2$ である．式 (14.18) から

$$\log D = -pK_\mathrm{w} + \log K_\mathrm{d}^\mathrm{B} + \mathrm{pH} + pK_\mathrm{b} = -14 + 1 + \mathrm{pH} + 9 \leqq -2$$

なので，$\mathrm{pH} \leqq 2$ となる．

章末問題

基本問題

1. 三つの混じり合わない相がある場合を考える．一定温度，一定圧力における，物質 A の分配平衡はどのように規定されるか．
2. 酢酸エチルの抽出率 99% を達成するために，ベンゼン相を 5 回取り換えての分配を繰り返すことにする．このために必要なベンゼン相の体積はどれだけか．
3. 水中の酢酸エチルを水と同体積のベンゼン中に 99% 以上抽出するにはベンゼンをいくつに分けて抽出を繰り返せばよいか．
4. アセトンと酢酸エチルを同濃度 (x M) 含む水から，水の 2 分の 1 の体積のベンゼンに抽出を行った．次に，そのベンゼン相にはじめの水相と同じ体積の新しい水相を加えて抽出を行った．この水相とベンゼン相に存在するアセトンおよび酢酸エチルの濃度を x を用いて表せ．

5 二塩基酸 H_2A の分配比の pH 依存性はどのようになるか．中性化学種のみが有機相に分配されるとして答えよ．

発展問題

1 図のような水相 A／有機相／水相 B から構成される分配系に関する以下の問いに答えよ．

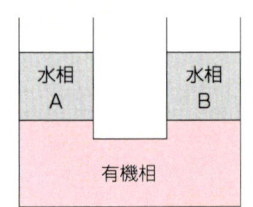

(1) 水相 A に，ある物質を n mol 加えた．この物質の分配係数を K_d とし，分配平衡に達した後の水相 A，水相 B，有機相における濃度を求めよ．ただし，各相の体積を V_{wA}, V_{wB}, V_o とする．

(2) (1)の結果から，水相 B に多くの物質を輸送できるのはどのような条件のときかを議論せよ（肺を通じて組織に麻酔薬などを送り込む際に同様な議論が可能である）．

2 アセトンと酢酸エチルを同濃度含む水から，水と同体積のベンゼンを用いて繰り返して抽出操作を行うとき，水中のアセトン濃度が酢酸エチル濃度の 100 倍を超えるのは何回抽出を繰り返したときか．

第14章の Keywords ▶ 分配律(partition rule)，相間の物質挙動(interphase behavior of molecules)，分配係数(partition coefficient)，分配比(partition ratio)，溶媒抽出(solvent extraction)

第15章 溶媒抽出

　二相間の分配平衡を利用して物質を分離するとき，二相がともに液体の場合と二相のうち一つが固体や気体の場合がある．二つの相がともに液体の場合の物質分配は溶媒抽出として知られている．そこでの物質挙動は，両相での濃度や活量によって表すことができる．また，液体と気体間の分配はヘンリーの法則に基づいて分圧と液相での活量や濃度により議論できる．一方，固体への分配は固相の内部に及ぶことはまれで，固相の表面や多孔性の固体の細孔表面への吸着であることが多い．したがって，固体に対してはバルク相での濃度や活量を定義することが難しく，表面過剰量などの概念が必要である．しかし，この場合も液体／固体間の分配として捉えて，液体間の分配と同じような扱いが可能である．つまり，混じり合わない二相間の分配は，第14章で学んだ分配平衡と溶液内平衡に基づいて理解することができる．

　この章では，液液分配に対する溶液中における種々の平衡の影響を定量的に捉え，それに基づいて溶媒抽出で何ができ，何がわかるのかを学ぶ．

15.1 金属イオンの抽出

　水溶液中に存在する化学種は，多くの場合，ブレンステズ酸－塩基平衡や錯生成平衡に関与している．それらがさらに二相間の分配平衡にもかかわっている場合には，たいへん複雑な平衡系が形成されることになる．酸や塩基の二相間分配に対する pH の影響については，すでに第14章で述べた．ここでは，それに加えて錯生成平衡がかかわる場合について考える．

15.1.1 オキシンを利用した抽出

　金属イオンが水相中で，あるいは水相と有機相の界面で錯体を生成し，その結果，有機相に抽出されることがある．この目的に利用される典型的な配位子であるオキシン（8-ヒドロキシキノリン）[*1] を取りあげる．

[*2 "Stability constants of metal-ion complexes," Pt. B, Pergamon(1982).]

オキシン（HQ）は次の酸塩基平衡に従って解離する[*2]．

$$H_2Q^+ \xrightleftharpoons{K_1(pK_1=4.92)} HQ + H^+ \tag{15.1}$$

$$HQ \xrightleftharpoons{K_2(pK_2=9.23)} Q^- + H^+ \tag{15.2}$$

有機相中での H_2Q^+ と Q^- の濃度が低く無視できるとすると，分配に寄与しているのは HQ のみである．したがって，オキシンの分配について次式を得る．

$$HQ_w \xrightleftharpoons{K_d^{HQ}} HQ_o \tag{15.3}$$

$$D = \frac{[HQ]_o}{[H_2Q^+]_w + [HQ]_w + [Q^-]_w}$$

$$= \frac{[HA]_o}{\frac{[H^+]_w[HQ]_w}{K_1} + [HA]_w + \frac{K_2[HQ]_w}{[H^+]_w}} = \frac{K_d^{HQ}}{\frac{[H^+]_w}{K_1} + 1 + \frac{K_2}{[H^+]_w}} \tag{15.4}$$

図 15.1 にオキシンの $\log D$ の pH 変化を示す．式(15.4)から予想される通り，オキシンは酸と塩基の分配比の特徴をあわせもっている[*3]．酸性側（pH < pK_1）では塩基の分配比の特徴を反映しており，H_2Q^+ の生成により $\log D$ が pH に対して傾き1の直線として変化する．これに対し，$\log D$ は塩基性側（pH > pK_2）では酸の分配比の特徴である傾き −1 の直線に沿って変化する．両者の中間領域（おおむね $pK_1 + 1 <$ pH $< pK_2 − 1$ の範囲）ではほぼ一定の値（$\log K_d^{HQ}$）をとる．

オキシンは Q^- の形で金属イオンに配位し，錯体を形成する．一般に，錯体

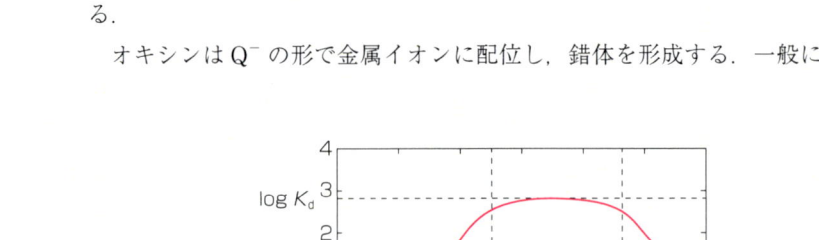

[*3 酸および塩基の分配は，それぞれ 14.3.1 項と 14.3.2 項を参照．]

図 15.1 オキシンの分配比の pH 依存性
有機相がクロロホルムの場合．

は配位座がすべて有機配位子で満たされたとき（無電荷のとき）に有機相に抽出されやすい（一部の配位座に水が残っていると有機相への分配が小さくなる）[*4]. オキシンによる金属イオン（M^{n+}）の抽出には図15.2の平衡が関与していると考えることができる．ただし，ここでは有機相には無電荷のキレート[*5]のみが分配し，電荷をもつものの分配は無視できるものと考えた．キレートの分配には，式(15.1)～(15.3)で示したオキシンの分配と酸解離に加えて以下の平衡が関与している．

金属イオンとオキシンアニオンの水中での錯生成．

$$M^{n+} + nQ^- \xrightleftharpoons{\beta_n} MQ_n \tag{15.4}$$

金属イオンのオキシン錯体の分配．

$$MQ_{nw} \xrightleftharpoons{K_d^{MQ_n}} MQ_{no} \tag{15.5}$$

これらの平衡をすべて考慮に入れると，金属イオンの分配比を以下のように表すことができる[*6]．

$$D = \frac{[MQ_n]_o}{[M^{n+}]_w + [MQ_n]_w} \tag{15.6}$$

一般にはMQ_nの水への溶解度は低く，式(15.6)は以下のように近似できることが多い．

$$D = \frac{[MQ_n]_o}{[M^{n+}]_w} \tag{15.7}$$

この式に式(15.1)～(15.5)までの平衡定数を代入して整理すると次の式が得られる．

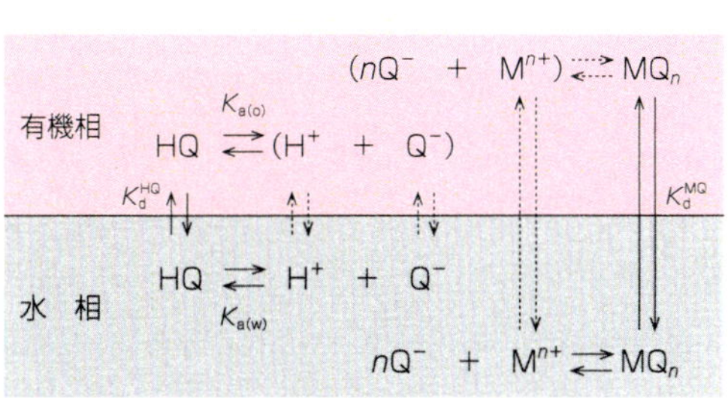

[*4] 水を他の中性配位子に置換することで有機相への分配を大きくすることができる．これを協同効果という．

[*5] 8.3.4項の one point を参照．

[*6] ここでは，$M^{n+}:Q^- = 1:n$ 以外の化学量論比の錯生成は無視できるものとした．

図15.2 キレート抽出の典型的な平衡

イオン性の化学種は通常は有機相には存在しないとみなされる．したがって，点線で表示した反応はキレート抽出系では無視されることが多い．

$$D = \frac{\beta_n K_d^{MQ_n} K_a^n [HQ]_o^n}{K_d^{HQ^n} [H^+]_w^n} = \frac{K_{ex}[HQ]_o^n}{[H^+]_w^n} \tag{15.8}$$

ここで，K_{ex} は次の平衡の平衡定数に相当し，**抽出平衡定数**（extraction equilibrium constant）と呼ばれる[*7]．

$$M^{n+}_w + nHQ_o \rightleftharpoons MQ_{no} + nH^+_w \tag{15.9}$$

オキシンの水相への溶解度は低く，一般的にこのような抽出は，オキシンを含む有機相と pH 調節された金属イオンを含む水相を用いて行われる．式(15.9)は実際に行われるキレート抽出の状況をよく反映しているということができる．

[*7] 式(15.8)から K_{ex} が分配に関係する平衡定数で構成されており，一定条件下では K_{ex} も定数であることがわかる．

例題 15.1

オキシンを含むクロロホルムを用いて，水相から Cu^{2+} をキレート抽出しようと思う．水相と同体積のクロロホルムを用いるとき，pH が 2 に緩衝された水相から 99% の抽出率を得るために必要な $[HQ]_o$ を求めよ．ただし，$K_{ex} = 10^{-1.7}$ とする．

解き方

$$D = \frac{10^{-1.7}[HQ]_o^2}{0.01^2} = 10^{2.7}[HQ]_o^2$$

式(14.8)より，$0.99 = \dfrac{D}{D+1}$ なので，上式に D の値を代入して，$[HQ]_o = 0.44$ M となる．

15.1.2　キレート抽出における水相 pH の影響

式(15.8)の対数をとると次の式が得られる．

$$\log D = \log K_{ex} + n\log[HQ]_o + n\mathrm{pH} \tag{15.10}$$

この式は，キレート抽出系における $\log D$ の水相 pH の影響を示している．つまり，図 15.3 に示すように，$\log D$ は水相の pH に対して直線的に変化し，その傾きは金属イオンの電荷 n に等しい．抽出されやすさの目安として，$\log D = 0$ を与える pH が採用されることが多い．$\log D = 0$ は，両相の体積が等しいときに溶質の半分ずつがそれぞれの相に存在することに相当する．そこで，この pH を $\mathrm{pH}_{1/2}$ と表記する．

水相に 2 種類の金属イオンが共存しているとき，キレート抽出によってこれらを分離することを考えよう．一方が 99% 以上抽出される条件で，他方が 1% 以下しか抽出されないときに両者を分離できたと考えることにする．水相と有機相の体積が等しいときには，$\log D \geqq 2$ では定量的に抽出され，$\log D \leqq -2$

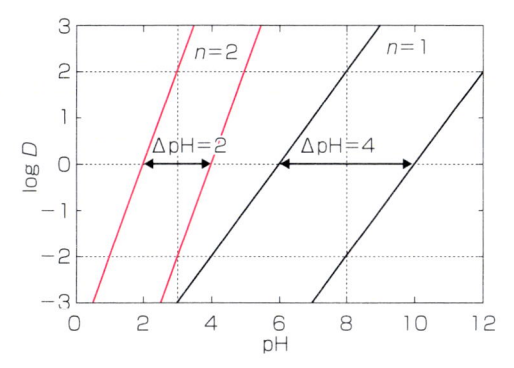

図 15.3 キレート抽出における分配比と pH の関係,および 2 種類の同じ電荷をもつ金属イオンを分離するために必要な ΔpH$_{1/2}$

ΔpH$_{1/2}$ = 6 と 10 の 1 価金属イオン ($n=1$),および ΔpH$_{1/2}$ = 2 と 4 の 2 価金属イオン ($n=2$) の場合.前者では pH 8 で,後者では pH 3 で抽出することにより,一方を 99% 有機相に抽出し,他方を 99% 水相に残すことが可能.

では抽出されていないと考えることに相当する[*8].式 (15.10) から次式が成り立つ.

$$n\,\mathrm{pH}_{1/2} = -\log K_{\mathrm{ex}} - n\log[\mathrm{HQ}]_{\mathrm{o}} \qquad (15.11)$$
$$\therefore \quad \log D = -n\,\mathrm{pH}_{1/2} + n\,\mathrm{pH}$$

定量的に抽出される金属イオン (A) について,この式は

$$2 = -n_{\mathrm{A}}\mathrm{pH}_{1/2(\mathrm{A})} + n_{\mathrm{A}}\mathrm{pH}$$

と書け,同様に抽出されないもの (B) では

$$-2 = -n_{\mathrm{B}}\mathrm{pH}_{1/2(\mathrm{B})} + n_{\mathrm{B}}\mathrm{pH}$$

と書ける.したがって,定量的に分離されるために必要な pH$_{1/2}$ の差は

$$\Delta\mathrm{pH}_{1/2} = \mathrm{pH}_{1/2(\mathrm{B})} - \mathrm{pH}_{1/2(\mathrm{A})} = \frac{2}{n_{\mathrm{B}}} + \frac{2}{n_{\mathrm{A}}} \qquad (15.12)$$

となる.

図 15.3 には,$\log D = \pm 2$ の線を引いてある.2 種類の金属イオンの価数がともに +2 のときには,これらがキレート抽出によって分離されるためには pH$_{1/2}$ が 2 以上離れている必要があることがわかる.このことは式 (15.11) からも明らかであろう.つまり,キレート抽出では,価数の大きいものどうしのほうが容易に分離できる[*9].

[*8] $\log D \geqq 2$ となる pH から $\log D \leqq -2$ となる pH まで水溶液の pH を下げると,有機相に抽出されていた金属イオンを水溶液に戻すことができる.一度有機相に抽出した後,酸性水溶液で水相に再抽出することを逆抽出と呼ぶ.

[*9] pH の範囲を 0〜14 とすると,1 価の金属イオンは最大で 4 種類,2 価は 7 種類を定量的に分離できる.実際にはこのように都合よく pH$_{1/2}$ が並ぶことはないので,一度のキレート抽出で分離できる金属イオンの数は限られる.

例題 15.2

例題 15.1 における銅-オキシンキレートのクロロホルムへの抽出における $pH_{1/2}$ はいくらか. ただし, $[HQ]_o = 0.1\ mol\ dm^{-3}$ とする.

解き方

式(15.11)から

$$2\ pH_{1/2} = -\log K_{ex} - 2\log[HQ]_o = 1.7 - 2\times(-1)$$
$$\therefore\quad pH_{1/2} = 1.9$$

例題 15.3

2価の金属イオン 2 種類を水相と同体積の有機相へのキレート抽出で分離する. 一方が 99.9% 有機相に抽出され, 他方が 99.9% 水相に残っているためには, 両者の $pH_{1/2}$ はどれだけ離れている必要があるか.

解き方

$\log D = 3$ と $\log D = -3$ として計算すると

$$\Delta pH_{1/2} = pH_{1/2(B)} - pH_{1/2(A)} = \frac{3}{n_B} + \frac{3}{n_A} = 3$$

であることがすぐにわかる.

15.2 イオンの分配とイオン対抽出

15.2.1 イオンの有機相への分配係数

図 15.2 で示したキレート抽出系では, 一般にイオンの有機相への分配は無視できるものとした. しかし, 実際には有機相にもイオンが分配する. イオンの水相(w)および有機相(o)での化学ポテンシャルは, 式(14.2)と同様にそれぞれ以下のように書ける.

$$\mu_w = \mu_w^\circ + RT \ln a_w \tag{15.13}$$

$$\mu_o = \mu_o^\circ + RT \ln a_o \tag{15.14}$$

したがって, 式(14.4)同様に

$$\Delta G_{tr}^\circ = \mu_o^\circ - \mu_w^\circ = -RT \ln(a_o/a_w) = -RT \ln K_d \tag{15.15}$$

が得られ, イオンについても中性の物質と同様に分配係数を定義することができる. ここで, ΔG_{tr}° は, 標準溶媒間移行ギブズエネルギー変化と呼ばれ, イオンの水相および有機相での標準化学ポテンシャルの差を表す[*10]. 一般に, 極性の低い有機相ではイオンの溶媒和は弱く, そのため $\mu_o^\circ \gg \mu_w^\circ$ の関係が成り

[*10] ΔG_{tr}° は単独イオンについて定義できるが, 熱力学的には測定できない. 陽イオンと陰イオンの寄与を分離するために非熱力学的な仮定がなされ, 単独イオンに関する値が推定され, 求められている. 発展問題 [1] 参照.

立つことが多い．そのような場合は，イオンの有機相への分配は無視できる．しかし，イオンの有機相への分配がすべての場合に無視できるわけではない．

陽イオン(M^+)または陰イオン(X^-)のみが水相から有機相に分配することはなく，電荷均衡を保つために必ず両者が分配されなければならない．したがって，式(15.15)を陽イオンと陰イオンの両方に対して考える必要がある．

$$\Delta G°_{\text{tr,M}} = \mu°_{\text{M(o)}} - \mu°_{\text{M(w)}} = -RT \ln K_{\text{d,M}} \tag{15.16}$$

$$\Delta G°_{\text{tr,X}} = \mu°_{\text{A(o)}} - \mu°_{\text{X(w)}} = -RT \ln K_{\text{d,X}} \tag{15.17}$$

したがってイオンの分配は，電解質の分配と考えることにより，次式に基づいて理解できる．

$$\Delta G°_{\text{tr,M}} + \Delta G°_{\text{tr,X}} = \mu°_{\text{M(o)}} - \mu°_{\text{M(w)}} + \mu°_{\text{X(o)}} - \mu°_{\text{X(w)}} = -RT \ln(K_{\text{d,M}} K_{\text{d,X}}) \tag{15.18}$$

この式は，$(K_{\text{d,M}} K_{\text{d,X}})$ が 1 より大きければ電解質が有機相に分配される．つまり陽イオンまたは陰イオンの一方がよく水和されていて有機相にほとんど分配されない場合であっても，他のイオンが極端に有機相に分配されやすい場合には，全体として有機相に分配され得ることを示している．

たとえば，過塩素酸イオンの水から 1,2-ジクロロエタン(DCE)への $\Delta G°_{\text{tr,X}}$ は 16.4 kJ mol^{-1} と報告されており，このイオンの DCE への分配は多くの無機イオン同様起きにくい[*11]．それに対して，テトラフェニルアルソニウムイオン(TPA)の $\Delta G°_{\text{tr,M}}$ は -35.1 kJ mol^{-1} であり[*12]，こちらは DCE 中のほうが熱力学的に安定である．その結果，TPA が存在すると，$\Delta G°_{\text{tr,M}} + \Delta G°_{\text{tr,X}} < 0$ ($K_{\text{d,M}} K_{\text{d,X}} > 1$) となり，過塩素酸イオンが TPA とともに水から DCE に分配される．

テトラフェニルアルソニウムイオン

例題 15.4

25 ℃ における，過塩素酸イオンおよび TPA の水／DCE 間の分配係数はそれぞれいくらか．

解き方

式(15.16)と(15.17)から

$$K_{\text{d,M}} = \exp\left(-\frac{\Delta G°_{\text{tr,M}}}{RT}\right)$$

$$K_{\text{d,X}} = \exp\left(-\frac{\Delta G°_{\text{tr,X}}}{RT}\right)$$

なので

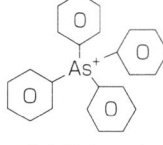

*11 一般的なイオンでは，次の値が報告されている．

	$\Delta G°_{\text{tr}}$ [kJ mol^{-1}]	
	DCE	ニトロベンゼン
Li^+	57	38.2
Na^+	57	34.2
K^+	50	23.5
Cl^-	51	38.2
Br^-	43	27.8

*12 日本化学会編，『化学便覧改訂 5 版』，丸善(2004)．

> **one point**
>
> **誘電率（permittivity）**
>
> 媒体中に電場を形成しようとしたとき，それに対する抵抗の指標となる．誘電率が大きいほど電場の影響は小さくなる．真空の誘電率 $\varepsilon_0 = 8.854 \times 10^{-12}$，$Fm^{-1}(m^{-3} kg^{-1} s^4 A^2)$ に対する相対値を比誘電率という．水の比誘電率は 78.4，ベンゼン 2.3，クロロホルム 4.81，1,2-ジクロロエタン（DCE）10.4 である．

*13 クーロン力は誘電率の逆数に比例することからも低誘電率溶媒中でイオンどうしが会合しやすいことがわかる．各種溶媒中でのイオン対生成定数の対数値と溶媒の比誘電率の逆数間に直線関係があるという理論や実験の報告もある．
Y. H. Inami et al., *J. Am. Chem.Soc*, **83**, 4745 (1961).

$$K_{d,TPA} = \exp\left(\frac{35100}{8.31 \times 298}\right) = 1.43 \times 10^6$$

$$K_{d,OS} = \exp\left(-\frac{16400}{8.31 \times 298}\right) = 1.33 \times 10^{-3}$$

となる．

15.2.2 イオン対の生成

一般に有機相は水に比べて誘電率が低く，イオンどうしの会合体，いわゆるイオン対が生成しやすい[*13]．そのため，水から分配された陽イオンと陰イオンが以下のイオン対生成平衡にかかわることが多い．

$$M^+ + X^- \rightleftarrows MX \tag{15.19}$$

同様のイオン対が水溶液中で生成することもあるが，イオン対生成は一般に水中では起きにくい．イオン対が生成するときのイオンの分配を図15.4に示す．図15.4(a)に示す関係は，イオンとイオン対の分配係数，両相でのイオン対生成定数の間に次の関係があることを示している．

$$K_{ip(o)} = \frac{K_d^{MX}}{K_d^M K_d^X} K_{ip(w)} \tag{15.20}$$

つまり，五つの平衡定数は独立ではなく，式(15.20)の関係による制約を受けている．図15.4(a)の平衡にしたがう系における M^+ の分配比は以下の式で表される．

$$D = \frac{[M^+]_o + [MX]_o}{[M^+]_w + [MX]_w} \tag{15.19}$$

図15.4(b)に示すように，水中でのイオン対生成が無視できるときには，式(15.19)は以下のように変形できる．

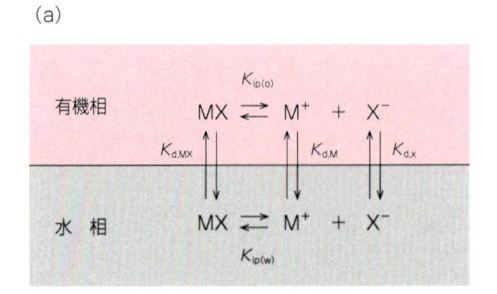

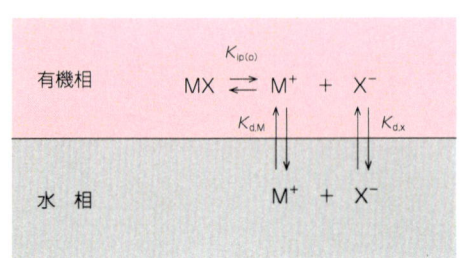

図 15.4 イオンの分配とイオン対抽出

$$D = \frac{[\mathrm{M^+}]_o + [\mathrm{MX}]_o}{[\mathrm{M^+}]_w} = \frac{[\mathrm{M^+}]_o(1+K_{\mathrm{ip(o)}}[\mathrm{X^-}]_o)}{[\mathrm{M^+}]_w} = K_{\mathrm{d,M}}(1+K_{\mathrm{ip(o)}}K_{\mathrm{d,x}}[\mathrm{X^-}]_w)$$
(15.20)

つまり，水相中での $\mathrm{X^-}$ の濃度が高いほど，また $\mathrm{M^+}$ と $\mathrm{X^-}$ 分配係数が大きいほど，さらに有機相中でイオン対が生成しやすいほど，分配比は大きくなる．

式(15.20)は水相でのイオン対生成を無視したものであり，式(15.19)の特殊な場合であると考えることができる．一般に，イオン対抽出は比較的誘電率の大きな1,2-ジクロロエタン(DCE)やクロロホルムを有機相に用いると，抽出率が高くなる傾向にある．このような有機溶媒中では，イオン対がイオンに解離していることが多く，有機相中でのイオン対の解離(有機相へのイオンの分配)を考慮した式(15.20)が成り立つ．また近年，液液界面イオン移動ボルタンメトリーの発達によりイオンの各種溶媒間での移行ギブズエネルギーが求められており，イオンの有機相への分配に基づいてイオン対抽出を議論することが可能になってきた．水からニトロベンゼンやDCEのような比較的極性の高い有機溶媒へのイオンの移行ギブズエネルギーは化学便覧にも収録されており，イオン対抽出に関する議論に利用できる．

イオン対抽出は，イオンの分離だけでなく，対イオンとして色素分子などを用いることにより，抽出されるイオン種が特段の分光特性をもたない場合でも吸光光度分析が可能である[*14]．さらに，水和イオンは一般に有機溶媒に抽出されにくいが，錯体を形成すると有機相への分配係数が大きくなることが多い．これを利用して，金属イオンの錯体と色素分子などとのイオン対抽出により金属イオンを吸光光度分析している例もある．

一般に色素分子は比較的大きく水和が弱いために，イオン性であっても有機相に分配されやすいものが多い．したがって，水和金属イオンが抽出できない場合でも，錯生成により金属イオンの分配係数を大きくすることで，上述のイオン対抽出条件を満たし，抽出が可能になるよう溶媒抽出系を設計することができる[*15]．

15.3 イオンの分配不均衡による電位差

15.2節ではイオンが有機溶媒に分配すると考えられることを示した．イオンは単独では存在できず，必ず陽イオンと陰イオンの両方が存在しなければならない．陽イオンと陰イオンの分配特性が全く同じということはほとんどなく，何らかの差があるはずである．その場合，有機溶媒と水の間に電位差が生じる．

電位差がある場合，イオンの化学ポテンシャルに静電的な効果を含めた電気化学ポテンシャルを用いて議論することができる．陽イオン M^{z_M} と陰イオン

---

one point

液液界面イオン移動ボルタンメトリー

液液界面を構成する一つの相を電極とみなすと電極／溶液界面に類似していることがわかる．通常の電極／溶液界面では電子の移動が測定されるが，液液界面ではイオンの移動が同様の役割を果たす．界面に電圧をかけて，それに伴うイオン移動による電流を測る方法が液液界面移動ボルタンメトリーである．

[*14] カチオン性染料のエチルバイオレットを用いる陰イオン界面活性剤の抽出吸光光度法はこの典型例である．

one point

吸光光度分析

紫外や可視部の光吸収に基づいて定量する方法．

[*15] アルカリ金属イオンのクラウンエーテルをピクリン酸イオンとともに有機相に抽出する例が知られている(発展問題 2 参照)．

X^{z_X} が水／有機相の二相系に存在し，分配平衡にある場合を考える．陽イオンの水相，有機相中での電気化学ポテンシャルは式(2.20)から次のように書ける．

$$\mu_{M(w)} = \mu^\circ_{M(w)} + RT \ln c_{M(w)} + z_M F \phi_{(w)} \tag{15.21}$$

$$\mu_{M(o)} = \mu^\circ_{M(o)} + RT \ln c_{M(o)} + z_M F \phi_{(o)} \tag{15.22}$$

ここで，ϕ は静電ポテンシャルである[*16]．平衡では，$\mu_{M(w)} = \mu_{M(o)}$ なので，代入して整理すると，次式が得られる．

[*16] 第2章のプラスアルファ参照．

$$\phi_{(w)} - \phi_{(o)} = \frac{\mu^\circ_{M(o)} - \mu^\circ_{M(w)}}{z_M F} + \frac{RT}{z_M F} \ln \frac{c_{M(o)}}{c_{M(w)}} \tag{15.23}$$

$\phi_{(w)} - \phi_{(o)}$ は，二つの相間の電位差を表している．さらに，式(15.6)を代入すると，次式になる．

$$\phi_{(w)} - \phi_{(o)} = \frac{\Delta G^\circ_{tr,M}}{z_M F} + \frac{RT}{z_M F} \ln \frac{c_{M(o)}}{c_{M(w)}} \tag{15.24}$$

X^{z_X} についても同様の式が誘導できる．

$$\phi_{(w)} - \phi_{(o)} = \frac{\Delta G^\circ_{tr,X}}{z_X F} + \frac{RT}{z_X F} \ln \frac{c_{X(o)}}{c_{X(w)}} \tag{15.25}$$

溶液全体を見てみると，水相，有機相ともに電荷均衡が満たされていなければならない．つまり，電荷不均衡を生じているイオンの量は無視できるほど小さく，水相と有機相の界面数 nm に局在しているはずである[*17]．両相での電荷均衡から，次式が成り立つ．

[*17] 2.4節の注26参照．

$$z_M c_{M(w)} = -z_X c_{X(w)} \tag{15.26}$$
$$z_M c_{M(o)} = -z_X c_{X(o)} \tag{15.27}$$

が成り立つ．これらを用いると，式(15.24)と(15.25)は次のように書ける．

$$\phi_{(w)} - \phi_{(o)} = \frac{\Delta G^\circ_{tr,M}}{z_M F} + \frac{RT}{z_M F} \ln \frac{c_{M(o)}}{c_{M(w)}} = \frac{\Delta G^\circ_{tr,X}}{z_X F} + \frac{RT}{z_X F} \ln \frac{c_{M(o)}}{c_{M(w)}} \tag{15.28}$$

この式を整理して，$z_M = -z_X$ の条件を当てはめると次の式が得られる．

$$\phi_{(w)} - \phi_{(o)} = \frac{\Delta G^\circ_{tr,M} - \Delta G^\circ_{tr,X}}{2 z_M F} \tag{15.29}$$

この式は，相間の電位差 $\phi_{(w)} - \phi_{(o)}$ が陽イオンと陰イオンの溶媒間移行ギブズエネルギーによって決まることを表している．上述のテトラフェニルアルソニ

ウム過塩素酸が水／DCE 二相系にある場合，テトラフェニルアルソニウムイオンが DCE 相に，過塩素酸イオンが水相に分配されやすいために，水相のポテンシャルは DCE 相に比べて低くなる．$\phi_{(w)} - \phi_{(o)}$ は，式(15.29)から，約 $-97\,\mathrm{mV}$ である．

章末問題

基本問題

1. M^{n+} がオキシンと水中で $1:1 \sim 1:n$ までのすべての化学量論比の錯体を生成するとき，分配比は存在化学種の濃度でどのように表されるか．
2. $[\mathrm{HQ}]_o = 0.14\,\mathrm{mol\,dm^{-3}}$ のオキシンを含むクロロホルムを用いて，クロロホルムと同体積の水相から 99.9%の Cu^{2+} をキレート抽出するためには，水相の pH をいくらに保てばよいか．ただし，Cu^{2+} の濃度は十分に低いものとする．
3. 2 価と 3 価の金属イオンをキレート抽出で分離するためには，$\mathrm{pH}_{1/2}$ がどれだけ離れている必要があるか．$\log D = 2$ と -2 を分離の基準として考えよ．

発展問題

1. 一般に，単一イオン種の熱力学的な値を決定するには，何らかの仮定(基準)が必要である．『化学便覧　改訂 5 版』に収録されているイオンの水からニトロベンゼンや DCE への ΔG_{tr}° の値はどのような仮定に基づいて決定されたものか．
2. カリウムイオンとピクリン酸イオンの水から DCE への ΔG_{tr}° はそれぞれ $50\,\mathrm{kJ\,mol^{-1}}$，$5.5\,\mathrm{kJ\,mol^{-1}}$ である．$1.0 \times 10^{-4}\,\mathrm{mol\,dm^{-3}}$ のカリウムイオンと $0.01\,\mathrm{mol\,dm^{-3}}$ のピクリン酸イオンを含む塩基性水溶液から，水溶液と同体積の DCE へイオン対抽出を行うとする．このとき以下の問いに答えよ．
   (1) ピクリン酸カリウムの水と DCE 間の分配係数はいくらか．
   (2) DCE がジベンゾ 18-クラウン-6(DB18C6)を含んでいると，DCE 中でカリウムイオンは DB18C と 1:1 錯体を生成する．また，この錯体は DCE 中でピクリン酸イオンとイオン対を形成する．カリウムイオンの分配比を化学種の濃度で表現せよ．
   (3) (2)で求めた分配比をカリウムイオンの分配係数($K_{d,K}$)，ピクリン酸イオンの分配係数($K_{d,pic}$)，DCE 中でのカリウムイオンと DB18C6 との錯生成定数(K_1)，錯体とピクリン酸のイオン対生成定数(K_{ip})を用いて表せ．
   (4) $\log K_1 = 10.5$，$\log K_{ip} = 4.88$ であることがわかっている．DCE 中の DB18C6 の濃度が $0.1\,\mathrm{mol\,dm^{-3}}$ のとき，カリウムイオンの分配比を求めよ．

ただし，DB18C6 の水への分配は無視できるものとする．

(5) カリウムイオンを 99% 以上 DCE に抽出するためには，DB18C6 濃度はどれだけ必要か．

第 15 章の Keywords ▶ イオンの分配 (partition of an ion)，イオン対抽出 (ion-pair extraction)，キレート抽出 (chelate extraction)，溶媒間移行ギブズエネルギー (Gibbs energy of transfer between solvents)

付録 A

滴定曲線の一般的な形

滴定曲線の一般的な形について考える．

酸塩基滴定，沈殿滴定，錯形成滴定，酸化還元滴定のどれも，滴定曲線の形はよく似ている．第5章で述べたように，その形はジグモイド型，より正確には $\sinh^{-1} x$ の形である．その共通性について考えておく．

滴定曲線は，滴定の進行に伴って，滴定される化学種の濃度の対数がどう変化するかを記録したものである．被滴定化学種 A の濃度 (あるいは活量) の対数 $-\log c_A$ を縦軸に，滴定化学種 B の濃度 c_B を横軸にとると，当量点付近では (その化学反応がどんなものであれ) ジグモイド型の曲線になる．

これは，平衡では c_A と c_B が平衡定数 K によって，$c_A \times c_B = K$ のかたちで結びつけれられていることによる．B を加えると A が減少する．するとその濃度の対数は急速に小さくなる．しかし，平衡関係があるので当量点でも c_A は無限にゼロに近づかず，$-\log c_A$ は頭打ちになる．K の大きさ (小ささ) で，どこで頭打ちになるかが決まる．

A.1　二次方程式の根の公式：特別な場合

被滴定化学種濃度は，その初期濃度，体積，滴定化学種の濃度，それが被滴定溶液に添加された体積を係数とする方程式で表されるが，その形は，多くの場合，被滴定化学種濃度についての二次方程式である．

x についての二次方程式

$$x^2 - bx - c = 0 \quad (c > 0) \tag{A.1}$$

を考える．係数 b, c は被滴定溶液の初期体積と初期濃度，加えた滴定溶液の濃度と体積，滴定にかかわる反応の平衡定数の関数である．

判別式が正なので，正と負の異なる二つの実根が存在する．このうち大きい (正の) ほうの解は

$$x = \frac{1}{2}\left(b + \sqrt{b^2 + 4c}\right) \tag{A.2}$$

これを書き換えると

$$x = \sqrt{c}\left(X + \sqrt{X^2 + 1}\right) \tag{A.3}$$

ここで，$X = b/2\sqrt{c}$ である．両辺の対数をとると

$$\ln x = \ln\sqrt{c} + \ln(X + \sqrt{X^2 + 1}) \tag{A.4}$$

$\ln(X + \sqrt{X^2 + 1}) = \sinh^{-1} X$ だから

$$\ln x = \ln\sqrt{c} + \sinh^{-1} X \tag{A.5}$$

または

$$\ln \frac{x}{\sqrt{c}} = \sinh^{-1}\left(\frac{b}{2\sqrt{c}}\right) \tag{A.6}$$

ここで，$\sinh^{-1} x$ は，$\sinh x = (e^x - e^{-x})/2$ の逆関数である．したがって，$\ln x$ は b の $\sinh^{-1} x$ の形，つまり滴定曲線の概形である．形の詳細は，b, c の滴定条件パラメータ，すなわち平衡条件，被滴定化学種の初期濃度，体積，滴定化学種の濃度，被滴定溶液に添加された体積，に対する依存性で決まる（第5章の図5.4参照）．

A.2　強酸を強塩基で滴定する場合

第5章で詳しく述べたように，滴定において，ある p における $[H^+]$ は次の二次方程式で表される．

$$\left(\frac{\sqrt{K_w}}{[H^+]}\right)^2 - \frac{c_{NaOH}}{\sqrt{K_w}}\left(\frac{p-1}{p+r}\right)\frac{\sqrt{K_w}}{[H^+]} - 1 = 0 \tag{A.7}$$

あるいは

$$\left(\frac{\sqrt{K_w}}{[H^+]}\right)^2 - \left(\frac{(1/\sqrt{K_w})(p-1)}{p/c_{NaOH} + 1/c_{HCl}}\right)\frac{\sqrt{K_w}}{[H^+]} - 1 = 0 \tag{A.8}$$

したがって

$$\ln \frac{\sqrt{K_w}}{[H^+]} = \sinh^{-1}\left\{\frac{(1/\sqrt{K_w})(p-1)}{2(1/c_{HCl} + p/c_{NaOH})}\right\} \tag{A.9}$$

書き換えると

$$\mathrm{pH} = \frac{pK_\mathrm{w}}{2} + \frac{1}{\ln(10)} \sinh^{-1}\left\{\frac{(1/\sqrt{K_\mathrm{w}})(p-1)}{2(1/c_\mathrm{HCl}+p/c_\mathrm{NaOH})}\right\} \qquad (\mathrm{A}.10)$$

これから次のことがわかる（第 5 章の発展問題 **1** を参照）．

1. 当量点 ($p=1$) では，pH = pK_w/2 = 7 となる．
2. 滴定曲線の立ち上がりがシャープなのは $1/\sqrt{K_\mathrm{w}}$ が大きいためである．
3. 薄い HCl 溶液を濃い NaOH で滴定する場合は，曲線の形は，ほぼ正確に $\sinh^{-1}x$ の形になる．
4. このとき，HCl の濃度が低いほど滴定曲線の立ち上がりがシャープになる．
5. このとき（にのみ）滴定曲線の変曲点が当量点に一致する．
6. 酸塩基滴定では，K_w が非常に小さいので，よほど極端な場合でない限り，変曲点と当量点はほぼ一致する．
7. 濃い酸を希薄な塩基溶液で滴定するなどの特別の条件では，当量点のはるか手前にもう一つの変曲点（傾き最小）が存在する．

A.3　金属をリガンドで滴定する場合

カルシウムを EDTA で滴定するなど，金属 (M) がリガンド (L) と 1 : 1 の錯体を作る場合を考える．

平衡条件：K を安定度定数とすると

$$K = \frac{[\mathrm{ML}]}{[\mathrm{M}][\mathrm{L}]}$$

物質量バランス条件：試料溶液の初期体積を V_s，M の初期濃度を c_M^0，試料溶液に加えた滴定溶液の体積を V_t，滴定溶液の L 濃度を c_L^0 とすると

$$(V_\mathrm{s} + V_\mathrm{t})([\mathrm{M}] + [\mathrm{ML}]) = V_\mathrm{M} c_\mathrm{M}^0 \qquad (\mathrm{A}.11)$$
$$(V_\mathrm{s} + V_\mathrm{t})([\mathrm{L}] + [\mathrm{ML}]) = V_\mathrm{t} c_\mathrm{L}^0 \qquad (\mathrm{A}.12)$$

この平衡では，M と L はともに中性物質でもよいから，電荷バランスは考える必要がない．これらの条件より

$$p = \frac{V_\mathrm{t} c_\mathrm{L}^0}{V_\mathrm{s} c_\mathrm{M}^0} \qquad (\mathrm{A}.14)$$

とおくと

$$[M]^2 + \left\{\frac{1}{K} + \frac{(p-1)}{1/c_M^0 + p/c_L^0}\right\}[M] - \frac{1/K}{1/c_M^0 + p/c_L^0} = 0 \qquad (A.15)$$

$$\therefore\ [M] = \frac{1}{2}\left[-\left(\frac{1}{K} + \frac{p-1}{1/c_M^0 + p/c_L^0}\right) + \left\{\left(\frac{1}{K} + \frac{(p-1)}{1/c_M^0 + p/c_L^0}\right)^2 + \frac{4/K}{1/c_M^0 + p/c_L^0}\right\}^{1/2}\right]$$
$$(A.16)$$

K が十分に大きければ[*1]，式(A.13)は少し簡単になり次のように書ける．

*1 $1/K \ll (p-1)/(1/c_M^0 + p/c_L^0)$ ならば．

$$\frac{1}{(\sqrt{K}[M])^2} - \sqrt{K}(p-1)\frac{1}{\sqrt{K}[M]} - (1/c_M^0 + p/c_L^0) = 0 \qquad (A.17)$$

上の二次方程式の公式より

$$-\ln[M] = \ln\sqrt{K} + \ln\sqrt{1/c_M^0 + p/c_L^0} + \sinh^{-1}\left\{\frac{\sqrt{K}(p-1)}{2\sqrt{1/c_M^0 + p/c_L^0}}\right\}$$

p 軸を縮めて滴定曲線の立ち上がりをシャープにしているのは $\sqrt{K}$ である．酸塩基滴定の場合の $1/\sqrt{K_w}$ の役割を，錯形成の場合は $\sqrt{K}$ が果たしている．右辺の第1項はその変化を $\sqrt{K}$ を中心に変動させるよう働き，第2項はこの働きへの希釈効果の寄与である．

x が小さいとき，$\sinh^{-1}x \fallingdotseq x$ であるから，$p=1$ 付近の滴定曲線の傾きは $\sqrt{K}$ に比例する．

$p=1$ のとき，式(A.16)より

$$[M] = \frac{1}{2K}\left(-1 + \sqrt{1 + \frac{4K}{1/c_M^0 + 1/c_L^0}}\right) \qquad (A.18)$$

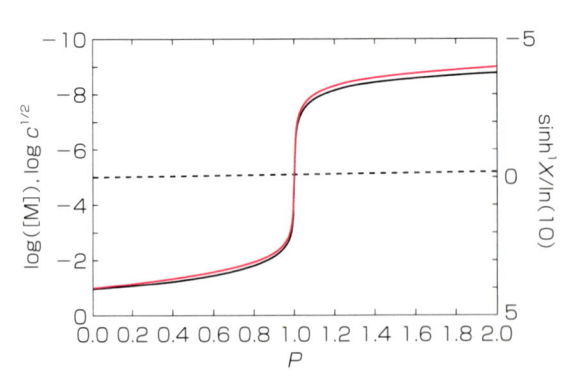

図A.1 0.1 M金属イオンを0.1 Mリガンドで滴定したときの滴定曲線(赤線)と式(A.18)の右辺第1項+第2項の和(破線)および第3項(黒線)
M + L = ML, $K = 10^9$.

K が十分に大きく $(1/c_M^0 + 1/c_L^0) \ll 4K$ であれば，

$$[M] \fallingdotseq \frac{1}{\sqrt{K}} \frac{1}{\sqrt{(1/c_M^0 + 1/c_L^0)}}$$

あるいは

$$pM \fallingdotseq -\frac{pK}{2} + \frac{1}{2}\log(1/c_M^0 + 1/c_L^0)$$

ここで，pM $= -\log[M]$，p$K = -\log K$ とおいた．錯生成滴定では K は大きな正の値なので，pK は負の値であることに注意．

このように，当量点での [M] の値は強酸–強塩基滴定や沈殿滴定の場合とは異なり，K のみでは決まらず，被滴定溶液と滴定溶液の初期濃度に依存する．これは弱酸–強塩基滴定と同様である．

A.4 沈殿滴定の場合

c_s^0 mol dm^{-3} の AgNO$_3$ 水溶液を c_t^0 mol dm^{-3} の KCl 水溶液で滴定することを考える．描く滴定曲線は，c_t^0 の変化に対する p[Ag$^+$] である．

$$Ag^+ + Cl^- = AgCl(固体) \qquad K_{sp} = 1.80 \times 10^{-10} = 10^{-9.74}$$

AgNO$_3$ 水溶液の滴定前の体積を V_s，この溶液に加えた KCl 溶液の体積を V_t とする．電荷バランス条件は

$$[Ag^+] + [K^+] = [NO_3^-] + [Cl^-]$$

物質量バランス条件は

$$(V_s + V_t)[K^+] = V_t c_t^0$$
$$(V_s + V_t)[NO_3^-] = V_s c_s^0$$

これら二つを電荷バランス条件に入れて [K$^+$] と [NO$_3^-$] を消去する．

$$[Ag^+] + \frac{V_t}{V_s + V_t} c_t^0 = \frac{V_s}{V_s + V_t} c_s^0 + \frac{K_{sp}}{[Ag^+]}$$

滴定の割合 p を $V_t c_t^0 / (V_s c_s^0)$ と定義すると

$$[Ag^+] + \frac{p}{1/c_s^0 + p/c_t^0} = \frac{1}{1/c_s^0 + p/c_t^0} + \frac{K_{sp}}{[Ag^+]}$$

書き換えると

$$\left(\frac{\sqrt{K_{\mathrm{sp}}}}{[\mathrm{Ag}^+]}\right)^2 - \frac{\frac{1}{\sqrt{K_{\mathrm{sp}}}}(p-1)}{\left(\frac{p}{c_\mathrm{t}^0}+\frac{1}{c_\mathrm{s}^0}\right)}\left(\frac{\sqrt{K_{\mathrm{sp}}}}{[\mathrm{Ag}^+]}\right) - 1 = 0$$

何のことはない，これは，強酸–強塩基滴定の滴定曲線とまったく同じ形である．$[\mathrm{H}^+]$ を $[\mathrm{Ag}^+]$ に，K_w を K_{sp} に変えただけのことである．

$$\mathrm{p}[\mathrm{Ag}^+] = \frac{\mathrm{p}K_{\mathrm{sp}}}{2} + \frac{1}{\ln(10)}\sinh^{-1}\left\{\frac{(1/\sqrt{K_{\mathrm{sp}}})(p-1)}{2(p/c_\mathrm{t}^0+1/c_\mathrm{s}^0)}\right\}$$

沈殿滴定の滴定曲線の形は，強酸–強塩基滴定の場合とまったく同じであり，したがってその意味づけも同じである．

A.5　酸化還元滴定の場合

具体的に次の例を考える．

Fe(II) の水溶液(溶液 A)を Ce(IV) 水溶液(溶液 B)で滴定する．溶液 A 中の Fe(II) の初期濃度を $c^\mathrm{i}_{\mathrm{Fe(II)}}$，初期体積を V_A とし，溶液 B 中の Ce(IV) の濃度を $c^\mathrm{i}_{\mathrm{Ce(IV)}}$，滴定のために溶液 A に加えた溶液 B の体積を V_B とする．さしあたり，溶液 A にははじめは Fe(III) はなく，また溶液 B には Ce(III) は含まれていないとする．

A.5.1　見通し

複数の酸化還元種が溶液中に共存して平衡状態にあるとき，溶液の酸化還元電位 E はユニークに(それしかないという値に)定まっている．その溶液に白金電極などを浸して(さらに適当な参照電極と組み合わせて電池を作って)測定される酸化還元電位はもちろんただ一つである．

わからないこと(知りたいこと)は，溶液 B を加えていったときの

- (平衡時の)各成分の濃度，すなわち合計 4 種類の濃度($c_{\mathrm{Fe(III)}}$, $c_{\mathrm{Fe(II)}}$, $c_{\mathrm{Ce(IV)}}$, $c_{\mathrm{Ce(III)}}$)．
- (平衡時の)電位 E．

したがって，未知数は 5 個ある．これがわかれば，滴定曲線の形が描けるはずである．

A.5.2　解き方

これを解くには五つの条件が必要(あるはず)である．それらの条件は，

1. Fe(III)/Fe(II)，Ce(IV)/Ce(III) のそれぞれの酸化還元対について，ネルン

スト式が成り立つ．これが平衡条件である．

$$E = E_{\text{Fe}}^{\ominus} + \frac{RT}{F} \ln \frac{c_{\text{Fe(III)}}}{c_{\text{Fe(II)}}} \tag{A.19}$$

$$E = E_{\text{Ce}}^{\ominus} + \frac{RT}{F} \ln \frac{c_{\text{Ce(IV)}}}{c_{\text{Ce(III)}}} \tag{A.20}$$

ここで，E は電極電位（酸化還元電位），E_{M}^0（M = Fe または Ce）は酸化還元対 Fe(III)/Fe(II) または Ce(IV)/Ce(III) の標準電極電位，F はファラデー定数，R は気体定数，T は絶対温度である．

2. それぞれの酸化還元対の酸化体と還元体の濃度の和は，滴定中は一定である．つまり，消えたり生じたりしない（物質量バランス条件）．

$$(V_{\text{A}} + V_{\text{B}})(c_{\text{Fe(III)}} + c_{\text{Fe(II)}}) = V_{\text{A}} c_{\text{Fe(II)}}^{\text{i}} \tag{A.21}$$

$$(V_{\text{A}} + V_{\text{B}})(c_{\text{Ce(IV)}} + c_{\text{Ce(III)}}) = V_{\text{B}} c_{\text{Ce(IV)}}^{\text{i}} \tag{A.22}$$

3. 片方が酸化された分だけ，もう一方が還元されるはずである．そうでないと，溶液中に電荷が発生したり消滅したりして，溶液の電気的中性が保たれなくなる（電荷バランス条件）．

$$c_{\text{Fe(III)}} = c_{\text{Ce(III)}} \tag{A.23}$$

式 (A.19)〜(A.23) は，$c_{\text{Fe(III)}}$，$c_{\text{Fe(II)}}$，$c_{\text{Ce(IV)}}$，$c_{\text{Fe(III)}}$，E を未知数とする連立方程式であり，これを解けばよい．

ネルンスト式 (A.19)，(A.20) を使いやすい形に書き換えておく．

$$\frac{c_{\text{Fe(III)}}}{c_{\text{Fe(II)}}} = e/e_{\text{Fe}}^{\ominus} \tag{A.24}$$

$$\frac{c_{\text{Ce(IV)}}}{c_{\text{Ce(III)}}} = e/e_{\text{Ce}}^{\ominus} \tag{A.25}$$

ここで，$e = \exp[(F/RT)E]$，$e_{\text{M}}^{\ominus} = \exp[(F/RT)E_{\text{M}}^{\ominus}]$（M = Fe または Ce）である．

A.6　酸化還元滴定の一般的な式

ネルンスト式からわかるように，$c_{\text{Fe(III)}}$ がゼロだと E は不定（$-\infty$）になってしまう．それを避けるために，はじめから溶液 A 中の Fe(III) と溶液 B 中の Ce(III) の初期濃度を考慮しておく[*2]．それらを，$c_{\text{Fe(III)}}^{\text{i}}$，$c_{\text{Ce(III)}}^{\text{i}}$ とする．すると，式 (A.21)，(A.22) はそれぞれ

*2　意図して加えなくても，きわめて微量には存在しているはずである．

$$(V_A + V_B)(c_{Fe(III)} + c_{Fe(II)}) = V_A(c^i_{Fe(II)} + c^i_{Fe(III)}) \tag{A.26}$$

$$(V_A + V_B)(c_{Ce(IV)} + c_{Ce(III)}) = V_B(c^i_{Ce(IV)} + c^i_{Ce(III)}) \tag{A.27}$$

また，電荷バランス条件は

$$c_{Fe(III)} - \frac{V_A}{V_A + V_B}c^i_{Fe(III)} = c_{Ce(III)} - \frac{V_B}{V_A + V_B}c^i_{Ce(III)} \tag{A.28}$$

式(A.24)〜(A.28)の連立方程式をeについて解く．式(A.24)〜(A.28)から

$$\frac{c^i_{Fe(II)} - c^i_{Fe(III)}e^\ominus_{Fe}/e}{1 + e^\ominus_{Fe}/e} = r\left(\frac{c^i_{Ce(IV)} - c^i_{Ce(III)}e/e^\ominus_{Ce}}{1 + e/e^\ominus_{Ce}}\right) \tag{A.29}$$

ここで，$V_B/V_A = r$ とおいた．整理すると

$$\left(1 + r\frac{c^i_{Ce(III)}}{c^i_{Fe(II)}}\right)e^2 - \left\{\left(\frac{c^i_{Fe(III)}}{c^i_{Fe(II)}} - r\frac{c^i_{Ce(III)}}{c^i_{Fe(II)}}\right)e^\ominus_{Fe} + \left(r\frac{c^i_{Ce(IV)}}{c^i_{Fe(II)}} - 1\right)e^\ominus_{Ce}\right\}e$$
$$- \left(\frac{c^i_{Fe(III)}}{c^i_{Fe(II)}} + r\frac{c^i_{Ce(IV)}}{c^i_{Fe(II)}}\right)e^\ominus_{Fe}e^\ominus_{Ce} = 0 \quad (A.30)$$

これはeについての方程式である．初期濃度を与えて，あるrのときのeを，この式を解いて求めれば，滴定曲線(E vs. V_B プロット)が描けるはずである．そのまえに，次節でいくつかの特別の場合について見ておく．

A.6.1　$r=0$ の場合

これは $V_B = 0$，つまり滴定が始まる前である．このとき，式(A.29)から

$$E = E^\ominus_{Fe} + \frac{RT}{F}\ln\frac{c^i_{Fe(III)}}{c^i_{Fe(II)}} \tag{A.31}$$

A.6.2　$V_B \to \infty$ の場合

一方，無限に溶液Bを加え続けると $r \to \infty$ となるから，式(A.29)は次のようになる．

$$E = E^\ominus_{Ce} + \frac{RT}{F}\ln\frac{c^i_{Ce(IV)}}{c^i_{Ce(III)}} \tag{A.32}$$

つまり当たり前だが，滴定曲線の両端の行き着くところは，それぞれいずれかの酸化還元対のみで決まる電位である．

A.7 当量点

当量点とは，滴定対象となる化学種の初期分量（分子数，モル水数など）と当量の（いまの例ではどちらの酸化還元対も1電子反応だから同じ分子数）滴定する側の化学種が加えられた点である．つまり，Fe(III)とCe(III)の初期濃度にかかわらず

$$V_A c^i_{Fe(II)} = V_B c^i_{Ce(IV)} \tag{A.33}$$

あるいは

$$c^i_{Fe(II)} = r\, c^i_{Ce(IV)} \tag{A.34}$$

このとき，式(A.30)は

$$\left(1 + r\frac{c^i_{Ce(III)}}{c^i_{Fe(II)}}\right)e^2 - \left(\frac{c^i_{Fe(III)}}{c^i_{Fe(II)}} - r\frac{c^i_{Ce(III)}}{c^i_{Fe(II)}}\right)e^\ominus_{Fe} e - \left(\frac{c^i_{Ce(III)}}{c^i_{Fe(II)}} + 1\right)e^\ominus_{Fe} e^\ominus_{Ce} = 0 \tag{A.35}$$

さらに，もし $c^i_{Fe(III)}/c^i_{Fe(II)} \ll 1$ かつ $r\, c^i_{Ce(III)}/c^i_{Fe(II)} \ll 1$ なら[*3]，当量点では式(A.34)が成立するから，式(A.35)より

$$e^2 = e^\ominus_{Fe} e^\ominus_{Ce} \tag{A.36}$$

つまり

$$E = \frac{E^\ominus_{Fe} + E^\ominus_{Ce}}{2} \tag{A.37}$$

[*3] このとき，$0 < c^i_{Fe(III)}/c^i_{Fe(II)} \ll 1$，かつ $0 < r\, c^i_{Ce(III)}/c^i_{Fe(II)} \ll 1$ だから，式(A.36)の e の係数も $\fallingdotseq 0$ となる．

A.8 当量点における濃度？

当量点の条件は式(A.34)であるが，当量点では滴定対象となる化学種は完全に消費されてしまうと考えてよいだろうか．

当量点の電位は，式(A.37)からもわかるように有限の値である．したがって，式(A.19)から，当量点ではFe(II)が完全にはなくなっているわけではない．その量は式(A.19)，(A.37)から

$$\frac{c_{Fe(III)}}{c_{Fe(II)}} = \exp\left(\frac{F}{RT}(E^\ominus_{Ce} - E^\ominus_{Fe})\right) \tag{A.38}$$

で与えられる．また，当量点ではFe(III)とCe(IV)の初期濃度にかかわらず，(A.26)〜(A.27)より $c_{Fe(II)} = c_{Ce(IV)}$ である．これからわかるように，当量点での残存濃度の割合は，滴定されるほうとするほうの標準電極電位の差で決まる[*4]．

Fe／Ce系では，$E^\ominus_{Ce} - E^\ominus_{Fe} = 1.72 - 0.771\,\text{V} = 0.95\,\text{V}\,(25\,℃)$ だから，$c_{Fe(III)}/$

[*4] 他の滴定の場合と論理的に同じであることに注意．

$c_{Fe(II)} ≒ 1.14 \times 10^{16}$ となる．残存している Fe(II) は，したがって全く無視できるほどわずかである．

A.9 実際の形

$r \to 0$ と $r \to \infty$ については検討したので，滴定曲線の両端を除いて考えればよい．それなら，一般式(A.30)において，$c^i_{Fe(III)}/c^i_{Fe(II)}$，$c^i_{Ce(III)}/c^i_{Fe(II)}$ の項は無視してよいだろう．すると，式(A.30)は次のようになる．

$$e^2 + \left(1 - r\frac{c^i_{Ce(IV)}}{c^i_{Fe(II)}}\right)e^{\ominus}_{Ce}e - r\frac{c^i_{Ce(IV)}}{c^i_{Fe(II)}}e^{\ominus}_{Fe}e^{\ominus}_{Ce} = 0 \tag{A.39}$$

滴定曲線の形を把握しやすいように，他の滴定の場合と同じように，滴定率 p を導入する．

$$p = \frac{c^i_{Ce(IV)}}{c^i_{Fe(II)}} r \tag{A.40}$$

式(A.39)は次のようにすっきりと見やすくなる．

$$e^2 + \{(1-p)e^{\ominus}_{Ce}\}e - pe^{\ominus}_{Fe}e^{\ominus}_{Ce} = 0 \tag{A.41}$$

これを e について解くと，e は負になりえないので

$$e = \frac{1}{2}\{(p-1)e^{\ominus}_{Ce} + [(1-p)^2(e^{\ominus}_{Ce})^2 + 4pe^{\ominus}_{Fe}e^{\ominus}_{Ce}]^{1/2}\} \tag{A.42}$$

ここで，$Y = 2\sqrt{p}(e^{\ominus}_{Fe}e^{\ominus}_{Ce})^{1/2}$，$X = (p-1)e^{\ominus}_{Ce}/Y$ とおくと

$$e = \frac{1}{2}\{Y(X + \sqrt{X^2+1})\} \tag{A.43}$$

つまり，$\ln\{x + (x^2+1)^{1/2}\} = \sinh^{-1} x$ だから

$$\frac{F}{RT}E = \ln\frac{Y}{2} + \sinh^{-1} X \tag{A.44}$$

式(A.44)の右辺第1項の変化に比べて第2項の変化が大きく（図 A.2b, c），かつ X が p におおむね比例すれば（図 A.2d），E を p に対してプロットすると，$\sinh^{-1} x$ 型の変化を示すと期待される．実際，Ce(IV) による Fe(II) の滴定の例について計算した図 A.2 でもそうなっている（図 A.2a）ので，滴定曲線の当量点付近の形が $\sinh^{-1} x$ とよく似ていることが理解できる．

$\sinh^{-1} x$ の変曲点は $x = 0$ のところにあるから，当量点（$p = 1$）で傾きが最大になるのもほぼ正しい．しかしこれは，次に示すように，また式(A.44)からもわかるように，厳密には正しくない．

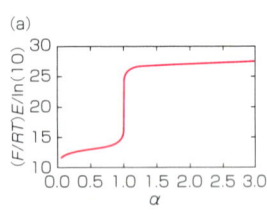

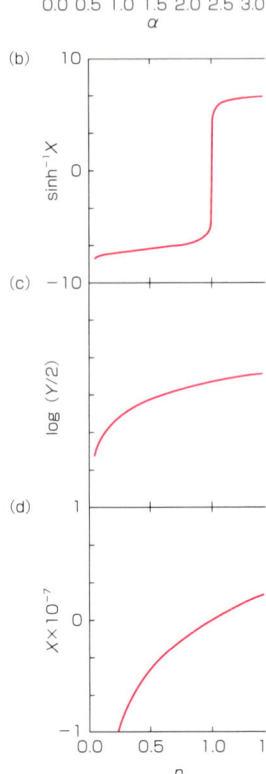

図 A.2 Fe(II) の Ce(IV) による酸化還元滴定曲線と式 (A.45) の右辺各項の寄与
(a) Fe(II) を Ce(IV) で滴定する場合の滴定曲線，(b) $\sinh^{-1} X$，(c) $\ln(Y/2)$，(d) X．

滴定の当量点付近の立ち上がりのシャープさは，$e_{Ce}^{\ominus}/e_{Fe}^{\ominus}$ で決まる．上に定義したように

$$X = \frac{1}{2}\sqrt{\frac{e_{Ce}^{\ominus}}{e_{Fe}^{\ominus}}}\left(\sqrt{p} - \frac{1}{\sqrt{p}}\right)$$

であり，$p=1$ 付近では $\sqrt{p} - 1/\sqrt{p} \fallingdotseq p - 1$ だから $X \propto p - 1$ で，$(e_{Ce}^{\ominus}/e_{Fe}^{\ominus})^{1/2}$ は横軸(p)をスケーリング（伸ばしたり縮めたり）していることになる．これは，酸塩基滴定の $\sqrt{K_w}$，沈殿滴定の $\sqrt{K_{sp}}$，錯生成滴定の $\sqrt{K}$ と同じである．

$(e_{Ce}^{\ominus}/e_{Fe}^{\ominus})^{1/2} = \exp\{(F/2RT)(E_{Ce}^{\ominus} - E_{Fe}^{\ominus})\}$ が大きいほど横軸は縮まって曲線の立ち上がりがシャープになる．シャープであれば，実験的に傾き最大のところを当量点としても，誤差は問題にならない．しかし，$E_1^{\ominus} - E_2^{\ominus}$ が小さいときは注意を要する．

A.10 当量点と変曲点

Fe(II) を，標準電極電位が $E_{Hg(II)/Hg(I)}^{\ominus} = 0.92$ V と，より接近した Hg(II) で滴定する場合を考えよう．上と同様に計算すると，結果は図 A.3 のようになる．標準電極電位が接近しているので，当量点付近の電位の変化は緩やかである（図 A.3a）．また，傾きが最大になる p は 0.989 で，当量点($p=1$)とは一致しない（図 A.3e）．厳密に当量点を求める目的で滴定曲線の微分が行われることもあるが，いまの例では注意が必要である．

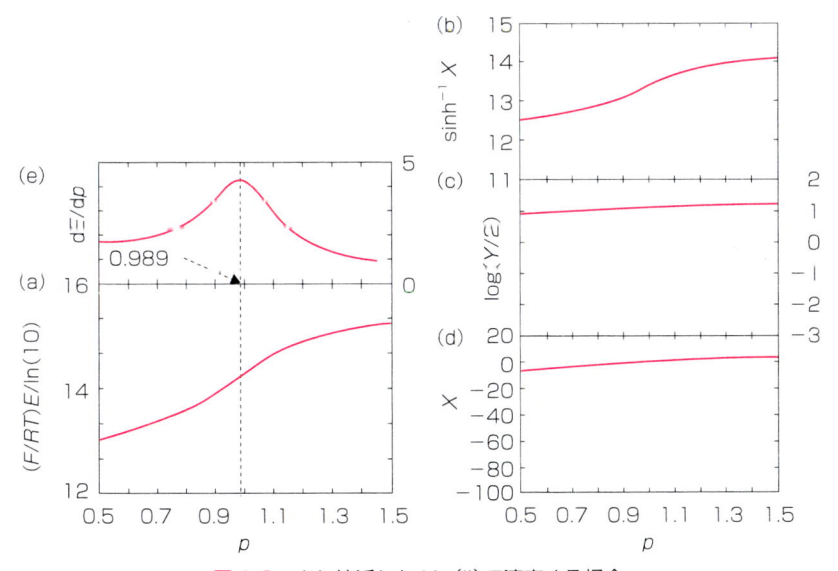

図 A.3 より接近した Hg(II) で滴定する場合

(a) Fe(II) を Hg(II) で滴定する場合の滴定曲線，(b) $\sinh^{-1} X$，(c) $\ln(Y/2)$，(d) X，(e) 滴定曲線の勾配．

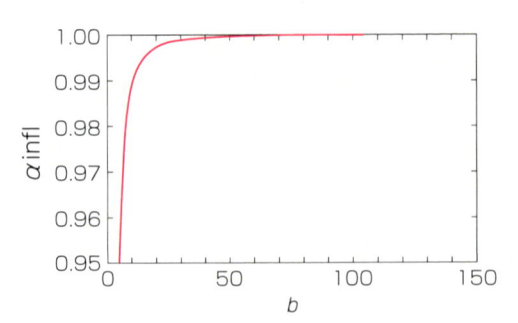

図 A.4　滴定曲線の変曲点の標準電極電位の差に対する依存性 $b=\sqrt{e^⊖_{Ce}/e^⊖_{Fe}}/2$.

このずれの程度は滴定される側とする側の標準電極電位の差で決まり，差が大きくなると変曲点の位置は急速に $p=1$ に近づく（図 A.4）[*5].

A.11　滴定開始から当量点までの領域

滴定開始から当量点までの領域に，図 A.2(a) に示されているように，もう一つ変曲点が現れる[*6]．式 (A.24) で $p=0.5$ とすると

$$e^2 + \frac{1}{2}e^⊖_{Ce}e - \frac{1}{2}e^⊖_{Fe}e^⊖_{Ce} = 0$$

このあたりでは $e \ll (1/2)e^⊖_{Ce}$ なので，$e ≒ e^⊖_{Fe}$ である．つまり，当量点の半分まで滴定したときの電位は，だいたい（よい近似で）$E^⊖_{Fe}$ であることがわかる．この付近では，この溶液は酸化還元に対する緩衝能がもっとも大きく，E は $E^⊖_{Fe}$ 付近にある[*7]．

変曲点がこの点に一致するかどうかは，自分で確かめるとよい．

[*5]　根気のある人は，式 (A.45) を p で 2 回微分して確かめてみるとよい．第 5 章の発展問題 1 と同様に考えればよい．

[*6]　M. Kodama, *Chem. Lett.*, 197 (1989).

[*7]　R. de Levie, *J. Electroanal. Chem.*, **323**, 347 (1992)；*J. Chem. Educ.*, **76**, 574 (1999).

付録

B

分析化学計算のための
Excel の使い方

分析化学で出てくる数値計算には電卓や関数電卓ですむものもあるが，中には解を求めるのが面倒なものもある．そのときには，適当な言語（FORTRANやCなど）を使ってプログラムを書くのも一案であるが，手軽に計算するには表計算ソフトを用いるのが便利である．

Microsoft の表計算ソフトウェア Excel®は広く普及していて，分析化学で出てくる数値計算には見やすく，簡単で，便利である[*1]．計算結果を Excel®のファイルとして保存しておくとメモ代わりにもなるし，後で使い回しもできる．

Excel®の使い方については非常に多くの解説書があり，またインターネットで検索するとたいていのことは出てくる．したがってここでは，数例を挙げて説明するにとどめる．現時点の最新バージョンは Excel®2010 だが，Excel®2007 を例に説明する．

B.1　NaCl 水溶液の密度を求める

溶液の密度 ρ [g cm^{-3}] は濃度によって変化する．化学便覧（基礎編 II（2004））によると，質量％表示の濃度 w の NaCl 水溶液の密度は次式で求めることができる（25 ℃）．

$$\rho = (0.339931 \times 10^{-6})w^3 + (1.39329 \times 10^{-5})w^2 + (0.699864 \times 10^{-2})w + 0.997062 \tag{B.1}$$

Excel®を起動するとマス目に区切られた画面が出てくる．各列の縦の行は上から数字順，各行の横の列は左からアルファベット順に名前がついている．一つのマス目（セル）は，B14 や F3 のように指定する．その中に，文字列，数字，（計算などの）命令を書くことができる（図 B.1）．

[*1] Excel®は，近年の表計算ソフトウェアの中で，デファクトスタンダード（事実上の標準）となっている．デファクト（de facto）というのは現状の追認のことであるから好みではないが，長いものに巻かれるほうが「効率」がよい面があることは認めねばならない．Excel®の化学計算への批判的評価と応用については，R. de Levie, "Advanced Excel® for Scientific Data Analysis 2nd ed.," Oxford Univ. Press（2008）が面白い．

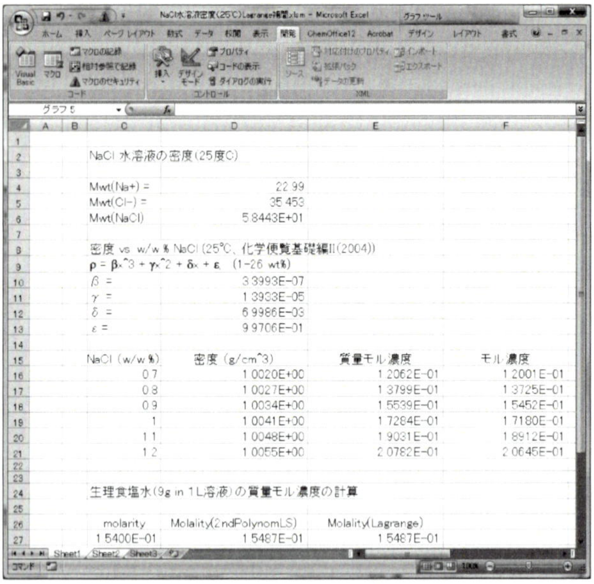

図 B.1　Excel® で NaCl の密度を計算

図 B.1 では，D10 から D13 のセルに密度計算に使う多項式の係数を書き込んでいる[*2]．たとえば D10 には，3.3993×10^{-7} を「3.3993E-07」という書式で書いてある．これをセルに入力する時は「3.3993e-7」と書けばよい．その左側の列の C10～C13 は文字列で，右側（D 列）の数字の意味を忘れないためのメモ書きである．D4 と D5 には Na^+ と Cl^- の相対原子質量を書いてある．その和（NaCl の相対分子質量）は，コンピュータに計算させたほうが間違いがないので，D6 のセルには「=$D$4+$D$5」と書く．セルに直接書くよりは，表のすぐ上にある f_x と書かれている右隣の空欄（f_x 欄）に書き込むほうが見やすいだろう．書き込むと H12 には数値が出るが，そこにカーソルを合わせて f_x 欄を見ると，入力した数式を確認できる．式の修正も f_x 欄で行うのがよい．

D6 に書かれている最初の ＝ は，「その ＝ の右側に書かれた計算を行った結果を書かせる」という命令（代入演算子）である．この場合「D4 の中身と D5 の中身を加算する」という計算である．「=D4+D5」と書いても同じ結果になるが，このセルを別のところにコピーすると，異なる数値になる．一方，「=$D$4+$D$5」と書いたほうのセルをコピーしても結果は元の欄の数値と同じである．この差は，アドレスの絶対指定と相対指定の違いによる．

質量％濃度を C 列に与えて，その密度を D 列で計算してみよう．C8 にはデータの意味と出どころ，C9 には密度と質量％を表す多項式，D10 から D13 には多項式の係数，C15 にそれ以下に書く数値の意味として「NaCl（w/w％）」，D15 に「密度（g/cm³）」，E15 に「質量モル濃度」，F15 に「モル濃度」などを書き込む．

＊2　セルに出てくる数字の書式（表示形式）はデフォルト（お仕着せ仕様）から変更できる．変更したいセルを選択しておいて，ホームで「セル」のリボンの中の「書式」を選び，一番下の「セルの書式設定」をクリックする．出てくるタブの中の「表示形式」を選択し，出ている窓の中の表示のうちの「数値」を選び，「小数点以下の桁数」を 4 や 5 などに適当に設定しておく．

one point
絶対指定と相対指定

セルの位置を示す記号の前に「$」をつけると絶対アドレスになる．行と列の両方に $ をつけた $D$4 や $D$5 は絶対アドレスなので，それを別の場所にコピーしても結果は変わらない．一方，D4 や D5 はそれが書いてあるセルからの相対位置の指定である．したがって，それをたとえば F12 の場所にコピーすると，中身は自動的に「=F10+F11」に変化する．

C16 に, たとえば 0.7 と書き込む[*3]. D16 にはその密度計算として「=$D$10*($C16)^3+$D$11*($C16)^2+$D$12*$C16+$D$13」と(上の f_x 欄を使って)書き込む. ここでは, 各係数は絶対アドレス指定であるのに対し, C 欄の質量%の値は「$C16」と列のみ絶対指定で行番号は相対指定にしている. この目的は後で説明する. 入力し終えたら Enter キーを押す. すると, D16 に求める値が表示される.

他の濃度での密度を求めたいときは, 一つであれば, C16 の値を書き換えればよい. いくつかの結果を並べたいときは C17, C18, C19, …と次々に値を記入する. 次に, D16 をコピーして, D17, D18, D19, …にペースト(貼り付け)する. すると, それぞれの計算結果が, D17, D18, D19, …のセルに表示される. ここで, たとえば D17 を選択して f_x 欄を見ると, D16 の欄にあった「$C16」が自動的に「$C17」に置き換わっている. これがセルの行指定に相対アドレスを使ったメリットである. 絶対アドレスで指定したところはもちろんそのままである.

0.7 から 1.2 まで, 0.1 刻みの質量モル濃度での値を知りたければ, まず C16 に 0.7 をセットし, そこを選択している状態で「ホーム」リボンの中の編集タブにある「フィル」をクリックする. 次に「連続データの作成」をクリックし, 「範囲」には「列」を, 「増分値」には「0.1」を, 「停止値」には「1.2」を入力して「OK」を押すと, C 欄に値が入る. 次に D16 をコピーして, C 欄にデータがある分だけ D 欄にペーストすればよい.

[*3] C9 の多項式は 1 〜 26 wt %のデータを多項式近似したものであるが, ここではより低濃度から使えるものとして説明している.

B.2　NaCl 水溶液の濃度の換算

NaCl 水溶液のある質量%での密度がわかったので, 第 1 章の表 1.5 の濃度尺度換算表を利用して, 対応するモル濃度を求めることができる(図 B.1 の F 列). 質量モル濃度は, 密度がわからなくても質量%から計算できる(E 列).

生理食塩水($0.9\,w/v$%)のモル濃度は, 第 2 章章末問題の基本問題 2 にあるように, $0.154\,\text{mol}\,\text{dm}^{-3}$ であった. 図 B.1 の F29 がほぼそれに対応するので, 質量モル濃度は $0.155\,\text{mol}\,\text{kg}^{-1}$, 0.9 w/w% あたりであることがわかる. これを内挿[*4](interpolation)によってきちんと求めてみよう.

B.2.1　内挿による生理食塩水の質量モル濃度, 質量%

内挿にはいろいろなやり方がある[*5]. 今の例では, 質量モル濃度とモル濃度の関係は直線でもうまく表せるし, 各点の誤差も小さいので Lagrange 補間やスプライン補間が使える. しかし, 点が誤差をともなう場合は, 最小二乗法を使って多項式を点列にフィットさせ, 得られた多項式を使って内挿するのがよい. これだと, 実験データの内挿にも使える.

Excel® で $x-y$ データにある関数を最適にフィットさせる(最小二乗法)に

[*4] 二つの物理量の関数関係が離散点によって与えられているとき, 離散点以外の点におけるその位置を推定すること.

[*5] 適当な数値計算の本を参照. モースント, デュリス著, 村上温夫訳, 『初等数値解析』, 共立全書(1975)など.

は，Excel®に組み込まれているVisual Basic®のプログラムを書くなどいろいろなやり方がある．ここでは最も簡単な方法として，Excel®に備わる機能を使う．

① E16：E21(E16〜E21)とF16：F21をカーソルで選択する．
② 上欄の「挿入」タブをクリックし，その中の「散布図」をクリックする．散布図のうち，データ点のみが表示されている形式をクリックすると，E16：E21に対してF16：F21がプロットされた図が現れる．
③ ほしいのは，モル濃度(F16：F21)を与えたときの質量モル濃度(E16：E21)なので，縦軸と横軸を入れ替える．図のプロットされている点のあたりを右クリックし，現れる小窓で「データの選択」をクリックする．次に現れる小窓で「編集」をクリックする．現れる小窓で「系列Xの値(X)」の下側に表示されている「=Sheet1!$E$16:$E$21」をその右側のマークをクリックして表示される小窓上で「=Sheet1!$F$16:$F$21」に書き換える．同様に「系列Yの値(Y)」を「=Sheet1!$E$16:$E$21」に書き換えて「OK」する．
④ 図を選択(クリック)しておいて上欄の「レイアウト」タブをクリックし，「近似曲線」を選択し，出てくる小窓の一番下の「その他の近似曲線オプション」をクリックする．出てくる小窓で「多項式近似」をチェックし，「次数」を2にして，「グラフに数式を表示する」をチェックして閉じるとグラフの様子は図B.2になる．
⑤ D26にモル濃度を書き込む．D27に上で得た多項式(=0.0183*$C27*$C27+1.0028*$C27+6E-06)と打ち込むと，モル濃度1.5487E-01が表示される．

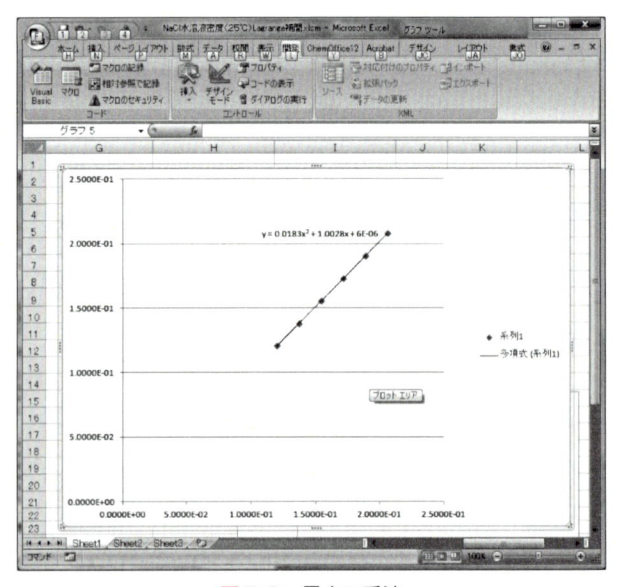

図 B.2　最小二乗法

Lagrange 補間法で得た結果も図 B.1 の E27 に載せてある．よく一致する．

B.3 ソルバーによる方程式の解　その 1

Excel®に組み込まれているソルバー (Solver) は，本書に出てくる方程式を解くのに (うまく使えば) 有用である．

ソルバーはアドインソフトなので，まずはすでにアドインされているか調べる．Excel®2007 を開き，「データ」タブを選択する．その中に「ソルバー」が見つからないときは，左上の丸い「Office ボタン」(Excel®2010 では「ファイル」のタブ) をクリックする．ウィンドウ右下にある「Excel のオプション」(Excel®2010 では，左のカラムの「オプション」) をクリックし，「アドイン」をクリックする．出てくる「アクティブでないアプリケーションアドイン」のリストに「ソルバーアドイン」があるはずである．左下の「管理」をクリックし，出てくるリストの中の「ソルバーアドイン」にチェックを入れる．これでソルバーが使えるようになる．

図 B.3　ソルバーアドインの設定

B.3.1　生理食塩水の質量モル濃度の別の求め方

B.1 節の生理食塩水の質量モル濃度は，次のようにして求めることもできる．

生理食塩水の密度は，その $w(\text{wt \%})$ がわかれば，$9\,\text{g}/1\,\text{dm}^3/w \times 100 = 9/(10w)$ である．これを，式 (B.1) の密度に等しいとおいて

$$0.339931 \times 10^{-6} w^3 + 1.39329 \times 10^{-5} w^2 + 0.699864 \times 10^{-2} w + 0.997062 - \frac{9}{10w} = 0$$

これを解けば生理食塩水の w がわかり，質量モル濃度がわかる．これなら，

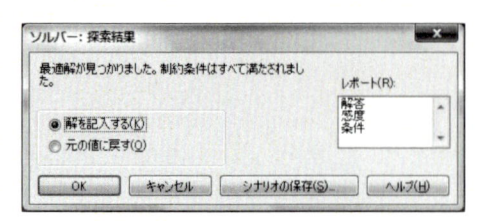

図 B.4　ソルバー探索結果

内挿する必要がない．この方程式は次の手順で解く．

① G20 に求める根 w の初期値を 0.8 など適当に（それらしく）入れる．
② G21 に，f_x 欄を使って上の方程式（=\$D\$13*(\$G\$20)^3+\$D\$14*(\$G\$20)^2+\$D\$15*\$G20+\$D\$16-(9/10/\$G\$20)）を入れる．
③ データのタブでソルバーをクリックする．「目的セル」に今ゼロにしたい \$G\$21 と書き込む．「目標値」をゼロにする．「変化させるセル」には，\$G\$21 をゼロにするためにいろいろ動かしたい w の初期値が入った \$G\$20 を指定する．オプションの「計算精度」と「収束」を 0.000000001 など，十分に小さくしておく．
④「実行」をクリックすると図 B.4 が表示され，G21 に解 0.896994 が書き込まれる．

ソルバーは，常に正しい解を与えるとは限らないが，今の場合はうまく計算できている．

得られた $w = 0.896994$ における密度を H21 に求めると，$1.0034\ \mathrm{g\ dm^{-3}}$ となる．これとモル濃度から質量モル濃度を H22 に求めると，1.5487E-01 を得る．有効数字を考慮すると，生理食塩水溶液のモル濃度は $0.15\ \mathrm{mol\ dm^{-3}}$，質量モル濃度は $0.15\ \mathrm{mol\ kg^{-1}}$ となる．つまり，これらの濃度尺度での値は，有効数字二桁では，同じである．

分析化学の問題では，あらかじめ解の大きさがわかっている場合がほとんどである．ソルバーを使うときに，解の範囲をその概略値を挟んだある範囲に限定しておくとうまくいくことが多い．

B.4　ソルバーによる方程式の解　その 2：酢酸水溶液の pH

第 3 章の例題 3.1 の式(3.34)を何とかして解くのに，ソルバーを使ってみる．図 B.5 のようにパラメータをセルに適当にセットする．C11 に [$\mathrm{H^+}$] の初期値を入れ，D11 に =\$C11*(\$C11-\$E\$7/\$C11)/(\$B\$7-(\$C11-\$E\$7/\$C11))-\$H\$7 と書き込む．「目的セル」に \$D\$11 を指定し，その目標値を 0 にする．「変化させるセル」に \$C\$11 を指定する．実行すると，C11 に答えが得られる．

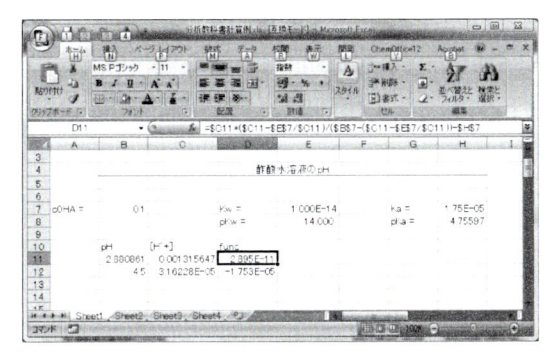

図 B.5　パラメータをセット

これはうまくいく例である．しかし，例題 3.2 の [H^+] について解こうとすると，解が小さすぎてうまく収束しない．そういうときは，まず図 B.6 のようにパラメータをセットする．式(3.39)をセル M10 に書き込む．これを [H^+] (K10)についてソルバーに解かせると解が得られない．16 行目は [OH^-] (L16) について解かせた例である．[H^+] について解こうとすると求める値が小さすぎて計算が収束しないが，こうすると，うまく解が求まる．

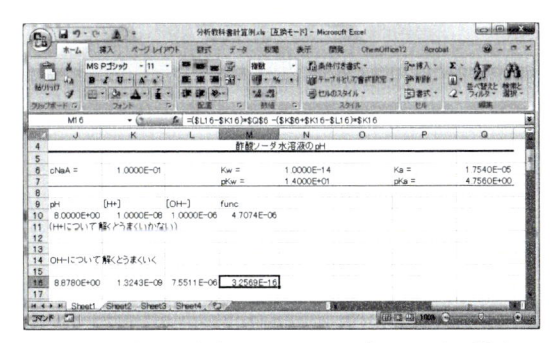

図 B.6　うまく収束しないときのパラメータの設定

付表1　pH緩衝液に用いられる弱酸の解離平衡の熱力学パラメータ($I=0$, 25℃)

R. N. Goldberg, N. Kishore, R. M. Lennen, *J. phys. chem. Ref Data*, **31**, 231 (2002). E-07は$\times 10^{-7}$を意味する.

化合物和名・略称	化合物名	分子質量	イオン化反応	pK_a	K_a	$\Delta_r G°$ (kJ mol^{-1})	$\Delta_r H°$ (kJ mol^{-1})	$\Delta_r C°_p$ (J K^{-1} mol^{-1})	構造
ACES	N-(acetamido)-2-aminoethanesulfonic acid	182.20	$HL^± = H^+ + L^-$	6.847	1.422E-07	39.083	30.43	−49	
酢酸	Acetic acid	60.052	$CH_3COOH = H^+ + CH_3COO^-$	4.756	1.754E-05	27.147	−0.41	−142	
ADA	N-(2-acetamido)-2-iminodiacetic acid	190.15	$H_3L^+ = H^+ + H_2L^±$ (1) $H_2L^± = H^+ + HL^-$ (2) $HL^- = H^+ + L^{2-}$ (3)	1.59 2.48 6.844	0.0257 0.00331 1.432E-07	9.08 14.16 39.066	16.7 12.23	−144	
AMPD	2-Amino-2-methyl-1,3-propanediol	105.14	$HL^+ = H^+ + L$	8.801	1.581E-09	50.237	49.85	−44	
AMP	2-Amino-2-methyl-1-propanol	89.137	$HL^+ = H^+ + L$	9.694	2.023E-10	55.334	54.05	≃ −21	
GABAA agonist	3-Amino-1-propanesulfonic acid	139.17	$HL = H^+ + L^-$	10.2	6.31E-11	58.2			
アンモニア	Ammonia	17.031	$NH_4^+ = H^+ + NH_3$	9.245	5.688E-10	52.771	51.95	8	
AMPSO	3-[(1,1-dimethyl-2-hydroxyethyl)amino]-2-hydroxypropanesulfonic acid	227.28	$HL^± = H^+ + L^-$	9.138	7.278E-10	52.160	43.19	−61	
ヒ酸	Arsenic acid	141.94	$H_3AsO_4 = H^+ + H_2AsO_4^-$ (1) $H_2AsO_4^- = H^+ + HAsO_4^{2-}$ (2) $HAsO_4^{2-} = H^+ + AsO_4^{3-}$ (3)	2.31 7.05 11.9	0.00490 8.91E-08 1.26E-12	13.19 40.24 67.93	−7.8 1.7 15.9		
Barbital	5,5-diethylbarbituric acid	184.19	$H_2L = H^+ + HL^-$ (1) $HL^- = H^+ + L^{2-}$ (2)	7.980 12.8	1.047E-08 1.58E-13	45.50 73.06	24.27	−135	
BES	N,N-bis[2-hydroxyethyl]-2-aminoethanesulfonic acid	213.25	$HL^± = H^+ + L^-$	7.187	6.501E-08	41.024	24.25	−2	
Bicine	N,N-bis[2-hydroxyethyl]glycine	163.17	$H_2L^+ = H^+ + HL^±$ (1) $HL^± = H^+ + L^-$ (2)	2.0 8.334	0.010 4.634E-09	11.4 47.571	26.34	0	
Bis-tris	bis(2-hydroxyethyl)iminotris(hydroxymethyl)methane	209.24	$H_2L^+ = H^+ + H_2L^±$	6.484	3.281E-07	37.011	28.4	27	
Bis-tris propane	1,3-bis[tris(hydroxymethyl)methylamino]propane	282.34	$H_2L^{2+} = H^+ + HL^+$ (1) $HL^+ = H^+ + L^±$ (2)	6.65 9.10	2.24E-07 7.94E-10	37.96 51.94			
ホウ酸	Boric acid	61.833	$H_3BO_3 = H^+ + H_2BO_3^-$	9.237	5.794E-10	52.725	13.8	≈ −240	
カコジル酸	Cacodylic acid	138.00	$H_2L^+ = H^+ + HL$ (1) $HL = H^+ + L^-$ (2)	1.78 6.28	0.0166 5.25E-07	10.16 35.85	−3.5 −3.0	−86	
CAPS	3-(cyclohexylamino)-1-propanesulfonic acid	221.32	$HL^± = H^+ + L^-$	10.499	3.1696E-11	59.929	48.1	57	
CAPSO	3-(cyclohexylamino)-2-hydroxyl-1-propanesulfonic acid	237.32	$HL^± = H^+ + L^-$	9.825	1.496E-10	56.082	46.67	21	
二酸化炭素	Carbon dioxide	44.01	$H_2CO_3 = H^+ + HCO_3^-$ (1) $HCO_3^- = H^+ + CO_3^{2-}$ (2)	6.351 10.329	4.457E-07 4.6881E-11	36.252 58.958	9.15 14.70	−371 −249	
CHES	2-(cyclohexylamino)ethanesulfonic acid	207.29	$HL^± = H^+ + L^-$	9.394	4.036E-10	53.621	39.55	9	
クエン酸	Citric acid	192.13	$H_3L = H^+ + H_2L^-$ (1) $H_2L^- = H^+ + HL^{2-}$ (2) $HL^{2-} = H^+ + L^{3-}$ (3)	3.128 4.761 6.396	7.447E-4 1.734E-05 4.018E-07	17.855 27.176 36.509	4.07 2.23 −3.38	−131 −178 −254	

化合物和名・略称	化合物名	分子質量	イオン化反応	pK_a	K_a	$\Delta_r G°$ (kJ mol^{-1})	$\Delta_r H°$ (kJ mol^{-1})	$\Delta_r C°_p$ (J K^{-1} mol^{-1})	構造
L-システイン	L-Cysteine (S)-(2)-cysteine	121.16	$H_3L^+ = H^+ + H_2L$ (1) $H_2L = H^+ + HL^-$ (2) $HL^- = H^+ + L^{2-}$ (3)	8.36 10.75	 4.367E-09 1.77828E-11	47.72 61.36	36.1 34.1	≈ −66 ≈ −204	
Diethanolamine	2,2'-iminobisethanol ; bis(2-hydroxyethyl)amine	105.14	$HL^+ = H^+ + L$	8.883	1.309E-09	50.705	42.08	36	
ジグリコール酸	2,2'-Oxydiacetic acid ; diglycolic acid	134.09	$H_2L^+ = H^+ + HL^-$ (1) $HL^- = H^+ + L^{2-}$ (2)	3.05 4.37	8.91E-4 4.27E-05	17.41 24.94	−0.1 −7.2	≈ −142 ≈ −138	
ジメチルグルタール酸	3,3-Dimethylglutaric acid	160.17	$H_2L^+ = H^+ + HL^-$ (1) $HL^- = H^+ + L^{2-}$ (2)	3.7 6.34	2.0E-4 4.57088E-07	21.12 36.19			
DIPSO	3-[N,N-bis(2-hydroxyethyl)amino]-2-hydroxypropanesulfonic acid	243.28	$HL^± = H^+ + L$	7.576	2.655E-08	43.244	30.18	42	
エタノールアミン	2-Aminoethanol	61.083	$HL^+ = H^+ + L$	9.498	3.177E-10	54.215	50.52	26	
N-Ethylmophpline	4-ethylmorpholine	115.17	$HL^+ = H^+ + L$	7.77	1.70E-08	44.35	27.4		
Glycerol 2-phosphate	β-glycerophosphate	172.07	$H_2L = H^+ + HL^-$ (1) $HL^- = H^+ + L^{2-}$ (2)	1.329 6.650	0.04688 2.239E-07	7.586 37.958	−12.2 −1.85	−330 −212	
グリシン	Glycine	75.067	$H_2L^+ = H^+ + HL^±$ (1) $HL^± = H^+ + L^-$ (2)	2.351 9.780	4.457E-3 1.660E-10	13.420 55.825	4.00 44.2	−139 −57	
Glycine amide	2-amino acetamide	74.082	$HL^+ = H^+ + L$	8.04	9.12E-09	45.89	42.9		
Glycylglycine	N-glycylglycine	132.12	$H_2L^+ = H^+ + HL^±$ (1) $HL^± = H^+ + L^-$ (2)	3.140 8.265	7.244E-4 5.433E-09	17.923 47.177	0.11 43.4	−128 −16	
Glycylglycylglycine	triglycine	189.17	$H_2L^+ = H^+ + HL^±$ (1) $HL^± = H^+ + L^-$ (2)	3.224 8.090	5.970E-03 8.128E-09	18.403 46.178	0.84 41.7		
HEPES	N-(2-hydroxyethyl)piperazine-N'-2-ethanesulfonic acid	238.31	$H_2L^+ = H^+ + HL^±$ (1) $HL^± = H^+ + L^-$ (2)	≈ 3.0 7.564	0.001 2.729E-08	≈ 17.1 43.176	 20.4	47	
HEPPS	N-[2-hydroxyethyl]piperazine-N'-[3-propanesulfonic acid]	252.33	$HL^± = H^+ + L$	7.957	1.104E-08	45.419	21.3	48	
HEPPSO	N-[2-hydroxyethyl]piperazine-N'-[2-hydroxypropanesulfonic acid]	268.33	$HL^± = H^+ + L$	8.042	9.078E-09	45.904	23.70	47	
L-Histidine	(S)-(2)-histidine	155.16	$H_3L^{2+} = H^+ + H_2L^+$ (1) $H_2L^+ = H^+ + HL$ (2) $HL = H^+ + L^-$ (3)	1.5 6.07 9.34	0.032 8.51E-07 4.57E-10	8.8 34.65 53.31	3.6 29.5 43.8	176 −233	
ヒドラジン	Hydrazine	32.045	$H_2L^{2+} = H^+ + HL^+$ (1) $HL^+ = H^+ + L$ (2)	−0.99 8.02	9.77 9.55E-09	−5.65 45.78	38.1 41.7		
Imidazole	glyoxaline	68.077	$HL^+ = H^+ + L$	6.993	1.016E-07	39.916	36.64	−9	
マレイン酸	Maleic acid	116.07	$H_2L^+ = H^+ + HL^-$ (1) $HL^- = H^+ + L^{2-}$ (2)	1.92 6.27	0.0120 5.37E-07	10.96 35.79	1.1 −3.6	≈ −21 ≈ −31	
Mercaptoethanol	2-hydroxyethylmercaptan	78.13	$HL = H^+ + L^-$	9.7	1.20E-10	55.7	26.2		
MES	2-[N-morpholino]ethanesulfonic acid	195.24	$HL^± = H^+ + L$	6.270	5.370E-07	35.789	14.8	5	
メチルアミン	Methylamine	31.057	$HL^+ = H^+ + L$	10.645	2.2646E-11	60.762	55.34	33	
Methylimidazole	2-methyl-1H-imidazole	82.104	$HL^+ = H^+ + L$	8.0	1.0E-8	45.7	36.8		

化合物和名・略称	化合物名	分子質量	イオン化反応	pK_a	K_a	$\Delta_r G°$ (kJ mol^{-1})	$\Delta_r H°$ (kJ mol^{-1})	$\Delta_r C°_p$ (J K^{-1} mol^{-1})	構造
MOPS	3-(N-morpholino) propanesulfonic acid	209.26	$HL^± = H^+ + L^-$	7.184	6.546E-08	41.007	21.1	25	
MOPSO	3-[N-morpholino]-2-hydroxypropanesulfonic acid	225.26	$H_2L^+ = H^+ + HL^±$ (1) $HL^± = H^+ + L^-$ (2)	0.060 6.90	0.87 1.26E-07	0.34 39.39	25.0	≈ 38	
シュウ酸	Oxalic acid	90.036	$H_2L = H^+ + HL^-$ (1) $HL^- = H^+ + L^{2-}$ (2)	1.27 4.266	0.0537 5.420E-05	7.25 24.351	-3.9 -7.00	≈ -231 ≈ -231	
リン酸	Phosphoric acid	98.00	$H_3PO_4 = H^+ + H_2PO_4^-$ (1) $H_2PO_4^- = H^+ + HPO_4^{2-}$ (2) $HPO_4^{2-} = H^+ + PO_4^{3-}$ (3)	2.148 7.198 12.35	0.007112 6.339E-08 4.467E-13	12.261 41.087 70.49	-8.0 3.6 16.0	-141 -230 -242	
フタル酸	1,2-benzenedicarboxylic acid	166.13	$H_2L = H^+ + HL^-$ (1) $HL^- = H^+ + L^{2-}$ (2)	2.950 5.408	0.001122 3.908E-06	16.838 30.869	-2.70 -2.17	-91 -295	
Piperazine	hexahydropyrazine	86.136	$H_2L^{2+} = H^+ + HL^+$ (1) $HL^+ = H^+ + L$ (2)	5.333 9.731	4.645E-06 1.858E-10	30.441 55.545	31.11 42.89	86 75	
PIPES	piperazine-N-N'-bis(2-ethanesulfonic) acid	302.37	$HL^- = H^+ + L^{2-}$	7.141	7.228E-08	40.761	11.2	22	
POPSO	piperazine-N-N'-bis[2-hydroxypanesulfonic acid]	362.42	$HL^- = H^+ + L^{2-}$	≈ 8.0	≈ 1.0E-8	≈ 45.7			
ピロリン酸	Pyophosphophoric acid	177.98	$H_4P_2O_7 = H^+ + H_3P_2O_7^-$ (1) $H_3P_2O_7^- = H^+ + H_2P_2O_7^{2-}$ (2) $H_2P_2O_7^{2-} = H^+ + HP_2O_7^{3-}$ (3) $HP_2O_7^{3-} = H^+ + P_2O_7^{4-}$ (4)	0.83 2.26 6.72 9.46	0.15 0.00550 1.91E-07 3.468E-10	4.74 12.90 38.36 54.00	-9.2 -5.0 0.5 1.4	≈ -90 ≈ -130 -136 -141	
コハク酸	Succinic acid	118.09	$H_2L = H^+ + HL^-$ (1) $HL^- = H^+ + L^{2-}$ (2)	4.207 5.636	6.209E-05 2.312E-06	24.014 32.171	3.0 -0.5	-121 -217	
硫酸	Sulfuric acid	98.079	$HSO_4^- = H^+ + SO_4^{2-}$	1.987	0.01030	11.342	-22.4	-258	
亜硫酸	Sulfurous acid	82.08	$H_2SO_3 = H^+ + HSO_3^-$ (1) $HSO_3^- = H^+ + SO_3^{2-}$ (2)	1.857 7.172	0.01390 6.730E-08	10.600 40.938	-17.80 -3.65	-272 -262	
TAPS	N-[tris(hydroxymethyl) methyl-3-amino] propanesulfonic acid	243.28	$HL^± = H^+ + L^-$	8.44	3.63E-09	48.18	40.4	15	
TAPSO	2-hydroxy-3-[[2-hydroxy-1,1-bis(hydroxymethyl)ethyl] amino]-1-propanesulfonic acid	259.28	$HL^± = H^+ + L^-$	7.635	2.318E-08	43.58	39.09	-16	
L(+)酒石酸	L(+)Tartaric acid	150.09	$H_2L = H^+ + HL^-$ (1) $HL^- = H^+ + L^{2-}$ (2)	3.036 4.366	9.205E-04 4.305E-05	17.330 24.921	3.19 0.90	-147 -210	
TES	N-tris(hydroxymethyl) methyl-2-aminoethanesulfonic acid;	229.25	$HL^± = H^+ + L^-$	7.550	2.818E-08	43.096	32.13	0	
Tricine	N-tris(hydroxymethyl) methylglycine	179.17	$H_2L^+ = H^+ + HL^±$ (1) $HL^± = H^+ + L^-$ (2)	2.023 8.135	9.484E-03 7.328E-09	11.547 46.435	5.85 31.37	-196 -53	
トリエタノールアミン	Triethanolamine	149.19	$HL^+ = H^+ + L$	7.762	1.730E-08	44.306	33.6	50	
トリエチルアミン	Triethylamine	101.19	$HL^+ = H^+ + L$	10.72	1.905E-11	61.19	43.13	151	
Tris	2-amino-2-hydroxymethylpropane-1,3 diol	121.14	$HL^+ = H^+ + L$	8.072	8.472E-09	46.075	47.45	-59	

付表2　錯生成定数

D. X. Harris, "Quantitative Chemical Analysis 7th Edition," W. H. Freeman and Company (2007) および『化学便覧　改訂第4版』日本化学会，丸善(1993)より引用．

	$\log \beta_1$	$\log \beta_2$	$\log \beta_3$	$\log \beta_4$	$\log \beta_5$	$\log \beta_6$	温度 [℃]	I [M]
配位子：Br^-								
Ag^+	5.80	7.38	8.23				25	0
Cd^{2+}	1.76	2.34	3.32	3.70			25	3
Cu^+		6.28	7.45				25	5
Hg^{2+}	8.94	16.88	19.15	20.90			25	0.5
Pb^{2+}	1.10	1.38	2.38				25	1
配位子：Cl^-								
Ag^+	3.23	5.15	5.04	3.64			25	0
Cd^{2+}	1.58	2.23	2.35				25	3
Cu^+	2.7	6.00	5.99	< 4.69			25	5
Fe^{3+}	0.71	0.66					25	1
Hg^{2+}	6.74	13.22	14.17	15.07			25	0.5
In^{3+}	2.40	2.37					25	3
Pb^{2+}	1.19	1.86	2.03	1.82			25	4
Sn^{2+}	1.18	1.74	1.67				25	3
配位子：F^-								
Al^{3+}	6.13	11.15	15.00	17.74	19.37	19.84	25	0.53
Be^{2+}	4.71	8.32	11.12	13.39			25	0.5
Cd^{2+}	0.46	0.53					25	1
Fe^{3+}	5.30	9.53	12.53				25	0.1
Hg^{2+}	1.03						25	0.5
In^{3+}	3.70	6.36					25	3
La^{3+}	2.66	7.13					25	0
Lu^{3+}	3.33	6.65					25	0
Pb^{2+}	1.46	2.52					25	1
Sc^{3+}	6.17	11.44	15.46	18.49			25	0.5
UO_2^{2+}	4.54	7.98	10.41	11.9			25	1
VO^{2+}	3.88	5.75	7.31	8.0			25	1
Y^{3+}	3.91	7.16					25	0.5
配位子：I^-								
Ag^+			13.85	14.28			25	4
Cd^{2+}	2.08	3.09	5.51	6.20			25	3
Cu^+		8.68	10.43	9.40			25	5
Hg^{2+}	12.87	23.82	27.49	29.86			25	0.5
Pb^{2+}	1.30	2.38	3.14	4.43			25	2
Sn^{2+}	0.76	1.15	2.10				25	1
配位子：SCN^-								
Ag^+	4.75	8.23	9.45	9.67			25	0
Cd^{2+}	1.378	1.77	1.822	2.002			25	3

	$\log \beta_1$	$\log \beta_2$	$\log \beta_3$	$\log \beta_4$	$\log \beta_5$	$\log \beta_6$	温度 [℃]	I [M]
Co^{2+}	1.20	1.57					25	0.5
Cr^{3+}	3.08						25	0
Cu^+			11.60	12.02			25	5
Cu^{2+}	1.74	2.74					25	1
Fe^{2+}	0.81						25	3
Fe^{3+}	2.14	3.45					25	0.5
Hg^{2+}	9.08	16.86	19.70	21.67			25	1
Ni^{2+}	1.14	1.58	1.60				25	1
Sn^{2+}	0.90	1.24	1.53				25	3
Zn^{2+}	0.917	1.590	2.167	2.514			25	5
配位子：NH_3								
Ag^+	3.31	7.23					25	0
Cd^{2+}	2.51	4.47	5.77	6.56			30	0
Co^{2+}	1.99	3.50	4.43	5.07	5.13	4.39	30	0
Cu^{2+}	3.99	7.33	10.06	12.03			30	0
Hg^{2+}	8.8	17.5	18.50	19.28			22	2
Ni^{2+}	2.67	4.79	6.40	7.47	8.10	8.01	30	0
Zn^{2+}	2.18	4.43	6.74	8.70			30	0
配位子：CN^-								
Ag^+		20	21				20	0
Cd^{2+}	5.18	9.60	13.92	17.11			25	?
Cu^+		24	28.6	30.3			25	0
Ni^{2+}				30			25	0
Tl^{3+}	13.21	26.50	35.17	42.61			25	4
Zn^{2+}		11.07	16.05	19.62			25	0
配位子：OH^-								
Ag^+	2.0	3.99					25	0
Al^{3+}	9.00	17.9	25.2	33.3			25	0
Ba^{2+}	0.64						25	0
Bi^{3+}	12.0	23.6	33.0	34.8			25	0
Be^{2+}	8.6	14.4	18.8	18.6			25	0
Ca^{2+}	1.30						25	0
Cd^{2+}	3.9	7.7	10.3 ($I=3$)	12.0 ($I=3$)			25	0
Ce^{3+}	4.9						25	3
Co^{2+}	4.3	9.2	10.5	9.7			25	0
Co^{3+}	13.52						25	3
Cr^{2+}	8.5						25	1
Cr^{3+}	10.34	17.3 ($I=0.1$)					25	0
Cu^{2+}	6.5	11.8	14.5 ($I=0.1$)	15.6 ($I=0.1$)			25	0
Fe^{2+}	4.6	7.5	13	10			25	0

	$\log \beta_1$	$\log \beta_2$	$\log \beta_3$	$\log \beta_4$	$\log \beta_5$	$\log \beta_6$	温度 [℃]	I [M]
Fe^{3+}	11.81	23.4		34.4			25	0
Ga^{3+}	11.4	22.1	31.7	39.4			25	0
Gd^{3+}	4.9						25	3
Hf^{4+}	13.7				52.8		25	0
Hg_2^{2+}	8.7						25	0.5
Hg^{2+}	10.60	21.8	20.9				25	0
In^{3+}	10.1	20.2	29.5	33.8			25	0
La^{3+}	5.5						25	0
Li^+	0.36						25	0
Mg^{2+}	2.6	-0.3 ($I=3$)					25	0
Mn^{2+}	3.4			7.7			25	0
Na^+	0.1						25	0
Ni^{2+}	4.1	9	12				25	0
Pb^{2+}	6.4	10.9	13.9				25	0
Pd^{2+}	13.0	25.8					25	0
Rh^{3+}	10.67						25	2.5
Sc^{3+}	9.7	18.3	25.9	30			25	0
Sn^{2+}	10.6	20.9	25.4				25	0
Sr^{2+}	0.82						25	0
Th^{4+}	10.8	21.1		41.1 ($I=3$)			25	0
Ti^{3+}	12.7						25	0
Tl^+	0.79	-0.8 ($I=3$)					25	0
Tl^{3+}	13.4	26.6	38.7	41.0			25	0
U^{4+}	13.4						25	0
VO^{2+}	8.3						25	0
Y^{3+}	6.3						25	0
Zn^{2+}	5.0	10.2	13.9	15.5			25	0
Zr^{4+}	14.3				54.0		25	0
配位子：$-O_2CCO_2^-$								
Al^{3+}			15.60				20	0.1
Ba^{2+}	2.31						18	0
Ca^{2+}	1.66	2.69					25	1
Cd^{2+}	3.71						20	0.1
Co^{2+}	4.69	7.15					25	0
Cu^{2+}	6.23	10.27					25	0
Fe^{3+}	7.54	14.59	20.00				?	0.5
Ni^{2+}	5.16	6.5					25	0
Zn^{2+}	4.85	7.6					25	0
配位子：$CH_3CO_2^-$								
Ag^+	0.73	0.64					25	0

	$\log \beta_1$	$\log \beta_2$	$\log \beta_3$	$\log \beta_4$	$\log \beta_5$	$\log \beta_6$	温度 [℃]	I [M]
Ca^{2+}	1.24						25	0
Cd^{2+}	1.93	3.15					25	0
Cu^{2+}	2.23	3.63					25	0
Fe^{2+}	1.82						25	0.5
Fe^{3+}	3.38	7.1	9.7				20	0.1
Mg^{2+}	1.25						25	0
Mn^{2+}	1.40						25	0
Na^+	−0.18						25	0
Ni^{2+}	1.43						25	0
Zn^{2+}	1.28	2.09					20	0.1

配位子：オキシン(8-ヒドロキシキノリン)

	$\log \beta_1$	$\log \beta_2$	$\log \beta_3$	$\log \beta_4$	$\log \beta_5$	$\log \beta_6$	温度 [℃]	I [M]
Cu^{2+}	11.86	23.54					25	0.10
Ni^{2+}	11.67	23.05					25	0.10
Zn^{2+}	11.34	22.44					25	0.10
Ag^+	5.20	9.56					22	0.10
Co^{2+}	11.52	22.82					25	0.10
Mg^{2+}	4.35						16	0.10
Cr^{3+}	9.05						25	0.10
Fe^{3+}	13.41	25.44	36.93				25	1.00
Ga^{3+}	12.31						20	0.10
In^{3+}	12.00	23.95	35.40				25	0.10
La^{3+}	6.57	12.06					25	0.10
Sn^{2+}	8.5	16.20					25	0.15
Sr^{2+}	2.7						25	0.10

配位子：EDTA(H4L)

	$\log \beta_1$	$\log K$	温度 [℃]	I [M]
Cu^{2+}	18.83	11.91(Cu + HL), 6.70(Cu + H₂L), 21.12(Cu + OH + L)	25	0.10
Ni^{2+}	18.66	3.22(NiL + H), 11.56(Ni + HL)	25	0.10
Zn^{2+}	16.3	2.99(ZnL + H)	25	0.20
Ag^+	7.32	6.19(AgL + H)	25	0.10
Ca^{2+}	10.73	3.42(Ca + HL)	25	0.10
Cd^{2+}	16.54	2.93(CdL + H), 9.07(Cd + HL)	25	0.10
Co^{2+}	16.31	3.0(CoL + H), 9.15(Co + HL)	25	0.10
Mg^{2+}	8.69	2.28(Mg + HL)	20	0.10
Al^{3+}	6.5	3.41(Al + HL), 8.0(AlL + OH)	25	0.10
Ba^{2+}	7.63		25	0.10
Bi^{3+}	26.7	1.7(BiL + H), 2.96(BiL + OH)	20	1.0
Cr^{2+}	13.61	3.00(CrL + H)	20	0.10
Cr^{3+}	23.40		20	0.10
Cu^+	8.5		30	2.0
Er^{3+}	19.01		20	0.10

	$\log \beta_1$	$\log K$	温度 [℃]	I [M]
Fe^{2+}	14.94	2.06(FeL + H)	25	0.10
Fe^{3+}	25.1	1.2(FeL + H), 6.50(FeL + OH)	20	0.10
Ga^{3+}	21.7	1.7(GaL + H), 5.52(GaL(OH) + H)	25	0.10
Hg^{2+}	22.02	3.07(HgL + H), 14.56(Hg + HL)	25	0.10
In^{3+}	25.3	1.5(InL + H), 5.33(InL + OH)	20	0.10
La^{3+}	15.25	7.22(La + HL)	25	0.10
Mn^{2+}	14.05	3.07(MnL + H), 5.47(Mn + HL)	25	0.10
Mn^{3+}	24.8		25	0.20
Pb^{2+}	17.88		25	0.10
Pr^{3+}	16.56		20	0.10
Sc^{3+}	23.1	10.54(K(ScLOH + H)), 10.88(K(ScL + H))	20	0.10
Sn^{2+}	18.3	2.5(SnL + H), 1.5(SnHL + H)	20	0.10
Sr^{2+}	8.53		25	0.10
Tl^{+}	6.53		20	0.10
Tl^{3+}	35.30	27.54(Tl + HL)	25	0.10

付表3 溶解度積

25℃，イオン強度ゼロでの値．
D. X. Harris, "Quantitative Chemical Analysis 7th Edition," W. H. Freeman and Company (2007) より引用．

AgN_3	8.56	2.8×10^{-9}
Ag_2CrO_4	11.92	1.2×10^{-12}
Ag_2S	50.1	8×10^{-51}
$AgBr$	12.30	5.0×10^{-13}
$AgCl$	9.74	1.8×10^{-10}
AgI	16.08	8.3×10^{-17}
$AgSCN$	11.97	1.1×10^{-12}
BaC_2O_4	6.0	1×10^{-6}
$BaCO_3$	8.30	5.0×10^{-9}
$BaCrO_4$	9.67	2.1×10^{-10}
BaF_2	5.82	1.5×10^{-6}
$BaSO_4$	9.96	1.1×10^{-10}
CaC_2O_4	7.9	1.3×10^{-8}
$CaCO_3$(aragonite)	8.22	6.0×10^{-9}
$CaCO_3$(calcite)	8.35	4.5×10^{-9}
CaF_2	10.50	3.2×10^{-11}
$CaOH_2$	5.19	6.5×10^{-6}
$CaSO_4$	4.62	2.4×10^{-5}
CdS	27.0	1×10^{-27}
Cu_2S	48.5	3×10^{-40}
$FeOH_2$	15.1	7.9×10^{-16}
$FeOH_3$	38.8	1.6×10^{-39}
FeS	18.1	8×10^{-19}
Hg_2Br_2	22.25	5.6×10^{-23}
Hg_2Cl_2	17.91	1.2×10^{-18}
Hg_2I_2	28.34	4.6×10^{-29}
Hg_2SCN_2	19.52	3.0×10^{-20}
LaF_3	18.7	2×10^{-19}
LiF	2.77	1.7×10^{-3}
$MgCO_3$	7.46	3.5×10^{-8}
MgF_2	8.13	7.4×10^{-9}
$MgOH_2$(amorphous)	9.2	6×10^{-10}
$MgOH_2$(brucite crystal)	11.15	7.1×10^{-12}
MnS(pink)	10.5	3×10^{-11}
$PbBr_2$	5.68	2.1×10^{-6}
$PbCl_2$	4.78	1.7×10^{-5}
PbI_2	8.10	7.9×10^{-9}
PbS	27.5	3×10^{-28}
$PbSO_4$	6.20	6.3×10^{-7}
SrC_2O_4	6.4	4×10^{-7}
$SrCO_3$	9.03	9.3×10^{-10}
SrF_2	8.58	2.6×10^{-9}
$SrSO_4$	6.50	3.2×10^{-7}

付表4 水溶液中での標準電極電位（25 ℃）

A. J. Bard, R. Parsons, J. Jordan, Eds., "Standard Potentials in Aqueous Solution," Marcel Dekker (1985) より引用.
(a)は玉虫伶太著，『電気化学 第2版』，東京化学同人 (1991) より引用.

- 現在のIUPACの規約では，標準状態は，気体においては10^5 Paを指すが，この表の電位は，1気圧（101325 Pa）における値である．
- 物質名のあとの括弧書きは，sが固体，lが液体，gが気体，aqが溶存状態を表す．その他の括弧内は固体の結晶名を示す．イオン式で表したものはすべて水和状態にある．常温での状態が自明のものについては省略した．

電極反応	$E°$[V]（対 SHE）
$Li^+ + e^- \rightleftharpoons Li$	-3.045
$Rb^+ + e^- \rightleftharpoons Rb$	-2.925
$K^+ + e^- \rightleftharpoons K$	-2.925
$Cs^+ + e^- \rightleftharpoons Cs$	-2.923
$Ba^{2+} + 2e^- \rightleftharpoons Ba$	-2.92
$Sr^{2+} + 2e^- \rightleftharpoons Sr$	-2.89
$Ca^{2+} + 2e^- \rightleftharpoons Ca$	-2.84
$Na^+ + e^- \rightleftharpoons Na$	-2.714
$La^{3+} + 3e^- \rightleftharpoons La$	-2.52 [a]
$Mg^{2+} + 2e^- \rightleftharpoons Mg$	-2.37 [a]
$Y^{3+} + 3e^- \rightleftharpoons Y$	-2.37 [a]
$Ce^{3+} + 3e^- \rightleftharpoons Ce$	-2.34
$1/2 H_2 + e^- \rightleftharpoons H^-$	-2.25
$Be^{2+} + 2e^- \rightleftharpoons Be$	-1.97
$Np^{3+} + 3e^- \rightleftharpoons Np$	-1.79
$Zr^{4+} + 4e^- \rightleftharpoons Zr$	-1.70
$Al^{3+} + 3e^- \rightleftharpoons Al$	-1.67
$U^{3+} + 3e^- \rightleftharpoons U$	-1.66
$Ti^{2+} + 2e^- \rightleftharpoons Ti$	-1.63
$Mn^{2+} + 2e^- \rightleftharpoons Mn$	-1.18
$V^{2+} + 2e^- \rightleftharpoons V$	-1.13
$Nb^{3+} + 3e^- \rightleftharpoons Nb$	-1.1
$SiO_2(quartz) + 4H^+ + 4e^- \rightleftharpoons Si + 2H_2O$	-0.909
$B(OH)_3(aq) + 3H^+ + 3e^- \rightleftharpoons B + 3H_2O$	-0.890
$Zn^{2+} + 2e^- \rightleftharpoons Zn$	-0.7626
$Ga^{3+} + 3e^- \rightleftharpoons Ga$	-0.529
$U^{4+} + e^- \rightleftharpoons U^{3+}$	-0.52
$H_3PO_2(aq) + H^+ + e^- \rightleftharpoons P(white) + 2H_2O$	-0.508
$H_3PO_3(aq) + 2H^+ + 2e^- \rightleftharpoons H_3PO_2(aq) + H_2O$	-0.499
$Fe^{2+} + 2e^- \rightleftharpoons Fe$	-0.44
$Cr^{3+} + e^- \rightleftharpoons Cr^{2+}$	-0.424
$Cd^{2+} + 2e^- \rightleftharpoons Cd$	-0.4025
$Ti^{3+} + e^- \rightleftharpoons Ti^{2+}$	-0.37
$PbSO_4 + 2e^- \rightleftharpoons Pb + SO_4^{2-}$	-0.3505
$Eu^{3+} + e^- \rightleftharpoons Eu^{2+}$	-0.35
$In^{3+} + 3e^- \rightleftharpoons In$	-0.3382
$Tl^+ + e^- \rightleftharpoons Tl$	-0.3363
$Co^{2+} + 2e^- \rightleftharpoons Co$	-0.277

電極反応	$E°$[V](対 SHE)
$H_3PO_4(aq) + 2H^+ + 2e^- \rightleftarrows H_3PO_3(aq) + H_2O$	-0.276
$PbCl_2 + 2e^- \rightleftarrows Pb + 2Cl^-$	-0.268
$Ni^{2+} + 2e^- \rightleftarrows Ni$	-0.257
$V^{3+} + e^- \rightleftarrows V^{2+}$	-0.255
$As + 3H^+ + 3e^- \rightleftarrows AsH_3(g)$	-0.225
$Mo^{3+} + 3e^- \rightleftarrows Mo$	-0.2
$CuI + e^- \rightleftarrows Cu + I^-$	-0.182
$AgI + e^- \rightleftarrows Ag + I^-$	-0.1522
$Sn^{2+} + 2e^- \rightleftarrows Sn(white)$	-0.136
$Pb^{2+} + 2e^- \rightleftarrows Pb$	-0.1251
$WO_3(s) + 6H^+ + 6e^- \rightleftarrows W + 3H_2O$	-0.090
$P(white) + 3H^+ + 3e^- \rightleftarrows PH_3(g)$	-0.063
$Hg_2I_2 + 2e^- \rightleftarrows 2Hg + 2I^-$	-0.0405
$2H^+ + 2e^- \rightleftarrows H_2$	0.000
$CuBr + e^- \rightleftarrows Cu + Br^-$	0.033
$AgBr + e^- \rightleftarrows Ag + Br^-$	0.0711
$S_4O_6^{2-} + 2e^- \rightleftarrows 2S_2O_3^{2-}$	0.080
$CuCl + e^- \rightleftarrows Cu + Cl^-$	0.121
$Hg_2Br_2 + 2e^- \rightleftarrows 2Hg + 2Br^-$	0.13920
$S(rhombic) + 2H^+ + 2e^- \rightleftarrows H_2S(aq)$	0.144
$Sn^{4+} + 2e^- \rightleftarrows Sn^{2+}$	0.15
$SO_4^{2-} + 4H^+ + 2e^- \rightleftarrows H_2SO_3(aq) + H_2O$	0.158
$Cu^{2+} + e^- \rightleftarrows Cu^+$	0.159
$UO_2^{2+} + e^- \rightleftarrows UO_2^+$	0.16
$ReO_2(orthorhombic) + 4H^+ + 4e^- \rightleftarrows Re + 2H_2O$	0.22
$AgCl + e^- \rightleftarrows Ag + Cl^-$	0.2223
$HAsO_2(aq) + 3H^+ + 3e^- \rightleftarrows As + 2H_2O$	0.248
$Hg_2Cl_2 + 2e^- \rightleftarrows 2Hg + 2Cl^-$	0.26816
$VO^{2+} + 2H^+ + e^- \rightleftarrows V^{3+} + H_2O$	0.337
$ReO_4^- + 8H^+ + 7e^- \rightleftarrows Re + 4H_2O$	0.34
$Cu^{2+} + 2e^- \rightleftarrows Cu$	0.340
$[Fe(CN)_6]^{3-} + e^- \rightleftarrows [Fe(CN)_6]^{4-}$	0.3610
$2H_2SO_3(aq) + 2H^+ + 4e^- \rightleftarrows S_2O_3^{2-} + 3H_2O$	0.400
$Cu^+ + e^- \rightleftarrows Cu$	0.520
$I_2 + 2e^- \rightleftarrows 2I^-$	0.5355
$Cu^{2+} + Cl^- + e^- \rightleftarrows CuCl$	0.559
$H_3AsO_4(aq) + 2H^+ + 2e^- \rightleftarrows HAsO_2(aq) + H_2O$	0.560
$MnO_4^- + e^- \rightleftarrows MnO_4^{2-}$	0.56
$S_2O_6^{2-} + 4H^+ + 2e^- \rightleftarrows 2H_2SO_3(aq)$	0.569
$PdCl_4^{2-} + 2e^- \rightleftarrows Pd + 4Cl^-$	0.64
$Cu^{2+} + Br^- + e^- \rightleftarrows CuBr$	0.654
$Ag_2SO_4 + 2e^- \rightleftarrows 2Ag + SO_4^{2-}$	0.654
$O_2(g) + 2H^+ + 2e^- \rightleftarrows H_2O_2(aq)$	0.695
$PtCl_4^{2-} + 2e^- \rightleftarrows Pt + 4Cl^-$	0.758

電極反応	$E°$[V](対 SHE)
$Fe^{3+} + e^- \rightleftharpoons Fe^{2+}$	0.771
$Hg_2^{2+} + 2e^- \rightleftharpoons 2Hg$	0.7960
$Ag^+ + e^- \rightleftharpoons Ag$	0.7991
$Cu^{2+} + I^- + e^- \rightleftharpoons CuI$	0.861
$2Hg^{2+} + 2e^- \rightleftharpoons Hg_2^{2+}$	0.9110
$Pd^{2+} + 2e^- \rightleftharpoons Pd$	0.915
$NO_3^- + 3H^+ + 2e^- \rightleftharpoons HNO_2 + H_2O$	0.94
$NO_3^- + 4H^+ + 3e^- \rightleftharpoons NO + 2H_2O$	0.957
$PtO + 2H^+ + 2e^- \rightleftharpoons Pt + H_2O$	0.980
$HNO_2 + H^+ + e^- \rightleftharpoons NO + H_2O$	0.996
$AuCl_4^- + 3e^- \rightleftharpoons Au + 4Cl^-$	1.002
$Sb_2O_5 + 2H^+ + 2e^- \rightleftharpoons Sb_2O_4 + H_2O$	1.055
$Br_2(l) + 2e^- \rightleftharpoons 2Br^-$	1.055
$SeO_4^{2-} + 4H^+ + 2e^- \rightleftharpoons H_2SeO_3 + H_2O$	1.151
$ClO_3^- + 3H^+ + 2e^- \rightleftharpoons HClO_2 + H_2O$	1.181
$ClO_2 + H^+ + e^- \rightleftharpoons HClO_2$	1.188
$IO_3^- + 6H^+ + 5e^- \rightleftharpoons 1/2 I_2 + 3H_2O$	1.195
$ClO_4^- + 2H^+ + 2e^- \rightleftharpoons ClO_3^- + H_2O$	1.201
$O_2(g) + 4H^+ + 4e^- \rightleftharpoons 2H_2O$	1.229
$MnO_2 + 4H^+ + 2e^- \rightleftharpoons Mn^{2+} + 2H_2O$	1.23
$2HNO_2 + 4H^+ + 4e^- \rightleftharpoons N_2O + 3H_2O$	1.297
$NH_3OH^+ + 2H^+ + 2e^- \rightleftharpoons NH_4^+ + H_2O$	1.35
$Cl_2(g) + 2e^- \rightleftharpoons 2Cl^-$	1.3583
$Cr_2O_7^{2-} + 14H^+ + 6e^- \rightleftharpoons 2Cr^{3+} + 7H_2O$	1.36
$PbO_2(s) + 4H^+ + 2e^- \rightleftharpoons Pb^{2+} + 2H_2O$	1.468
$BrO_3^- + 6H^+ + 5e^- \rightleftharpoons 1/2 Br_2 + 3H_2O$	1.478
$Mn^{3+} + e^- \rightleftharpoons Mn^{2+}$	1.5
$MnO_4^- + 8H^+ + 5e^- \rightleftharpoons Mn^{2+} + 4H_2O$	1.51
$Au^{3+} + 3e^- \rightleftharpoons Au$	1.52
$HClO(aq) + H^+ + e^- \rightleftharpoons 1/2 Cl_2(g) + H_2O$	1.630
$HClO_2 + 2H^+ + 2e^- \rightleftharpoons HClO + H_2O$	1.674
$PbO_2(s) + SO_4^{2-} + 4H^+ + 2e^- \rightleftharpoons PbSO_4 + 2H_2O$	1.698
$MnO_4^- + 4H^+ + 3e^- \rightleftharpoons MnO_2(s) + 2H_2O$	1.70
$Ce^{4+} + e^- \rightleftharpoons Ce^{3+}$	1.72
$H_2O_2(aq) + 2H^+ + 2e^- \rightleftharpoons 2H_2O$	1.763
$S_2O_8^{2-} + 2e^- \rightleftharpoons 2SO_4^{2-}$	1.96
$O_3(g) + 2H^+ + 2e^- \rightleftharpoons O_2(g) + H_2O$	2.075
$F_2(g) + 2e^- \rightleftharpoons 2F^-$	2.87
$F_2(g) + 2H^+ + 2e^- \rightleftharpoons 2HF(aq)$	3.053

付表5 強電解質水溶液の平均活量の計算式(式2.43)の B パラメータ

I は質量モル濃度尺度でのイオン強度で Bromley 式の適用限界を示す。
適用の上限イオン強度が記されている。L. A. Bromley, *AIChE J.*, **19**, 313 (1973).

塩	B [kg mol^{-1}]	塩	B [kg mol^{-1}]	塩	B [kg mol^{-1}]	塩	B [kg mol^{-1}]
1-1 salts $I_m=6$		NaCl	0.0574	Na$_2$HPO$_4$	-0.0265	NiCl$_2$	0.1039
AgNO$_3$	-0.0828	NaClO$_3$	0.0127	Na$_2$Maleate	-0.0029	Pb(ClO$_4$)$_2$	0.0987
CaAc	0.1272	NaClO$_4$	0.0330	Na$_2$SO$_4$	-0.0204	Pb(NO$_3$)$_2$	-0.0606
CsBr	-0.0039	NaCNS	0.0758	Na$_2$S$_2$O$_3$	-0.0005	SrBr$_2$	0.1038
CsCl	0.0025	NaF	0.0041	(NH$_4$)$_2$SO$_4$	-0.0287	SrCl$_2$	0.0847
CsF	0.0906	Na Formate	0.0519	Rb$_2$SO$_4$	-0.0091	Sr(ClO$_4$)$_2$	0.1254
CsI	-0.0188	NaH$_2$AsO$_4$	-0.0291	1-3 salts $I_m=6$		SrI$_2$	0.1339
CsNO$_3$	-0.1173	NaH$_2$PO$_4$	-0.0460	K$_3$AsO$_4$	0.0551	Sr(NO$_3$)$_2$	0.0138
CsOH	0.1299	NaH Adipate	0.0461	K$_3$Fe(CN)$_6$	0.0195	UO$_2$Cl$_2$	0.1157
HBr	0.1734	NaH Malonate	-0.0011	K$_3$PO$_4$	0.0344	UO$_2$(ClO$_4$)$_2$	0.2267
HCl	0.1433	NaH Succinate	0.0131	Na$_3$AsO$_4$	0.0159	UO$_2$(NO$_3$)$_2$	0.1296
HClO$_4$	0.1639	Na Heptylate	-0.0467	Na$_3$PO$_4$	0.0043	ZnBr$_2$	0.0911
HI	0.2054	NaI	0.0994	1-4 salts $I_m=10$		ZnCl$_2$	0.0364
HNO$_3$	0.0776	NaNO$_3$	-0.0128	K$_4$Fe(CN)$_6$	0.0085	Zn(ClO$_4$)$_2$	0.1755
KAc	0.1188	NaOH	0.0747	K$_4$Mo(CN)$_8$	0.0110	ZnI$_2$	0.1341
KBr	0.0296	Na Pelargonate	-0.3040	2-1 salts $I_m=3$		Zn(NO$_3$)$_2$	0.1002
KBrO$_3$	-0.0884	Na Propionate	0.1325	BaAc$_2$	0.0357	2-2 salts $I_m=4$	
KCl	0.0240	Na Valerate	0.1222	BaBr$_2$	0.0852	BeSO$_4$	-0.0301
KClO$_3$	-0.0739	NH$_4$Br	-0.0066	BaCl$_2$	0.0638	CdSO$_4$	-0.0371
KClO$_4$	-0.1637	NH$_4$Cl	0.0200	Ba(ClO$_4$)$_2$	0.0936	CuSO$_4$	-0.0364
KCNS	0.0137	NH$_4$ClO$_4$	-0.0640	BaI$_2$	0.1254	MgSO$_4$	-0.0153
KF	0.0565	NH$_4$I	0.0210	Ba(NO$_3$)$_2$	-0.0545	NiSO$_4$	-0.0296
KH$_2$AsO$_4$	-0.0798	NH$_4$NO$_3$	-0.0358	Ba(OH)$_2$	-0.0240	ZnSO$_4$	-0.0240
K$_2$H$_2$PO$_4$	-0.1124	RbAc	0.1239	CaBr$_2$	0.1179	3-1 salts $I_m=6$	
KH Adipate	0.0286	RbBr	0.0111	CaCl$_2$	0.0948	AlCl$_3$	0.1089
KH Malonate	-0.0227	RbCl	0.0157	Ca(ClO$_4$)$_2$	0.1457	CeCl$_3$	0.0815
KH Succinate	-0.0035	RbF	0.0650	CaI$_2$	0.1440	Co(EN)$_3$Cl$_3$	-0.0251
KI	0.0428	RbI	0.0108	Ca(NO$_3$)$_2$	0.0410	CrCl$_3$	0.1026
KNO$_3$	-0.0862	RbNO$_3$	-0.0869	CdBr$_2$	-0.1701	Cr(NO$_3$)$_3$	0.0919
KOH	0.1131	TlAc	-0.0224	CdCl$_2$	-0.1448	EuCl$_3$	0.0867
KTol	-0.0550	TlCl	0.0372	CdI$_2$	-0.2497	Ga(ClO$_4$)$_3$	0.1607
LiAc	0.0722	TlClO$_4$	-0.1288	Cd(NO$_3$)$_2$	0.0719	LaCl$_3$	0.0818
LiBr	0.1527	TlNO$_3$	-0.2340	CoBr$_2$	0.1361	LaNO$_3$	0.0868
LiCl	0.1283	1-2 salts $I_m=3$		CoCl$_2$	0.1016	NdCl$_3$	0.0815
LiClO$_3$	0.1442	Cs$_2$SO$_4$	-0.0012	CoI$_2$	0.1683	PrCl$_3$	0.0805
LiClO$_4$	0.1702	H$_2$SO$_4$	0.0606	Co(NO$_3$)$_2$	0.0912	ScCl$_3$	0.0969
LiI	0.1815	K$_2$CO$_3$	0.0372	CuCl$_2$	0.0654	SmCl$_3$	0.0848
LiNO$_3$	0.0938	K$_2$CrO$_4$	-0.0003	Cu(NO$_3$)$_2$	0.0797	YCl$_3$	0.0882
LiOH	-0.0097	K$_2$HAsO$_4$	0.0296	FeCl$_2$	0.0961	3-2 salts $I_m=15$	
NaAc	0.1048	K$_2$HPO$_4$	-0.0096	MgAc$_2$	0.0339	Al$_2$(SO$_4$)$_3$	-0.0044
NaBr	0.0749	K$_2$SO$_4$	-0.0320	MgBr$_2$	0.1419	Cr$_2$(SO$_4$)$_3$	0.0122
NaBrO$_3$	-0.0278	Li$_2$SO$_4$	0.0207	MgCl$_2$	0.1129	4-1 salts $I_m=10$	
Na Butyrate	0.1474	Na$_2$CO$_3$	0.0089	Mg(ClO$_4$)$_2$	0.1760	ThCl$_4$	0.1132
Na Caprate	-0.4786	Na$_2$CrO$_4$	0.0096	MgI$_2$	0.1695	Th(NO$_3$)$_4$	0.0894
Na Caproate	0.0480	Na$_2$ Fumarate	0.0366	Mg(NO$_3$)$_2$	0.1014		
Na Caprylate	-0.1419	Na$_2$HAsO$_4$	0.0022	MnCl$_2$	0.0869		

参考文献

―――――― 第 1 章 ――――――

1 (独) 産業技術総合研究所計量標準総合センター 訳・監修,『国際文書第 8 版 (2006) 国際単位系 (SI) 日本語版』, 日本規格協会 (2007).
2 日本化学会 編, 朽津耕三 著,『化学で使う量の単位と記号』, 丸善 (2002).
3 J. G. フレイ, H. L. ストラウス 著, (社) 日本化学会 監修,『物理化学で用いられる量・単位・記号 第 3 版』, 講談社 (2009) (このオリジナル (英語版) は, http://www.iupac.org/web/ins/110-2-81 でダウンロードできる).
4 J. N. ミラー, J. C. ミラー 著, 宗森信, 佐藤寿邦 訳,『データのとり方とまとめ方 第 2 版』, 共立出版 (2004).
5 化学同人編集部 編,『実験データを正しく扱うために』, 化学同人 (2007).

―――――― 第 2 章 ――――――

1 G. N. ルイス, M. ランドル 著, P. ブルワー 改訂, 三宅彰, 田所佑士 訳,『熱力学』, 岩波書店 (1971).
2 I. M. Klotz, R. M. Rosenberg, "Chemical Thermodynamics, 3rd ed.," W. A. Benjamin (1972).
3 R. Robinson, R. Stokes, "Electrolyte Solutions, 2nd ed.," Dover (2002).
4 K. S. Pitzer, "Activity Coefficients in Electrolyte Solutions 2nd ed.," CRC Press (1991).

―――――― 第 3～6 章 ――――――

1 R. de Levie, "Aqueous Acid-Base Equilibria and Titrations," Oxford Univ. Press (1999).
2 J. N. Butler, D. C. Cogley, "Ionic Equilibrium - Solubility and pH Calculations," John Wiley (1998).
3 R. de Levie, "Advanced Excel for Scientific Data Analysis 2nd ed.," Oxford Univ. Press (2008).

―――――― 第 7 章 ――――――

1 D. D. ペリン, B. デンプシー 著, 辻啓一 訳,『緩衝液の選択と応用』, 講談社 (1981).
この原著は, D. D. Perrin, B. Dempsey, "Buffers for pH and metal ion control," Chapman and Hall (1974) であるが, 原著の不十分なところを訳者の辻啓一氏がかなり詳しく補っているので, 日本語訳の価値が高い.
2 R. G. Bates, "Determination of pH 2nd ed.," Wiley (1973).

―――――― 第 8 章 ――――――

1 F. A. コットン, P. L. ガウス, G. ウィルキンソン 著, 中原勝儼 訳,『基礎無機化学』, 東京化学同人 (1998).
2 F. A. Cotton, G. Wilkinson, C. A. Murillo, M. Bochmann, "Advanced Inorganic Chemistry 6th Edition," Wiley-Interscience (1999).
3 P. Atkins, J. Rourke, M. Weller, F. Armstrong, T. Overton 著, 田中勝久, 平尾一之, 北川進 訳,『シュライバー・アトキンス無機化学 第 4 版 (上・下)』, 東京化学同人 (2008).
4 日本分析化学会 編, 井村久則, 菊地和也, 平山直紀, 森田耕太郎, 渡會仁 著,『分析化学実技シリーズ 機器分析編 1 吸光・蛍光分析』, 共立出版 (2011).
5 佐々木陽一, 石谷治 編著,『錯体化学会選書 2 金属錯体の光化学』, 三共出版 (2007).

―――――― 第 9 章 ――――――

1 大瀧仁志 著,『溶液の化学』, 大日本図書 (1987).
2 F. A. Cotton, G. Wilkinson, C. A. Murillo, M. Bochmann, "Advanced Inorganic Chemistry 6th Edition," Wiley-Interscience (1999).

3 P. Atkins, J. Rourke, M. Weller, F. Armstrong, T. Overton 著，田中勝久，平尾一之，北川進 訳，『シュライバー・アトキンス無機化学 第4版（上・下）』，東京化学同人（2008）．

第10章

1 姫野貞之，市村彰男 著，『溶液内イオン平衡に基づく分析化学（第2版）』，化学同人（2009）．

第11〜13章

1 D. C. Harris, "Quantitative Chemical Analysis 8th ed.," W. H. Freeman and Company (2010).
2 R. de Levie "Principles of Quantitative Chemical Analysis," McGraw-Hill Companies, Inc. (1997).
3 I. M. Kolthoff, E. B. Sandell, E. J. Meehan, S. Bruckenstein, "Quantitative Chemical Analysis 4th ed.," Macmillan Company (1969). 高島良正，藤原鎮男，不破敬一郎，守永健一，山崎昶 訳，『分析化学』（I〜V巻），廣川書店（1975）．
4 G. シャルロー 著，曽根興三，田中元治 訳，『定性分析化学 I—溶液中の化学反応—（改訂版）』，共立出版（1973）．
5 M. マクタンジェ，R. ロッセ 著，宗森信 訳，『シャルロー一般分析化学演習 I—溶液内の化学平衡—』，共立出版（1976）．
6 M. マクタンジェ，R. ロッセ 著，宗森信 訳，『シャルロー一般分析化学演習 II—滴定曲線と電気化学分析—』，共立出版（1979）．
7 E. グルンワルド，L. J. キルシェンバウム 著，康智三，吉田稔 訳，『実験定量化学』，培風館（1976）．滴定曲線，滴定誤差に詳しい．
8 大堺利行，加納健司，桑畑進 著，『ベーシック電気化学』，化学同人（2000）．

第15章

1 田中元治，赤岩英夫 著，『溶媒抽出化学』，共立出版（2000）．
2 玉虫伶太 著，『電気化学 第2版』，東京化学同人（1991）．

付録B

1 R. de Levie, "Advanced Excel® for Scientific Data Analysis 2nd ed.," Oxford Univ. Press (2008).
2 神足史人 著，『Excelで操る！ここまでできる科学技術計算』，丸善（2009）．

章末問題略解

詳しい解答は，化学同人ホームページ http://www.kagakudojin.co.jp/appendices/kaito/index.html に掲載した．

第1章
基本問題
1. 溶液 1 kg あたりの物質量，溶媒 1 dm^3 あたりの物質量，など．
2. 略．

発展問題
1. 略．
2. 略．
3. 不確かさの大きいほうが和の不確かさを決める．
4. 積の不確かさは，もとの量のうち桁数の小さいほうの桁で決まる．

第2章
基本問題
1. (1) (a) 0.001 M (b) 0.003 M (c) 0.004 M
   (2) (a) 0.9635 mol dm^{-3} (b) 0.8792 mol dm^{-3}
   (c) 0.7427 mol dm^{-3} (3) 1.33×10^{-5} mol dm^{-3}
   (4) $[Ag^+] + [Na^+] = [Cl^-]$ (5) (a) 1.78×10^{-8} mol dm^{-3}
   (b) 1.75×10^{-6} mol dm^{-3} (c) 9.25×10^{-6} mol dm^{-3}
   (6) (a) 0.8891, 2.25×10^{-8} mol dm^{-3}, (b) 0.9882, 1.79×10^{-6} mol dm^{-3}, (c) 0.99481, 9.31×10^{-6} mol dm^{-3}
2. (1) 0.154 mol dm^{-3} (2) 0.160 mol dm^{-3}
   (3) 0.70 mol dm^{-3}
3. 物質 A : $\dfrac{am_A}{a+b\dfrac{1000+m_A M_A}{1000+m_B M_B}}$
   物質 B : $\dfrac{bm_B}{b+a\dfrac{1000+m_B M_B}{1000+m_A M_A}}$

発展問題
1. 略．
2. 略．
3. 関係については略．$pK_a^{(c)} = pK_a^{(m)} + 0.001283$
4. 略．

第3章
基本問題
1. ブレンステズ酸：H_2O
   ブレンステズ塩基：OH^-, H_2O
2. ブレンステズ酸：CH_3COOH
   ブレンステズ塩基：CH_3COO^-
3. カチオンとして存在する酸：NH_4^+ など アニオンとして存在する酸：$H_2PO_4^-$ など
4. 略．
5. (1) 0 (2) 3 (3) 6.79（7(中性)とはならないことに注意）．
   (4) 10.6

発展問題
1. (1) $[H^+] = 1.240 \times 10^{-4}$, pH = 3.907（近似をおかずに解いた場合）
   (2) $[H^+] = 7.115 \times 10^{-6}$, pH = 5.148
2. pH = 5.122
3. pH = pK_a pH = 4.76
4. (1) 濃度平衡定数はイオン強度とともに大きくなる．
   (2) 濃度平衡定数はイオン強度とともに大きくなる．
   (3) 濃度平衡定数はイオン強度とともに小さくなるはずである．
5. pH = 4.672

第4章
基本問題
1. $\alpha_{H_2A} = 5.213 \times 10^{-2}$, $\alpha_{HA^-} = 8.944 \times 10^{-1}$, $\alpha_{A^{2-}} = 5.344 \times 10^{-2}$
2. 略．
3. 略．
4. $\alpha_1 = \dfrac{\sqrt{K_{a1}}}{2\sqrt{K_{a2}} + \sqrt{K_{a1}}}$
5. $I = 0.0527$

発展問題
1. pH の小数点第 2 位まで式(4.19)が成り立つためには，濃度は 0.05 mol dm^{-3} 程度以上と，かなり濃くなければならない．
2. 略．
3. Excel で解くと簡単である．
   (1) $[HA^-] = 4.4399 \times 10^{-2}$, $[A^{2-}] = 1.7628 \times 10^{-2}$
   (2) $I = 5.0359 \times 10^{-2}$ (3) $\log(\gamma_{H^+}{}^{(c)}) = \log(\gamma_{HA^-}{}^{(c)}) = -8.4086 \times 10^{-2}$, $\log(\gamma_{A^{2-}}{}^{(c)}) = -3.3634 \times 10^{-1}$
   (4) $K_{a1}{}^{cond} = 1.3617 \times 10^{-3}$, $K_{a2}{}^{cond} = 7.0393 \times 10^{-6}$
   (5) $a_{H^+} = 9.8754 \times 10^{-5}$ (6) 略．
4. pH = 4.607
5. pH = 9.77
6. (グラフ)
7. pH = 8.35

8 比較のために，右端に大気中の CO_2 と平衡にないときの値を示した．

c_T	$[H^+]$	pH	平衡にないとき
1.0	2.647×10^{-11}	10.58	8.345
0.1	1.087×10^{-10}	9.964	8.345
0.01	6.661×10^{-10}	9.177	8.340
0.001	5.933×10^{-9}	8.277	8.301
0.0001	5.851×10^{-8}	7.233	8.091

9 略．

第 5 章
基本問題
1 略．

2

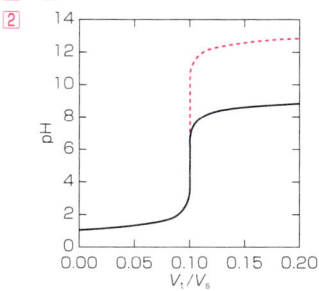

3 略．
4 異ならない．
5 $\alpha = 0.4611$
6 基本的には同じである．

発展問題
1 $p = -r + \dfrac{2(1+r)}{3 \pm \sqrt{1 - 32(\sqrt{K_w}/c_{NaOH})^2}}$

2 理論式：$\dfrac{V_t}{V_s} = \dfrac{\alpha_{HA} c_{HA}^0 - \Delta}{\alpha_{BOH} c_{BOH}^0 + \Delta}$

滴定曲線：下図（赤線は，滴定剤が強塩基の場合）．

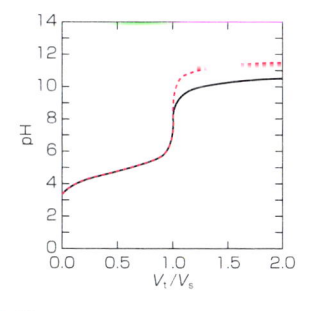

3 略．

第 6 章
基本問題
1 略．

2 略．
3 略．
4 滴定曲線は互いに一致し，区別できない．

発展問題
1 略．
2 略．

第 7 章
基本問題
1 略．
2 略．
3 略．
4 略．

発展問題
1 $\dfrac{1}{\ln(10)} \dfrac{\partial c_b}{\partial \text{pH}} = \dfrac{[H^+] K_a c_s}{([H^+] + K_a)^2} + [H^+] + [OH^-]$

2 略．

第 8 章
基本問題
1 6.61×10^{-3} mol dm^{-3}

2 $[Cu^{2+}] = 1.09 \times 10^{-14}$ mol dm^{-3}, $[Cu(NH_3)^{2+}] = 3.72 \times 10^{-11}$ mol dm^{-3}, $[Cu(NH_3)_2^{2+}] = 2.41 \times 10^{-8}$ mol dm^{-3}, $[Cu(NH_3)_3^{2+}] = 3.49 \times 10^{-6}$ mol dm^{-3}, $[Cu(NH_3)_4^{2+}] = 9.65 \times 10^{-5}$ mol dm^{-3}

3 pH2: $\log \beta_1' = 2.97$, $\log \beta_2' = 5.47$　pH4: $\log \beta_1' = 4.62$, $\log \beta_2' = 8.77$　pH6: $\log \beta_1' = 4.84$, $\log \beta_2' = 9.20$

4 $\log Kf' = 4.00$ のとき：5.29×10^{-4} mol dm^{-3}, $\log Kf' = 8.00$ のとき：5.78×10^{-6} mol dm^{-3}, $\log Kf' = 12.00$ のとき：5.77×10^{-8} mol dm^{-3}

5 (1) 5.50　(2) 8.00
(3) (1)では pM = 7.00，(2)では pM = 8.04．したがって，(2)のほうが pM の変化が小さく金属緩衝溶液として機能している．

発展問題
1 略．
2 (1) $10^{-3.92}$　(2) 略．

第 9 章
基本問題
1 $BaCrO_4$：$S = 1.10 \times 10^{-5}$ mol dm^{-3}，Ag_2CrO_4：$S = 8.56 \times 10^{-5}$ mol dm^{-3}

2 (1) 2.26×10^{-10}　(2) 1.50×10^{-5} M　(3) 2.70×10^{-5} M　(4) 4.47×10^{-10} mol dm^{-3}

3 略．

4 (1) 10^{-5} mol dm^{-3}　(2) 沈殿しない
(3) 7.47×10^{-5} mol dm^{-3}

発展問題
1 最大 pH は 5.00

2 $c_I \geq 1.98 \times 10^{-4}$ mol dm^{-3}, $c_{Cl} \leq 2.49 \times 10^{-2}$ mol dm^{-3}

第10章
基本問題
1 (1) $[Ag^+] = 4.07 \times 10^{-3}$ mol dm^{-3}, $[Ag(NH_3)^+] = 1.88 \times 10^{-3}$ mol dm^{-3}, $[Ag(NH_3)_2^+] = 4.06 \times 10^{-3}$ mol dm^{-3}, $[NH_4^+] = [OH^-] = 6.27 \times 10^{-5}$ mol dm^{-3}
   (2) $[Ag^+] = 4.57 \times 10^{-4}$ mol dm^{-3}, $[Ag(NH_3)^+] = 9.18 \times 10^{-4}$ mol dm^{-3}, $[Ag(NH_3)_2^+] = 8.63 \times 10^{-3}$ mol dm^{-3}, $[OH^-] = [NH_4^+] = 1.31 \times 10^{-4}$ mol dm^{-3}

2 アンモニアの仕込み濃度 0.01 mol dm^{-3} のとき：6.5×10^{-3} mol dm^{-3}, 1×10^{-3} mol dm^{-3} のとき：1.4×10^{-4} mol dm^{-3}

3 (1) 1.05×10^{-10} mol dm^{-3}
   (2) 9.43×10^{-15} mol dm^{-3}

4 2 mol dm^{-3} NaCl：2.06×10^{-3} mol dm^{-3}, 0.01 mol dm^{-3} アンモニア：6.12×10^{-4} mol dm^{-3}

発展問題
1 (1) 0.164 dm^3 (2) 0.15 dm^3

2 pH 7.1, $[Ca^{2+}] = 1.99 \times 10^{-4}$ mol dm^{-3}, $[CaF^+] = 3.41 \times 10^{-7}$ mol dm^{-3}, $[CaOH^+] = 5.01 \times 10^{-10}$ mol dm^{-3}, $[HF] = 4.68 \times 10^{-8}$ mol dm^{-3}

第11章
基本問題
1 酸化：$MnO_4^- + 8H^+ + 5e^- \rightleftharpoons Mn^{2+} + 4H_2O$
   還元：$H_2O_2 \rightleftharpoons O_2(g) + 2H^+ + 2e^-$
   全反応：$2MnO_4^- + 5H_2O_2 + 6H^+ \rightleftharpoons 2Mn^{2+} + 5O_2(g) + 8H_2O$

2 Li > Rb > K > Cs > Ba > Sr > Ca > Na > La > Mg > Y > Ce > Be > Np > Zr > Al > U > Ti > Mn > V > Nb > Zn > Ga > Fe > Cd > In > Tl > Co > Ni > Mo > Sn > Pb > (H) > Cu > Hg > Ag > Pd > Pt > Au

3 (1) 酸化：$Cr^{2+} \rightleftharpoons Cr^{3+} + e^-$
      還元：$Sn^{4+} + 2e^- \rightleftharpoons Sn^{2+}$
      $K = 1.9 \times 10^{19}$
   (2) 酸化：$2I^- \rightleftharpoons I_2 + 2e^-$
      還元：$Fe^{3+} + e^- \rightleftharpoons Fe^{2+}$
      $K = 6.0 \times 10^6$
   (3) 酸化：$Fe^{2+} \rightleftharpoons Fe^{3+} + e^-$
      還元：$Cr_2O_7^{2-} + 14H^+ + 6e^- \rightleftharpoons 2Cr^{3+} + 7H_2O$
      $K = 6.9 \times 10^{59}$
   (4) 酸化：$I_2 + 2e^- \rightleftharpoons 2I^-$
      $H_3AsO_3 + H_2O \rightleftharpoons HAsO_4^{2-} + 3H^+ + 2e^-$
      $K = 0.46$

4 (1) 0.740 V (2) 0.281 V (3) 0.835 V

5 (1) $Cu + 2Ag^+ \rightleftharpoons Cu^{2+} + 2Ag$ (2) 0.37 V
   (3) Cu が酸化される向き（Ag^+ が還元される向き）
   (4) 3.3×10^{15}

発展問題
1 (1) -0.200 V (2) 4.16×10^{-4} M (3) 8.65×10^{-6}
2 (1) pH = 1.14 (2) $E = 1.39$ V
3 $2Fe^{2+} + 2Hg^{2+} \rightleftharpoons 2Fe^{3+} + Hg_2^{2+}$ の向き，53 倍

4 (1) 0.577 V (2) 0.607 V

12章
基本問題
1 略.

2 (1) pH = 3 のとき 2.92 V, pH = 5 のとき 2.85 V
   (2) 3.04 V

3 (1) -0.15 V (2) $+0.61$ V (3) -0.38 V

4 (1) -1.360 V (2) 1.00×10^{35}

発展問題
1 (a) 5.33
   (2) 半電池反応：$BrO_3^- + 6H^+ + 6e^- \rightleftharpoons Br^- + 3H_2O$
      ($E° = 1.415$ V)
      ネルンスト式：$E = 1.415 - \frac{RT}{6F} \ln \frac{a_{Br}}{a_{BrO_3} a_{H^+}^6}$
   (3)

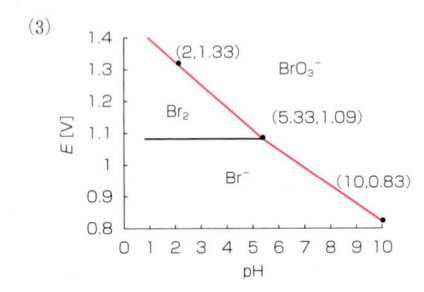

2 EDTA が存在するときの Co^{3+} は，存在しないときの Fe^{3+} と同程度にまで酸化力が弱まる。反対に，EDTA が存在するときの Co^{2+} は，存在しないときの Fe^{2+} と同程度にまで還元力が強くなる。

3 Cu^+ の濃度：10^{-12} mol dm^{-3} Cu^{2+} の濃度：1.88×10^{-7} mol dm^{-3} Cu^{2+}/Cu^+ の平衡電位：0.472 V

4 $ZnS(\alpha)$ (-0.14 V, pK_{sp} = 24.7), CdS (-0.10 V, pK_{sp} = 27), Ag_2S (0 V, pK_{sp} = 50.1), CuS (0.03 V, pK_{sp} = 36.1), HgS(black) (0.28 V, pK_{sp} = 52.7) の順に溶解する。

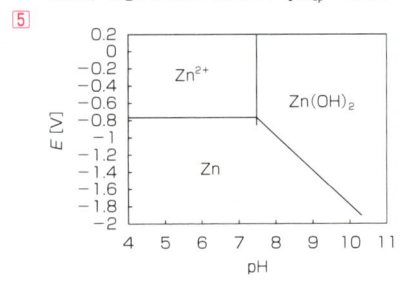

5

第13章
基本問題
1 (1) 0.89 V (2) 1.24 V
   (3) 1.58 V
   (4) $c_{Fe^{3+}} = c_{Ce^{4+}} = 6.9 \times 10^{-10}$ mol dm^{-3}

2

単位 V

x	50%	95%	99%	当量点
(1)	0.77	0.69	0.65	0.26
(2)	0.15	0.19	0.21	0.36
(3)	0.67	0.75	0.79	1.13
x	101%	105%	150%	
(1)	−0.12	−0.16	−0.24	
(2)	0.50	0.52	0.55	
(3)	1.18	1.19	1.20	

3 21.6%

発展問題
1 pH > 4.95
2 1.36 < pH < 2.60
3 1.20×10^{-2} M
4 (1) $IO_3^- + KI + 6H^+ \longrightarrow 3I_2 + 3H_2O$ (2) 1.17（表示濃度 0.0250 M に対するファクター） (3) 8.27 ppm

第14章
基本問題
1 略．

2 $\dfrac{V_B}{V_w} \geqq 0.124$

3 3回に分けて抽出すればよい．

4 アセトン：$0.204x^2$，酢酸エチル：$0.121x^2$

5 $D = \dfrac{K_d^{HA}[II^+]_w^?}{[H^+]_w^2 + K_1[H^+]_w + K_1K_2}$

発展問題

1 (1) $c_{wA} = c_{wB} = \dfrac{n}{V_{wA} + V_{wB} + V_o K_d}$

$c_o = \dfrac{nK_d}{V_{wA} + V_{wB} + V_o K_d}$ (2) 略．

2 6回でほぼ100倍に達するが，100倍を超えるのは7回目．

第15章
基本問題
1 略．
2 pH 3.2
3 $\Delta \mathrm{pH}_{1/2} = 5/3$

発展問題
1 略．
2 (1) $K_d = 2.2 \times 10^{-10}$

(2) $D = \dfrac{[K^+]_{DCE} + [K^+ \cdot DB18C6]_{DCE} + [K^+ \cdot DB18C6 \cdot pic^-]_{DCE}}{[K^+]_w}$

(3) $D = K_{d,K}(1 + K_1[DB18C6]_{DCE} + K_{d,pic}K_{ip}K_1[DB18C6]_{DCE}[pic]_w)$

(4) 1.45×10^6

索 引

欧　文

Bates-Guggenheim 式　21
Beer-Lambert の法則　68
Beer の法則　68
Bromley　25
COD　171
Davis 式　21, 53
DB18C6　195, 196
DCE　193
EBT　102
EDTA　99, 100, 104, 123, 124, 199
　　──錯体　124
Excel®　121, 122, 209
Fajans 法　115
Fraenkel D.　25
Güntelberg 式　21, 110
hard and soft acids and bases　92
HEPES　86
HSAB 則　92
Mohr 法　115
mol　4
NaCl 水溶液　209, 211
pH　34
　　──緩衝液　95
　　──－電位図　156
　　──の第一次標準液　45
Pitzer　22
pK　15
pK_a　42
　　アミノ酸の──　42
　　弱酸の──　35
　　ポリプロトン塩基の──　42
　　ポリプロトン酸の──　42
pM　104
ppb　5
ppm　5
ppt　5
SHE　137
SiS 理論　25
SI 基本単位　2
SI 組立単位　2
SI 接頭語　2
SI 単位系　2
Smaller-ion Shell 理論　25
Solver　213
trien　124
　　──錯体　125

あ

アセトン　176, 177, 184
アボガドロ定数　4
アミノ酸　51, 92
　　──の pK_a　42

アラレ石　129
アレニウス S.　27
安定度定数　93
アンミン錯体　128
　　──生成　127
アンモニア　92, 104, 117, 118, 121, 123, 124, 126, 128, 130, 131
アンモニウム　128
イオン化傾向　137
イオン強度　110
　　──補正　128
イオン結晶　108
イオン対　192
イオン対生成平衡　192
イオン対抽出　190, 193
イオンの活量　16
イオンの分配　190
イオン雰囲気　21
移行ギブズエネルギー　193
ウィンクラー法　172
ヴォルタ　134
液液界面イオン移動ボルタンメトリー　193
液間電位差　135
エチルバイオレット　193
エチレンジアミン　92
エチレンジアミン四酢酸　99
塩化銀　114, 126
塩化鉛　109
塩化物イオン　113, 114
塩橋　135
オキシン　185, 186, 187, 188, 195
　　──アニオン　187
　　──錯体　187
オクタノール　177
オクタンスルホン酸　195
オルトリン酸　74

か

解離度　35
　　──の pH 依存性　36
解離平衡　36
化学酸素要求量　171
化学平衡条件　22
化学ポテンシャル　11, 12, 176
化学量論係数　11
化学量論比　195
加水分解定数　34
カチオン性染料　193
活量　12, 145
　　イオンの──　16
活量係数　12, 13, 145
過マンガン酸イオン　168
カリウムイオン　195

ガルヴァーニ 134
　　――電池 134
カルシウム 199
カルボン酸 182
カロメル電極 138
岩塩型構造 107
還元 133
　　――剤 133
　　――体 133
緩衝液 79
緩衝価 84, 86
緩衝作用 79
　　――の加成性 87
緩衝能 79, 83
基準電極 136
規定度 6
起電力 135
ギブズエネルギー 12, 108
　　標準溶媒間移行――変化 190
　　溶媒間移行―― 194
ギブズの相律 175
逆抽出 189
吸光光度分析 193
強塩基 32, 33
強酸 31, 32, 33
　　――の序列 32
強酸-強塩基滴定 56, 198
共通イオン効果 111, 128
強電解質 38
協同効果 187
共役酸塩基対 28
キレート 100, 187
キレート抽出 187, 188, 195
銀アンミン錯体 118
銀イオン 121, 130
銀-塩化銀電極 138
金属イオン 187
金属緩衝作用 104
金属緩衝溶液 125
金属指示薬 102
キンヒドロン電極 151
クラウンエーテル 92
グランプロット 65
グリシン 51
クロム酸イオン 113, 114, 115, 116
クロム酸バリウム 116
クロロ錯体 128
クロロホルム 188, 193
結合性分子軌道 102
原子量 4
広域緩衝液 87
格子エネルギー 108
誤差 7
　　――の伝播 8

さ

錯形成滴定 197
錯形成反応 154
錯形成平衡 152, 154
酢酸 182
酢酸エチル 176, 177, 178, 183, 184
酢酸ナトリウム 38
錯生成平衡 91, 145
錯体 91
錯滴定 91, 97, 199
酸塩基滴定 197, 199
　　――の指示薬 67
酸塩基反応の速度 38
酸塩基平衡 27, 145
酸化 133
酸解離定数 34, 182
酸解離平衡 148, 180
酸化還元体 133
酸化還元滴定 161, 197, 202
酸化還元電位 202
酸化剤 133
酸化数 133
酸化体 133
参照電極 136
ジカルボン酸 44
式量電位 146, 148
式量濃度 6, 7
シグモイド 197
1,2-ジクロロエタン 191, 193
自己解離定数 30
自己加水分解 30
自己プロトリシス 30
仕込濃度 6, 7
指示電極 168
指示薬 115, 163, 166
　　酸塩基滴定の―― 67
質量均衡条件 22
質量作用の法則 15
質量パーセント 5
質量モル濃度 6
ジプロトン塩基 41
ジプロトン酸 41
　　――の滴定曲線 71, 73
ジベンゾ18-クラウン-6 195
弱酸-強塩基滴定 62, 64
弱酸の pK_a 35
臭化ナトリウム 115
シュウ酸 73, 92, 104
自由度 175
純物質基準 13
条件つき生成定数 96
条件標準電位 146, 148, 152
水相 177, 178, 184
水平化 31, 32
　　――効果 32
水和 29, 30
　　――ギブズエネルギー 108
　　――錯体 92
　　――銅イオン 125
正極 134
静電的相互作用エネルギー 108

静電ポテンシャル　194
生理食塩水　24, 211, 213
セレンセン S. P. L.　32
零点エネルギー　108
全アンモニア濃度　120
全生成定数　93, 94
全分析濃度　7
千分率　5
双極イオン　51
双性イオン　51
相対原子質量　4
束一的性質　4
疎プロトン性溶媒　32
ソルバー　121, 213

た

第一遷移金属イオン　92
多塩基酸　41
多座配位子　92, 99
多酸塩基　41
脱プロトン化　28
単座配位子　92, 99
炭酸イオン　47
炭酸ガス　46
　　──濃度　47
　　──濃度の経年変化　48
炭酸カルシウム　129, 130
炭酸水素イオン　46
炭酸ナトリウム　76
単独イオン活量係数　22
置換反応　92
置換不活性　91
逐次生成定数　93
逐次生成平衡　154
抽出平衡定数　188
抽出率　177, 183
沈殿滴定　114, 115, 197
沈殿反応　152
沈殿平衡　129
定性分析　1
定量分析　1
滴定　56
　　──可能性　162, 166
滴定曲線　56, 58, 60, 64, 98, 161, 162, 197
　　──の一般的な形　197
　　ジプロトン酸の──　71, 73
滴定剤　56
滴定終点　56
滴定溶液　56
滴定率　162
テトラフェニルアルソニウムイオン　191, 194
テトラフェニルアルソニウムオクタンスルホン酸　194
デバイ-ヒュッケルの極限則　20
デバイ-ヒュッケル理論　20
電位差　193
　　──滴定　166
　　──滴定法　162
電位飛躍　162, 166

電荷移動　102
電荷均衡条件　23
電荷収支条件　23
電荷バランス条件　22
電気化学ポテンシャル　16, 194
電気的中性の条件　23
電気二重層　115
電極電位　203
電子数　136, 141, 164
銅アンミン錯体　93
銅イオン　123, 124, 131
同時平衡　145
当量点　56, 102, 115, 199, 205
　　──の電位　164
トリエチレンテトラミン　124
トリプロトン酸　74

な

内挿　211
鉛イオン　113
難溶性塩　109
二塩基酸　41, 184
二酸化炭素　130
二次方程式　197
ニッケルイオン　113
ニトロベンゼン　191, 193, 195
二量化　182
熱力学的溶解度積　110
ネルンスト式　138, 163, 203
濃度尺度　4
濃度の換算　6
濃度表記の溶解度積　110
濃度平衡定数　15, 30

は

配位座　187
配位子　91, 92
$\pi \to \pi^*$遷移　102
バルク相　185
ハロゲン化物イオン　92
半電池反応　134
反応商　14
反応定圧熱容量　15
反応等温圧縮率　15
反発エネルギー　108
ピクリン酸イオン　195
被験液　56
比色分析　91
被滴定溶液　56
8-ヒドロキシキノリン　185
1-(1-ヒドロキシ-2-ナフチルアゾ)-6-ニトロ-2-ナフトールスルホン酸　102
ヒドロキソニウムイオン　29
ヒドロニウムイオン　29
ビピリジン　92
百分率　5
標準圧力　13
標準温度　13

標準化学ポテンシャル　12, 176
標準水素電極　137
標準電極電位　137, 166, 203
標準反応エンタルピー変化　15
標準反応体積変化　15
標準溶媒間移行ギブズエネルギー変化　190
表面過剰量　185
表面電位　115
ファクター　171
ファンデルワールス力　108
フェノールフタレイン　67
フェロイン　169
負極　134
不均化反応　157
複雑な平衡系　117
不確かさ　7
　——の伝播　8
フタル酸　43
フタル酸水素カリウム　44, 45, 53
物質保存条件　22
物質量　4
　——バランス　6
　——バランス条件　22
物理量　1, 2
フルオレセイン　115
プールベアダイアグラム　156
ブレンステズ J. N.　28
ブレンステズ塩基　29, 117, 129
ブレンステズ酸　28, 129
ブレンステズ酸-塩基平衡　185
ブレンステズ・ロウリーの酸・塩基　27
プロトン化　28
プロトン解離　149
プロトン付加　148
ブロモフェノールブルー　69
分光滴定　68
分析濃度　6, 7
分配係数　176, 182, 184
分配比　181, 187, 189, 195
分配平衡　175, 178, 183, 185
分配律　176
平均活量　17
　——係数　16, 17, 18, 19, 21
平均モル濃度　17
平衡定数　14
　——の温度と圧力による変化　15
平衡電位　136
変曲点　61, 206
変色域　169
ベンゼン　176, 177, 178, 183
ヘンダーソンの近似　79, 82
ヘンダーソン・ハッセルバルヒ式　80, 81
ヘンリーの法則　130, 185
方解石　129
ポリプロトン塩基　41, 71
　——の pK_a　42
ポリプロトン酸　41, 71
　——の pK_a　42

ボルタンメトリー　193
ポルフィリン錯体　91

ま

マウナロア観測所　47
みかけの標準電位　145
密度　209
無限希釈基準　13
メチルオレンジ　68
模擬海水　24
モル　4
　——濃度　5
　——パーセント　5
　——比　5
　——分率　5

や

有機相　177, 178, 180, 183, 184
有機配位子　187
有効数字　7
優先化学種　127
誘電率　180, 192
溶液　4
溶解ギブズエネルギー　116
溶解度　108, 109, 127, 128
溶解度積　109, 127
　——定数　153
溶解平衡　152
ヨウ化ナトリウム　115
ヨウ化物イオン　113
溶質　4
ヨウ素還元滴定法　172, 173
溶媒　4
　——間移行ギブズエネルギー　194
　——抽出　91, 185
容量パーセント　5
ヨージメトリー　173

ら

硫化水素　112, 116
硫化物　129
硫化物イオン　113
硫化マンガン　112
硫酸銀　115, 118
硫酸ナトリウム　111
硫酸バリウム　111
両性イオン　51
両プロトン性溶媒　28
リンゲル液　24
リン酸　74
ルイス G. N.　29
ルイス塩基　29, 92, 117
ルイス酸　29, 91, 92
ロウリー T. M.　28

● 著者略歴　岡田　哲男
1957 年　和歌山県生まれ
1986 年　京都大学大学院理学研究科博士課程修了
現　在　国立沼津工業高等専門学校　校長
理学博士
おもな研究テーマ　分離の新原理と概念の創出，分離の分子過程の解明

垣内　隆
1948 年　和歌山県生まれ
1977 年　京都大学大学院農学研究科博士課程単位修得退学
現　在　京都大学名誉教授，pH計測科学ラボラトリー代表
農学博士
おもな研究テーマ　電気分析化学とその周辺

前田　耕治
1960 年　福井県生まれ
1988 年　京都大学大学院理学研究科博士後期課程単位取得退学
現　在　京都工芸繊維大学大学院工芸科学研究科教授
理学博士
おもな研究テーマ　異相界面における電荷移動反応の分析化学的利用

2012 年 11 月 15 日　第 1 版第 1 刷　発行
2024 年 3 月 1 日　　　　第 9 刷　発行

分析化学の基礎　―定量的アプローチ―

著　者　岡田　哲男
　　　　垣内　隆
　　　　前田　耕治
発 行 者　曽根　良介

検印廃止

JCOPY 〈出版者著作権管理機構委託出版物〉
本書の無断複写は著作権法上での例外を除き禁じられています．複写される場合は，そのつど事前に，出版者著作権管理機構（電話 03-5244-5088，FAX 03-5244-5089，e-mail: info@jcopy.or.jp）の許諾を得てください．

本書のコピー，スキャン，デジタル化などの無断複製は著作権法上での例外を除き禁じられています．本書を代行業者などの第三者に依頼してスキャンやデジタル化することは，たとえ個人や家庭内の利用でも著作権法違反です．

乱丁・落丁本は送料小社負担にてお取りかえします．

発 行 所　（株）化学同人
〒600-8074　京都市下京区仏光寺通柳馬場西入ル
編集部　Tel 075-352-3711　Fax 075-352-0371
営業部　Tel 075-352-3373　Fax 075-351-8301
　　　　振替　01010-7-5702
e-mail webmaster@kagakudojin.co.jp
URL https://www.kagakudojin.co.jp
印刷・製本　大村紙業株式会社

Printed in Japan　　Ⓒ T. Kakiuchi, et al 2012　　無断転載・複製を禁ず　　ISBN978-4-7598-1465-1

元素の

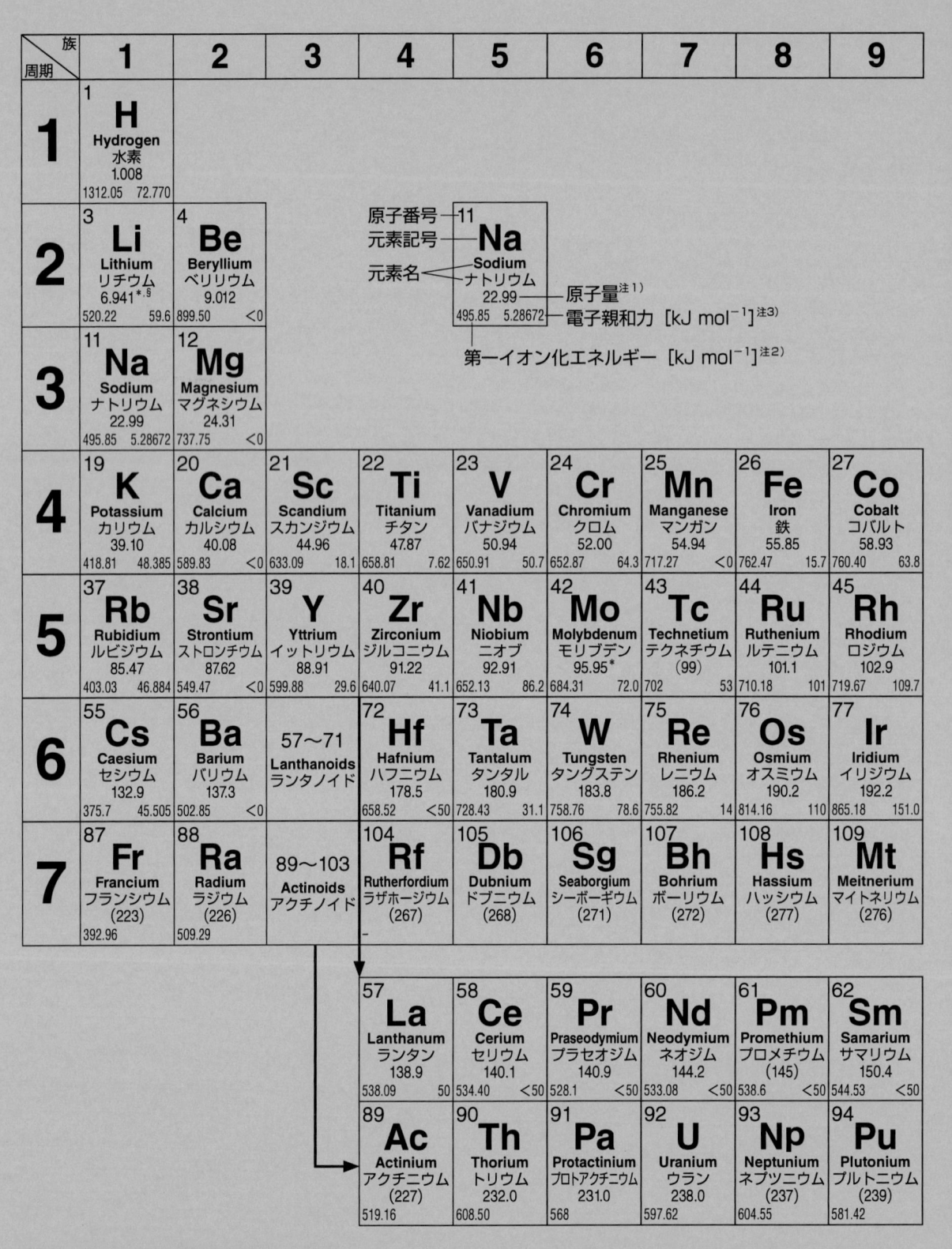

族 周期	1	2	3	4	5	6	7	8	9
1	1 **H** Hydrogen 水素 1.008 1312.05 72.770								
2	3 **Li** Lithium リチウム 6.941*,§ 520.22 59.6	4 **Be** Beryllium ベリリウム 9.012 899.50 <0							
3	11 **Na** Sodium ナトリウム 22.99 495.85 5.28672	12 **Mg** Magnesium マグネシウム 24.31 737.75 <0							
4	19 **K** Potassium カリウム 39.10 418.81 48.385	20 **Ca** Calcium カルシウム 40.08 589.83 <0	21 **Sc** Scandium スカンジウム 44.96 633.09 18.1	22 **Ti** Titanium チタン 47.87 658.81 7.62	23 **V** Vanadium バナジウム 50.94 650.91 50.7	24 **Cr** Chromium クロム 52.00 652.87 64.3	25 **Mn** Manganese マンガン 54.94 717.27 <0	26 **Fe** Iron 鉄 55.85 762.47 15.7	27 **Co** Cobalt コバルト 58.93 760.40 63.8
5	37 **Rb** Rubidium ルビジウム 85.47 403.03 46.884	38 **Sr** Strontium ストロンチウム 87.62 549.47 <0	39 **Y** Yttrium イットリウム 88.91 599.88 29.6	40 **Zr** Zirconium ジルコニウム 91.22 640.07 41.1	41 **Nb** Niobium ニオブ 92.91 652.13 86.2	42 **Mo** Molybdenum モリブデン 95.95* 684.31 72.0	43 **Tc** Technetium テクネチウム (99) 702 53	44 **Ru** Ruthenium ルテニウム 101.1 710.18 101	45 **Rh** Rhodium ロジウム 102.9 719.67 109.7
6	55 **Cs** Caesium セシウム 132.9 375.7 45.505	56 **Ba** Barium バリウム 137.3 502.85 <0	57〜71 Lanthanoids ランタノイド	72 **Hf** Hafnium ハフニウム 178.5 658.52 <50	73 **Ta** Tantalum タンタル 180.9 728.43 31.1	74 **W** Tungsten タングステン 183.8 758.76 78.6	75 **Re** Rhenium レニウム 186.2 755.82 14	76 **Os** Osmium オスミウム 190.2 814.16 110	77 **Ir** Iridium イリジウム 192.2 865.18 151.0
7	87 **Fr** Francium フランシウム (223) 392.96	88 **Ra** Radium ラジウム (226) 509.29	89〜103 Actinoids アクチノイド	104 **Rf** Rutherfordium ラザホージウム (267)	105 **Db** Dubnium ドブニウム (268)	106 **Sg** Seaborgium シーボーギウム (271)	107 **Bh** Bohrium ボーリウム (272)	108 **Hs** Hassium ハッシウム (277)	109 **Mt** Meitnerium マイトネリウム (276)

凡例:
原子番号 — 11
元素記号 — **Na**
元素名 — Sodium ナトリウム
22.99 — 原子量 注1)
495.85 — 第一イオン化エネルギー [kJ mol^{-1}] 注2)
5.28672 — 電子親和力 [kJ mol^{-1}] 注3)

ランタノイド:

| 57 **La** Lanthanum ランタン 138.9 538.09 50 | 58 **Ce** Cerium セリウム 140.1 534.40 <50 | 59 **Pr** Praseodymium プラセオジム 140.9 528.1 <50 | 60 **Nd** Neodymium ネオジム 144.2 533.08 <50 | 61 **Pm** Promethium プロメチウム (145) 538.6 <50 | 62 **Sm** Samarium サマリウム 150.4 544.53 <50 |

アクチノイド:

| 89 **Ac** Actinium アクチニウム (227) 519.16 | 90 **Th** Thorium トリウム 232.0 608.50 | 91 **Pa** Protactinium プロトアクチニウム 231.0 568 | 92 **U** Uranium ウラン 238.0 597.62 | 93 **Np** Neptunium ネプツニウム (237) 604.55 | 94 **Pu** Plutonium プルトニウム (239) 581.42 |

注1) 日本化学会原子量専門委員会 (2012).
www.chemistry.or.jp/international/atomictable2012.pdf. 信頼性は最後の桁が±1, *は±2, **は±3. 一般に原子量は同位体組成に応じた幅がある. より詳しい値と幅は上記を参照. 安定同位体がなく, 同位体組成が定まらない元素については ( ) 内に質量数の例を示す.